機器視覺技術

陳兵旗　編著

崧燁文化

前言

　　智慧製造的核心內容是裝備生產和應用的資訊化與智慧化，機器視覺是實現這一目標的關鍵技術。 提起「機器視覺」或者「圖像處理」（機器視覺的軟體部分），許多人並不陌生，但是沒有專門學習過的人，往往會把「圖像處理」與用於圖像編輯的 Photoshop 軟體等同起來，其實兩者之間具有本質的區別。 機器視覺中的圖像處理是由電腦對現有的圖像進行分析和判斷，然後根據分析判斷結果去控制執行其他相應的動作或處理；而 Photoshop 軟體是基於人的判斷，通過人手的操作來改變圖像的顏色、形狀或者剪切與編輯。 也就是説，一個是由機器分析判斷圖像並自動執行其他動作，一個是由人分析判斷圖像並手動修改圖像，這就是兩者的本質區別。 本書內容就是介紹機器視覺的構成、圖像處理理論算法及應用系統。

　　目前，市面上圖像處理方面的書比較多，一般都是着眼於講解圖像處理算法理論或者編程方法，筆者本人也編著了兩本圖像處理 VC＋＋編程和一本機器視覺理論及應用實例介紹方面的書，這些書的主要適用對象是圖像處理編程人員。 然而，從事圖像處理編程工作的人畢竟是少數，將來越來越多的人會從事與機器人和智慧裝備相關的操作及技術服務工作，目前國內針對這個群體的機器視覺教育書籍還比較少。 近年來，經常有地方理工科院校來諮詢圖像處理實驗室建設事項，他們的目的是圖像處理理論教學，而不是學習圖像處理程序編寫，給他們推薦教材和進行圖像處理實驗室配置都是很困難的事。 為了適應這個龐大群體的需要，本書以普及教學為目的，盡量以淺顯易懂、圖文並茂的方法來説明複雜的理論算法，每個算法都給出實際處理案例，使一般學習者能夠感覺到機器視覺其實並不深奧，也給將來可能從事機器視覺項目開發的人增強信心。

　　本書匯集了圖像處理絕大多數現有流行算法，對於專業圖像處理研究和編程人員，也具有重要的參考價值。

　　本書在撰寫過程中得到了田浩、歐陽娣、曾寶明、王橋、楊明、喬妍、朱德利、梁習卉子、陳洪密、代賀等不同程度的幫助，也獲得了北京現代富博科技有限公司的技術支持，在此對他們表示衷心的感謝！

　　由於筆者水平所限，書中不足之處在所難免，敬請廣大讀者與專家批評指正。

編著者

目錄

42 # 第 4 章　邊緣檢測

53 # 第 5 章　圖像平滑處理

118　第 10 章　雙目視覺測量

136　第 11 章　運動圖像處理

155　第 12 章　傅立葉變換

164　第 13 章　小波變換

180　第 14 章　模式識別

193　第 15 章　神經網路

210　第 16 章　深度學習

232　第 17 章　遺傳算法

下篇　機器視覺應用系統

294　第 19 章　二維運動圖像測量分析系統 MIAS

318　第 20 章　三維運動測量分析系統 MIAS 3D

328 第 21 章　車輛視覺導航系統

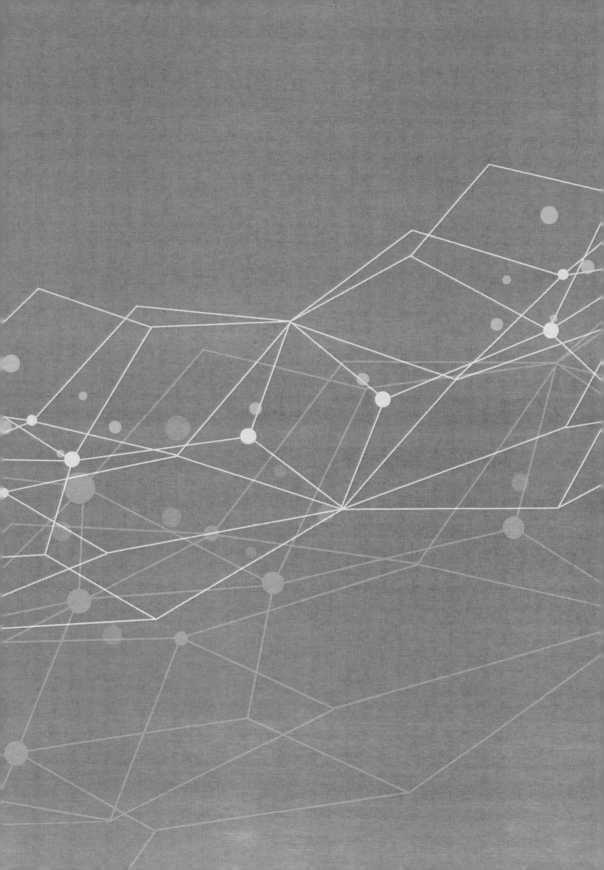

上篇

機器視覺理論與算法

第1章

機器視覺

1.1 機器視覺的作用

提起「視覺」，自然就聯想到了「人眼」，機器視覺通俗點說就是「機器眼」。同理，由人眼在人身上的作用，也可以聯想到機器視覺在機器上的作用。不過，雖然功能大同小異，但是也有一些本質的差別。相同點在於都是主體（人或者機器）獲得外界資訊的「器官」，不同點在於獲得資訊和處理資訊的能力不同。

對於人眼，一眼望去，人可以馬上知道看到了什麼東西，其種類、數量、顏色、形狀、距離，八九不離十地都呈現在人的腦海里。由於人有從小到大的長期積累，不假思索就可以說出看到東西的大致資訊，這是人眼的優勢。但是，請注意前面所說的人眼看到的只是「大致」資訊，而不是準確資訊。例如，你一眼就能看出自己視野裡有幾個人，甚至知道有幾個男人、幾個女人以及他們的胖瘦和穿着打扮等，包括目標（人）以外的環境都很清楚，但是你說不準他們的身高、腰圍、離你的距離等具體數據，最多能說「大概是 XX 吧」，這就是人眼的劣勢。假如讓一個人到工廠的生產線上去挑選有缺陷的零件，即使在人能反應過來的慢速生產線上，干一會也會發牢騷「這哪裡是人干的事」，對於那些快速生產線就更不是人干的活了。是的，這些不是人眼能幹的事，是機器視覺干的事。

對於機器視覺，上述的工廠線上檢測就是它的強項，不僅能够檢測產品的缺陷，還能精確地檢測出產品的尺寸大小，只要相機解析度足够，精度達到 0.001mm，甚至更高都不是問題。而像人那樣，一眼判斷出視野中的全部物品，機器視覺一般沒有這樣的能力。機器視覺不像人眼那樣會自動儲存曾經「看到過」的東西，如果沒有給它輸入相關的分析判斷程序，它就是個「瞎子」，什麼都不知道。當然，也可以像人那樣，通過輸入學習程序，讓它不斷學習東西，但是也不可能像人那樣什麼都懂，起碼目前還沒有達到這個水平。

總之，機器視覺是機器的眼睛，可以通過程序實現對目標物體的分析判斷，可以檢測目標的缺陷，可以測量目標的尺寸大小和顏色，可以為機器的特定動作提供特定的精確資訊。

機器視覺具有廣闊的應用前景，可以使用在社會生產和人們生活的各個方

面。在替代人的勞動方面，所有需要用人眼觀察、判斷的事物，都可以用機器視覺來完成，最適合用於大量重復動作（例如工件質量檢測）和眼睛容易疲勞的判斷（例如電路板檢查）。對於人眼不能做到的準確測量、精細判斷、微觀識別等，機器視覺也能夠實現。表 1.1 是機器視覺在不同領域的應用事例。

表 1.1　機器視覺的應用領域及應用事例

應用領域	應用事例
醫學	基於 X 射線圖像、超聲波圖像、顯微鏡圖像、核磁共振（MRI）圖像、CT 圖像、紅外圖像、人體器官三維圖像等的病情診斷和治療,病人監測與看護
遙感	利用衛星圖像進行地球資源調查、地形測量、地圖繪製、天氣預報,以及農業、漁業、環境污染調查、城市規劃等
宇宙探測	海量宇宙圖像的壓縮、傳輸、恢復與處理
軍事	運動目標追蹤、精確定位與制導、警戒系統、自動火控、反偽裝、無人機偵查
公安、交通	監控、人臉識別、指紋識別、車流量監測、車輛違規判斷及車牌照識別、車輛尺寸檢測、汽車自動導航
工業	電路板檢測、電腦輔助設計（CAD）、電腦輔助製造（computer aided manufacturing,CAM）、產品質量線上檢測、裝配機器人視覺檢測、搬運機器人視覺導航、生產過程控制
農業、林業、生物	果蔬採摘、果蔬分級、農田導航、作物生長監測及 3D 建模、病蟲害檢測、森林火災檢測、微生物檢測、動物行為分析
郵電、通信、網路	郵件自動分揀、圖像數據的壓縮、傳輸與恢復,電視電話,視頻聊天,手機圖像的無線網路傳輸與分析
體育	人體動作測量、球類軌跡追蹤測量
影視、娛樂	3D 電影、虛擬現實、廣告設計、電影特技設計、網路遊戲
辦公	文字識別、文字掃描輸入、手寫輸入、指紋密碼
服務	看護機器人、清潔機器人

1.2　機器視覺的硬體構成

　　人眼的硬體構成籠統點說就是眼珠和大腦，機器視覺的硬體構成也可以大概說成是攝影機和電腦，如圖 1.1 所示。作為圖像採集設備，除了攝影機之外，還有圖像擷取卡、光源等設備。以下從電腦和圖像輸入採集設備。兩方面做較詳細的說明。

1.2.1　電腦

電腦的種類很多，有桌上電腦、筆記型電腦、平板電腦、工控機、微型處理器等，但是其核心組件都是中央處理器、記憶體、硬碟和顯示器，只不過不同電腦核心組件的形狀、大小和性能不一樣而已。

(1) 中央處理器

中央處理器，也叫 CPU（central processing unit），如圖 1.2 所示，屬於電腦的核心部位，相當於人的大腦組織，主要功能是執行電腦指令和處理電腦軟體中的數據。其發展非常迅速，現在個人電腦的運算速度已經超過了 10 年前的超級電腦。

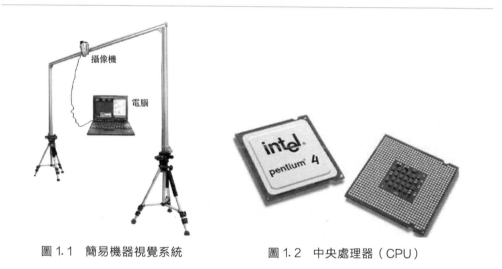

攝像機

電腦

圖 1.1　簡易機器視覺系統　　　　圖 1.2　中央處理器（CPU）

(2) 硬碟

電腦的主要儲存媒介，用於存放文件、程序、數據等。由覆蓋有鐵磁性材料的一個或者多個鋁制或者玻璃制的碟片組成，如圖 1.3 所示。

硬碟的種類有：固態硬碟（solid state drives，SSD）、機械硬碟（hard disk drive，HDD）和混合硬碟（hybrid hard disk，HHD）。SSD 採用快閃記憶體來儲存，HDD 採用磁性碟片來儲存，HHD 是把磁性硬碟和快閃記憶體集成到一起的一種硬碟。絕大多數硬碟都是固定硬碟，被永久性地密封固定在硬碟驅動器中。

數位化的圖像數據與電腦的程序數據相同，被儲存在電腦的硬碟中，通過電腦處理後，將圖像表示在顯示器上或者重新保存在硬碟中以備使用。除了電腦本

身配置的硬碟之外，還有通過 USB 連接的行動硬碟，最常用的就是通常説的隨身碟。隨着電腦性能的不斷提高，硬碟容量也是在不斷擴大，現在一般電腦的硬碟容量都是 TB 數量級，1TB－1024GB。

（3）記憶體

記憶體（memory）也被稱為內儲存器，如圖 1.4 所示，用於暫時存放 CPU 中的運算數據，以及與硬碟等外部儲存器交換的數據。只要電腦在運行中，CPU 就會把需要運算的數據調到記憶體中進行運算，當運算完成後 CPU 再將結果傳送出來，例如，將記憶體中的圖像數據拷貝到顯示器的儲存區而顯示出來等。因此，記憶體的性能對電腦的影響非常大。

圖 1.3　硬碟

圖 1.4　記憶體

現在數點陣圖像一般都比較大，例如，900 萬像素攝影機，拍攝的最大圖像是 3456×2592＝8957952 像素，一個像素是紅綠藍（RGB）3 個字節，總共是 8957952×3＝26873856bit，也就是 26873856÷1024÷1024≈25.63MB 記憶體。實際查看拍攝的 JPEG 格式圖像文件也就是 2MB 左右，沒有那麼大，那是因為將圖像數據儲存成 JPG 文件時進行了數據壓縮，而在進行圖像處理時必須首先進行解壓縮處理，然後再將解壓縮後的圖像數據讀到電腦記憶體裡。因此，圖像數據非常佔用電腦的記憶體資源，記憶體越大越有利於電腦的工作。現在 32 位元電腦的記憶體一般最小是 1GB，最大是 4GB（2^{32} Byte）；64 位元電腦的記憶體，一般最小是 8G，最大可以達到 128GB（2^{64} Byte）。

（4）顯示器

顯示器（display）通常也被稱為監視器，如圖 1.5 所示。顯示器是電腦的 I/O 設備，即輸入輸出設備，有不同的大小和種類。根據製造材料的不同，可分為：陰極射線管顯示器 CRT（cathode ray tube）、等離子顯示器

圖 1.5　顯示器

PDP（plasma display panel）、液晶顯示器 LCD（liquid crystal display）等。顯示器可以選擇多種像素及色彩的顯示方式，從 640×480 像素的 256 色到 1600×1200 像素以及更高像素的 32 位的真彩色（true color）。

1.2.2　圖像採集設備

圖像採集設備包括攝影裝置、圖像擷取卡和光源等。目前基本上都是數位攝影裝置，而且種類很多，包括 PC 攝影頭、工業攝影頭、監控攝影頭、掃描器、攝影機、手機等，如圖 1.6 所示。當然，觀看微觀的顯微鏡和觀看宏觀的天文望遠鏡，也都是圖像輸入裝置。

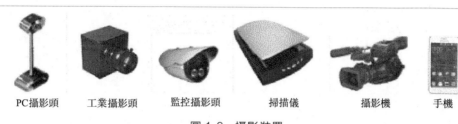

PC攝影頭　　　工業攝影頭　　　監控攝影頭　　　掃描儀　　　攝影機　　　手機

圖 1.6　攝影裝置

攝影頭的關鍵組件是鏡頭，如圖 1.7 所示。鏡頭的焦距越小，近處看得越清楚；焦距越大，遠處看得越清楚，相當於人眼的眼角膜。對於一般的攝影設備，鏡頭的焦距是固定的；一般 PC 攝影頭、監控攝影頭等常用攝影設備鏡頭的焦距為 4～12mm。工業鏡頭和科學儀器鏡頭有定焦鏡頭，也有調焦鏡頭。

定焦鏡頭　　　　　調焦鏡頭　　　　　長焦鏡頭

圖 1.7　鏡頭

攝影裝置與電腦的連接一般是通過專用圖像擷取卡、IEEE1394 端口和 USB 端口，如圖 1.8 所示。電腦的主板上都有 USB 端口，有些便携式電腦除了 USB 端口之外，還帶有 IEEE1394 端口。桌上電腦在用 IEEE1394 端口的數點陣圖像裝置進行圖像輸入時，如果主板上沒有 IEEE1394 端口，需要另配一枚 IEEE1394 圖像擷取卡。由於 IEEE1394 圖像擷取卡是國際標準圖像擷取卡，價格非常便宜，市場價從幾十元到三四百元不等。IEEE1394 端口的圖像採集幀率

比較穩定，一般不受電腦配置影響，而 USB 端口的圖像採集幀率受電腦性能影響較大。現在，隨着電腦和 USB 端口性能的不斷提高，一般數位設備都趨向於採用 USB 端口，而 IEEE1394 端口多用於高性能攝影設備。對於特殊的高性能工業攝影頭，例如，採集幀率在每秒一千多幀的攝影頭，一般都自帶配套的圖像擷取卡。

12394端口　　　　　　USB端口　　　　　　　　圖像擷取卡

圖 1.8　圖像輸入端口

　　在室內生產線上進行圖像檢測，一般都需要配置一套光源，可以根據檢測對象的狀態選擇適當的光源，這樣不僅可以減輕軟體開發難度，也可以提高圖像處理速度。圖像處理的光源一般需要直流電光源，特別是在高速圖像採集時必須用直流電光源，如果是交流電光源會產生圖像一會亮一會暗的閃爍現象。直流光源一般採用發光二極管 LED（light emitting diode），根據具體使用情況做成圓環形、長方形、正方形、長條形等不同形狀，如圖 1.9 所示。有專門開發和銷售圖像處理專用光源的公司，這樣的專業光源一般都很貴，價格從幾千元到幾萬元不等。

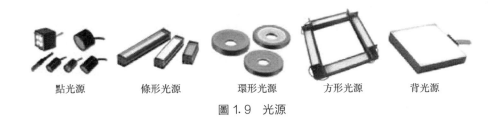

點光源　　　　　條形光源　　　　　環形光源　　　　方形光源　　　　　背光源

圖 1.9　光源

1.3　機器視覺的軟體及編程工具

　　將機器視覺的硬體連接在一起，即使通上電，如果沒有軟體也動彈不了。還是以人體來打比方，機器視覺的硬體就相當於人眼的肉體結構，人眼要起作

用，首先必須得是活人，也就是説心臟要跳動供血，這相當於給電腦插電源供電。但是，只是人活着還不行，如果是腦死亡，人眼也不能起作用。機器視覺的軟體功能就相當於人腦的功能。人腦功能可以分為基本功能和特殊功能，基本功能一般指人的本性功能，只要活着，不用學習就會，而特殊功能是需要學習才能實現的功能。圖像處理軟體就是機器視覺的特殊功能，是需要開發商或者使用者來開發完成的功能，而電腦的操作系統（如 Windows 等）和軟體開發工具是由專業公司供應，可以認為是電腦的基本功能。這裡説的機器視覺的軟體是指機器視覺的軟體開發工具和開發出的圖像處理應用軟體。

電腦的軟體開發工具包括 C、C＋＋、Visual C＋＋、C♯、Java、BASIC、FORTRAN 等。由於圖像處理與分析的數據處理量很大，而且需要編寫複雜的運算程序，從運算速度和編程的靈活性來考慮，C 和 C＋＋是最佳的圖像處理與分析的編程語言。目前的圖像處理與分析的算法程序多數利用這兩種電腦語言來實現。C＋＋是 C 的昇級，C＋＋將 C 從面向過程的單純語言昇級成為面向對象的複雜語言，C＋＋語言完全包容 C 語言，也就是説 C 語言的程序在 C＋＋環境下可以正常運行。Visual C＋＋是 C＋＋的昇級，是將不可視的 C＋＋變成了可視型，C 和 C＋＋語言的程序在 Visual C＋＋環境下完全可以執行，目前最流行的版本是 Visual C＋＋10，全稱是 Microsoft Visual Studio 2010（也稱 VC＋＋2010、VS2010 等）。有一些提供通用圖像處理算法的軟體，例如，國外的 OpenCV 和 MATLAB 等，這些都可以在 Visual C＋＋平臺使用。

1.4 機器視覺、機器人和智慧裝備

提起機器人，一般人都會聯想到人形機器人，有些人會以為只有外形和功能都像人的機器才叫機器人。其實不然，人形機器人只是機器人的一種，而且還不算普及。更多的機器人則是形狀千奇百怪、具備不同專業功能的機器，也被稱為智慧裝備，如圖 1.10 所示。同樣是機器，有些能被稱為機器人或者智慧裝備，有些則不能，衡量標準就是看它有沒有具備人腦那樣的分析判斷功能。具體具備多大的分析判斷功能並不重要。

人眼（視覺）是人腦從外界獲取資訊的主要途徑，占總資訊量的 70％多，除此之外，還有皮膚（觸覺）、耳朵（聽覺）、鼻子（嗅覺）、嘴巴（味覺）等。與此對應，機器視覺是機器的電腦從外界獲得資訊的主要途徑，其他還有接觸傳感器、光電傳感器、超聲波傳感器、電磁傳感器等。由此可知，機器視覺對於機器人或者智慧裝備是多麼重要。

工業機器人

農田機器人

人形機器人

探測機器人

智慧裝備

圖 1.10　不同機器人及智慧裝備

1.5　機器視覺的功能與精度

　　機器視覺的功能，與人眼相似，簡單來説就是判斷和測量。每項功能又包含了豐富的內容。判斷功能可以分為有沒有、是不是、缺陷等的判斷，一般不需要藉助工具。測量功能包括尺寸、形狀、角度等幾何參數的測量和速度、加速度等運動參數的測量。像人眼一樣，測量功能一般需要藉助工具。例如，要求0.1mm 的尺寸誤差，人眼測量一般需要藉助精度為 0.1mm 以上的卡尺。而機器視覺測量，除了需要藉助 0.1mm 的卡尺（標定物）之外，還需要相機有足夠的解析度，也就是説需要一個像素所代表的實際尺寸能够小於等於 0.1mm。對於不同的功能，雖然精度的概念不一樣，但是測量時需要鏡頭焦距固定、預先標定是其共同的特點。以下分別説明不同功能的精度。

（1）判斷功能

　　判斷功能也有精度問題。如圖 1.11 所示，只有缺陷的大小在圖像上用人眼能够看出來，才能進行自動判斷。對於靜態圖像，只要缺陷的面積大於物體自身的紋理結構就可以判斷。而對於生產線上的動態判斷，除了缺陷的靜態大小之外，還需要考慮生產線運行速度和相機採集幀率的關係。例如，假設生產線運動速度是每秒100 公釐（100mm/s），相機的圖像採集幀率是每秒 100 幀（100fps），那麼每幀圖像間的位移就是 1mm，這樣 1mm 以下的缺陷就判斷不了。

圖 1.11　有缺陷的圖像

(2) 精密測量

如圖 1.12 所示，精密測量一般用於對靜態目標的尺寸測量，攝影頭垂直於被測量目標進行圖像採集，通過在測量平臺放置標尺來進行相機標定。

圖 1.13 是相機標定的實例。圖面上「2」到「3」的白線代表實際距離的 1cm，總共有 146 個像素，那麼確定後一個像素就表示 1/146（0.00685）cm。

圖 1.12　精密測量

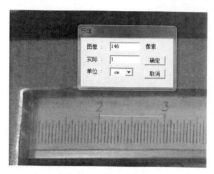

圖 1.13　標定圖

(3) 攝影測量

攝影測量（也叫攝影測量）分為單目測量和雙目測量，測量內容一般包括位置、距離、角度等。單目測量就是用一臺攝影機拍攝一幅圖像，根據標定數據推算測量數據，如圖 1.14(a) 所示，在攝影機視野中心附近有個平鋪在地上的標定物。雙目攝影測量是用兩臺相機同時拍攝兩幅圖像，根據標定數據和測量的圖像數據計算出被測物體的三維數據，如圖 1.14(b) 所示，幾個豎直杆是其標定物。

(a) 單目

(b) 雙目

圖 1.14　攝影測量

攝影測量與上述精密測量的最大差別是，攝影測量的相機一般是斜對被測物

體，由於相機有傾斜角度，而且一般視野比較大，不能簡單地用某處像素所代表的實際大小來作為標定值，需要經過幾何透視變換來計算標定矩陣，這也決定了攝影測量一般不會有很高的精度，攝影測量的精度表達方式一般是用百分數來表示相對精度，例如，誤差 1% 等，而不是用公釐或者厘米等來表示絕對數精度。根據經驗，10m 之內的測量誤差一般在 5% 之內，距離越遠誤差越大，被測物偏離標定物越遠，誤差也越大。

（4）運動測量

運動測量的內容一般包括位置、距離、速度、加速度、角度、角速度和角加速度。其中的位置、距離和角度就是上述攝影測量的內容。因此，也可以說，運動測量就是對運動目標的連續攝影測量。速度、加速度、角速度和角加速度等運動參數則是由目標在每個幀上的位置、距離和角度等數據結合幀間的時間差計算獲得。幀間的時間差也就是幀率，例如，30fps 幀率的幀間時間差就是 1/30s（0.3333s）。圖 1.15 是一個二維運動測量的標定界面，上面包含了距離比例標定、時間（幀率）標定和用於原點選定的坐標變換。三維標定比較複雜，將在後面的章節說明。

運動測量的精度和攝影測量相似，一般精度不高，也是用相對精度來描述。

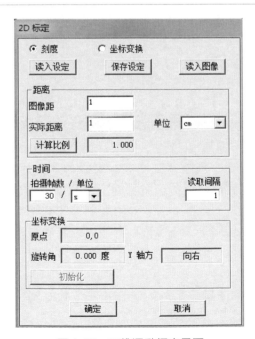

圖 1.15　二維運動標定界面

第2章

圖像處理

　　圖像處理是機器視覺的核心軟體功能，本章介紹圖像處理的發展過程和基本知識。

2.1 圖像處理的發展過程 [1, 2]

　　圖像處理是個古老的話題。以記錄和宣傳為目的的圖像處理，可以追溯到西班牙阿爾塔米拉石窟壁畫的舊石器時代。在以埃及、美索不達米亞為首的古代文明中能夠看到很多實例。中國的繪畫史也可以上溯到原始社會的新石器時代，距今至少有七千餘年的歷史。工匠通過手工作業進行繪畫和刻製版畫，對雕刻技術和圖像處理技術的發展做出了獨特的貢獻。從圖像資訊處理技術角度來說，活字印刷術（1445 年左右）和影印機的發明（1839 年左右）可以認為是圖像處理的起點，這些技術奠定了當今的電子排版、掃描器、攝影機、攝影機等電子設備的技術基礎。現在所謂的圖像處理一般是指通過電子設備進行的圖像處理，處理的圖像形式由模擬圖像發展到了數位圖像。

　　1925 年出現了機械掃描式電視，1928 年出現了電子掃描式顯像管接收器，1933 年出現了電子掃描式攝影管成像器，再到當今的電子掃描技術，這些共同構築了電視技術的基礎。電子設備的圖像最初都是模擬圖像，包括模擬電視機、模擬攝影機、模擬攝影機、X 光攝影機等，這些都是基於電子掃描式成像管技術，其記錄材料主要是膠片，由電子顯像管顯示。模擬圖像處理的內容主要有：①針對圖像的輸入、輸出、記錄、表示等的處理；②利用膠卷和鏡頭的特性，對照片進行對比強化、邊緣強化、濃度特性變化等顯像和定影操作的處理；③通過模擬電路，突出強調電視畫面的邊緣、抑制重像等。這些處理很多也都用在了當今的數位圖像處理中。

　　20 世紀 40 年代出現了數位電腦，1964 年第 3 代電腦 IBM360、1965 年迷你電腦 DEC/PDP-8 相繼問世。隨着電腦技術的迅速發展，數點陣圖像處理所必需的電腦環境得到了很大的改善。

　　數位圖像處理的應用開始於人造衛星圖像的處理。1965 年美國國家航空航天局（NASA）發表了 Mariner4 號衛星拍攝的火星圖像，1969 年登陸月球表面

的阿波羅 11 號傳回了月球表面的圖像，這些都是數位圖像處理的空前應用。在該領域，由於環境惡劣，傳輸的圖像畫質非常低，需要經過龐大的數位圖像處理後才能使用。

與此同時，數位圖像處理被嘗試應用於醫用領域。例如，開展了顯微鏡圖像的計量測定、診斷、血球分類、染色體分類、細胞診斷的研究。另外，1965 年左右還初次嘗試了胸部 X 光照片的處理，包括：改善 X 光照片的畫質、檢驗出對象物體（區分物體）、提取特徵、分類測量以及模式識別等。然而，與人造衛星圖像不同，因為這些圖像是模擬圖像，首先需要進行數位化處理，由於當時處於基礎性研究階段，還存在很多困難。該時期，在物理學領域自動解析了加速器內粒子軌跡的照片。

20 世紀 60 年代後半期，數位圖像處理開始應用於一般化場景和三維物體。該時期的研究工作以美國麻省理工學院人工智慧研究所為中心展開。理解電視攝影機輸入簡單積木畫面的「積木世界」問題，成為早期人工智慧領域中的一個具有代表性的研究課題。隨後該領域出現了圖像分析、電腦視覺、物體識別、場景分析、機器人處理等研究課題。這一時代的二維模擬識別研究以文字識別為中心，是一項龐大的研究工程。日本在 1968 年採用郵政編碼制度而研製的國內文字識別裝置，成為加快文字識別研究進展的一大主要因素。其中產生的很多算法，例如，細線化、臨界值處理、形狀特徵提取等，成為日後圖像處理基本算法的重要組成部分，並被廣泛使用。1968 年，出現了最早的有關圖像處理的國際研討會論文集。

20 世紀 70 年代初期，數位圖像處理開始加速發展，出現了醫學領域的電腦斷層攝影術（computed tomography，CT）和地球觀測衛星。這些從成像階段開始就進行了複雜的數位圖像處理，數據量龐大。CT 是將多張投影圖像重構成截面圖像的儀器，其數理基礎拉東變換（radon transform）是於 1917 年由拉東提出，50 年後隨着電腦及其相關技術的進步，開始了實用化應用。CT 不僅對醫學產生了革命性影響，也對整個圖像處理技術產生了很大的促進作用，同時開闢了獲取立體三維數位圖像的途徑。大約 20 年後，出現了利用多幅 CT 圖像在電腦內進行人體三維虛擬重建的技術，可以自由移動三維圖像的視角，從任意方位觀察人體，幫助進行診斷和治療。

地球觀測衛星以一定週期在地球上空軌道運行，將地球表面發出的反射能量，通過不同光譜波段的傳感器進行檢測，將檢測數據連續傳送回地面，還原成詳盡的地球表面圖像之後，對全世界公開，並開發了提取其資訊的各種算法。此後，又形成了將海洋觀測衛星、氣象觀測衛星等的圖像進行合成的遙感圖像處理，並廣泛應用於地質、植保、氣象、農林水產業、海洋、城市規劃等領域。

CT 圖像和遙感圖像在應用層面都具有極其重要的意義，為了對其進行處

理，開發出了非常多的算法。例如，對於 CT 圖像，首先開發出了圖像重構算法，通過空間頻率處理以及灰階等級處理來改善畫質，還開發出了各種圖像測量算法。在此基礎上，進一步開發出了表示人體三維構造的立體三維圖像處理的算法。關於遙感圖像，出現了圖像幾何變換、傾斜校正、彩色合成、分類、結構處理、領域分割等處理算法。隨着技術的發展，CT 圖像和遙感圖像的精度也在不斷提高，現在 CT 的分辨率可以達到 0.5mm 以下，衛星觀察地球表面的分辨率達到了 1m 以下。

在其他領域，為了實現檢測自動化、節省勞動力和提高産品質量，規模生産應用開始進入實用化階段。例如，圖像處理技術在集成電路的設計和檢測方面實現了大規模應用。隨着研究的不斷投入，推進了其實用化進程。然而，從産業應用的整體來看，實用化的成功例子比較有限。與此同時，以物體識別和場景解析為目的的應用開啓了對一般三維場景進行識別、理解的人工智慧領域的研究。但是，物體識別、場景解析的問題比預想的要難，即使到現在實用化的應用例子也很少。

與前述文字識別緊密相關的圖紙、地圖、教材等的辦公自動化處理，也成為圖像處理的一個重要領域。例如，傳真通信和影印機就使用了二值圖像的壓縮、編碼、幾何變換、校正等諸多算法。日本在 1974 年開始了地圖數據庫的開發工作，目前這些技術積累被廣泛應用於地理資訊系統（geographical information system，GIS）和汽車導航等領域。

在醫學領域，除了前述的 CT 以外，首先是實現了血球分類裝置的商業化，並開始試製細胞診療裝置，這些作為早期模擬圖像識別的實用化裝置引起了廣泛關注。另外，還進行了根據胸部 X 光照片來診斷硅肺病、心臟病、結核、癌症的電腦診斷研究。同時，超聲波圖像、X 光圖像、血管熒光攝影圖像、放射性同位素（radio isotope，RI）圖像等的輔助診斷也成了研究對象。在這些研究中，開發出了差分濾波、距離變換、細線化、輪廓檢測、區域生成等灰階圖像處理的相關算法，成為之後圖像處理的算法基礎。

硬體方面，在 20 世紀 70 年代中有了幾項重要的發展。例如，幀儲存器的出現及普及為圖像處理帶來了便利。另一方面，數位信號處理器（digital signal processor，DSP）的發展，開創了包括快速傅立葉變換（fast fourier transform，FFT）在內的高級處理的新途徑。隨着 CCD（charge coupled device）圖像輸入裝置的開發與進步，出現了利用激光測量距離的測距儀。而在電腦技術方面，20 世紀 70 年代前半期，美國 Intel 公司的微軟處理器 i4004 和 i8008 相繼登場，並與隨後出現的微軟電腦（Altair 1975 年、Apple II 和 PET 1977 年、PC8001 1979 年）相連接。1973 年開發出了被稱為第一個工作站的美國 Xerox 公司的 Alto。1976 年大型超級電腦 Cray-1 的問世，擴大了處理器規模和能力的選擇範圍，對

開發各種規模的圖像處理系統做出了貢獻。

軟體方面，並行處理、二值圖像處理等基礎性算法逐步提出。在這些基礎理論中，圖像變換（如離散傅立葉變換、離散正交變換等）、數位圖形幾何學以及以此為基礎的諸多方法形成了體系，並且開發出了一些具有通用性的圖像處理程序包。

總之，該時期圖像處理的價值和發展前景被廣泛認知，各個應用領域認識到了其用途，紛紛開始了基礎性研究，到了後半期就進入了全面鋪開的時代。尤其是基礎方法、處理程序框架、算法等軟體和方法論的研究，進入了快速發展時期。實際上，現在被實用化的領域或繼續研究中的許多問題基本上在這一時代已經被解決了。支撐其發展的基礎性方法大多始於 20 世紀六七十年代。

20 世紀 70 年代廣泛展開的圖像處理，到了 20 世紀 80 年代進一步快速普及，前面介紹的圖像處理的幾個應用領域進入到實用化、大眾化階段。工作站、記憶體以及 CCD 輸入裝置的組合，形成了當時在性價比上更為優秀的專用系統，使得多樣化的圖像處理系統實現了商業化，很多通用軟體工具被開發出來，許多使用者的技術人員也能夠開發各種問題的處理算法。20 世紀 80 年代，圖像處理硬體的核心是搭載有專用圖像處理設備的工作站。

進入 20 世紀 90 年代，迅速在全球普及的網際網路（internet）對圖像處理產生了不小的影響。而且，20 世紀 90 年代，由於個人電腦性能的飛躍性提昇及其應用的廣泛普及，獲得了前所未有的強大資訊處理能力和多種多樣的圖像獲取手段，在我們所能到達的任何地方都可以獲得與以前超級電腦相同的圖像處理環境。由於大量圖像要通過網路高速傳輸，促使圖像編碼、壓縮等研究工作活躍起來，且 JPEG（joint photographic experts group）、MPEG（motion picture experts group）等圖像壓縮方式制定了世界統一標準。現如今，在家中通過網際網路就可以自由訪問各種 Web 地址，下載自己想要的圖像。例如，美國航天局（NASA）的 Web 主頁上公開了由人造衛星拍攝到的各種行星圖像，任何人均可通過網際網路自由訪問，並且當發射火箭時可以實時觀看到動畫。

20 世紀 90 年代後半期，隨着高性能廉價的數位攝影機和圖像掃描器的普及，數位圖像的處理也得到了進一步普及。當今，廣泛普及的電腦環境使聲音、文字、圖像、視頻都可以自由轉換成為數位數據，進入了多媒體處理時代。

20 世紀 90 年代的另外一個重要事件就是出現了虛擬現實（virtual reality，VR），其設計理念和實質內容從 20 世紀 90 年代初開始得到了世界承認。虛擬現實的目的不只是將「在那裡記錄的事物讓世界看到和理解」，而是以「記錄、表現事物，體驗世界」為目的，概念性地改變了圖像資訊的利用方法。

在一些領域，隨着基礎性理論的建立，逐步形成了體系，並得到確認。例如，包含三維數位圖像形式的數位幾何學、單目和雙目生成圖像、立體光度測定

法等在內，人們根據三維空間中的物體（或場景）和將它們以二維平面形式記錄的二維圖像間的關係，從形狀以及灰階分佈這兩方面進行了理論性闡述，並相繼提出了以此為基礎的可行圖像解析方法。與此同時，還明確了記錄三維空間物體運動圖像時間系列（視頻圖像）的性質以及視頻圖像處理的基本方法。另外，隨着對象變得複雜，強調「利用與對象相關知識」的重要性，即提倡採用知識型電腦視覺，並開展了對象相關知識的利用方法和管理方法等研究和試驗。另一方面，在這一時期還嘗試開展了圖像處理方法自身知識庫化的工作，開發出了各種方式的圖像處理專業系統。針對人工智慧的解析空間探索、最佳化、模型化、學習機能等諸多問題，出現了作為新概念、新方法的分數維、混沌、神經網路、遺傳算法等技術工具。同時，圖像處理以感性資訊為新的視點，開始了感性資訊處理的研究工作。

在應用領域，醫用圖像處理在 20 世紀 80 年代初期不再使用 X 射線，而改用 CT 的核磁共振成像（magnetic resonance imaging，MRI）實現了實用化。從 20 世紀 80 年代末至 20 世紀 90 年代，超高速 X 光 CT、螺旋形 CT 相繼登場。以數位射線照片的實用化為代表的各種進步，推動了醫用圖像整體向數位化邁進，促進了醫用圖像整體的一元化管理、遠程醫療等的研究和普及。這些是將圖像的傳輸、記錄、壓縮、還原等廣義的圖像處理綜合起來的系統化技術。特別是以螺旋形 CT 為基礎，在電腦內再構成患者的三維圖像的「虛擬人體」的應用，使得外科手術的演示和虛擬化內視鏡變為可能。1995～1998 年，日本和美國分別在以人體全身 X 射線 CT 以及 MRI 圖像為基礎上實現了可視化人體工程。20 世紀 90 年代，針對 X 射線圖像電腦診斷，在胸部、胃以及乳房 X 射線圖像乳腺攝影法等方面分別投入大量精力展開研究，其中一部分在 90 年代末期達到了實用化水平，1998 年美國公佈了第一臺用於醫用 X 光照片電腦診斷的商用裝置。

在產業方面，其實用化應用範圍得到了廣泛拓展，並開始產生效果。不僅可用於檢查產品外觀尺寸、擦傷、表面形狀，還應用於 X 射線圖像等的非破壞性檢查、機器人視覺判斷、組裝自動化、農水産品加工、等級分類自動化、在原子反應堆等惡劣環境下進行作業等各個領域。

在遙感領域，20 世紀 80 年代多國相繼發射了各種地球觀測衛星，使用者可以利用的衛星圖像種類和數量有了一個飛躍性增長。此外，由於電腦等技術的進步，廉價系統也可以進行數據解析，使用者的視野飛速擴展。20 世紀 90 年代前半期，搭載裝備有主動式微波傳感器的合成孔徑雷達（synthetic aperture radar，SAR）的衛星相繼發射昇空，很多人投入到 SAR 數據的處理、解析等技術的研究之中。這其中，利用 2 組天線觀測到的微波相位資訊進行地高測量和地球形變測量的研究有了很大進展。1999 年高分辨率商業衛星 IKONOS-1 發射昇空，衛星遙感分辨率進入到 1m 的時代。

　　文件與教材處理、傳真通信的普及、電腦手寫輸入的圖形處理、設計圖的自動讀取、文件的自動輸入等，在不斷的需求中也逐步發展起來。

　　在監測和通信方面，在圖像高壓縮比的智慧編碼、環境監測、人臉識別、行為識別、人機交互等眾多領域中得到了廣泛應用。

　　在視頻圖像處理方面，作為機器視覺的應用，將視覺系統搭載在汽車和拖拉機上實現了汽車和拖拉機的無人駕駛。在智慧交通系統（intelligent transportation systcm，ITS）中，通過對公路監控視頻的處理，自動提示交通擁堵狀況。出現了視頻圖像的自動編輯技術，達到了一般使用者也能操作的程度。視頻處理的主要技術包括圖像的壓縮編碼、譯碼、特徵提取和生成等。提出了智慧編碼的概念，視頻圖像的解析、識別和通信也開始了快速發展。

　　20 世紀 90 年代後半期，開始關注於構築將現實世界、現實圖像和電腦圖形學（computer graphics，CG）與虛擬圖像自由結合的複合現實。CG、圖像識別作為其中的主要技術發揮着重要作用，現在已經實現了實時體驗與三維虛擬空間的互動。此外，在這些動向中，「電腦是媒體」的認識也被確定下來，而其中「圖像媒體」的定位、利用方法以及多媒體處理中的圖像媒體作用等，將會成為今後圖像處理中的關鍵詞。

　　三維 CAD（computer aided design）中各種軟體模塊的出現使得在製造業、建築業、城市規劃中應用 CAD 成為家常便飯。此外，在利用各種媒體對數位圖像進行普及的過程中，為了防止圖像的非法複製、不正當使用，20 世紀 90 年代產生了處理圖像著作權及其保護的重要課題，開展了大量的電子水印技術等方面的研究工作。

　　圖像處理技術的發展基石是電腦和通信的環境，在網路環境不斷發展的同時，隨着以大容量圖像處理為前提的高速信號處理、大容量數據記錄、數據傳送、移動計算（mobile computing）、可穿戴計算（wearable computing）等技術的發展，以及包括普適計算（ubiquitous computing）在內的技術進一步推進，將給圖像處理環境帶來更大的變革。

　　在成像技術方面，從 CT 的實用化、MRI 和超聲波圖像的新發展可以看到與人體相關的成像技術的發展前景。掃描器、數位攝影機、數位攝影機（攝影頭）、數位電視、帶有數位攝影機的手機等，都可以方便地獲得圖像數據，也就是說圖像數據的獲取方法已經大眾化。

　　在軟體方面，處理系統的智慧化水平越來越高。在圖像識別與認知、生成以及傳送與儲存之間，或虛擬環境和現實世界及其記錄圖像之間，各種融合正在逐步形成。例如，機器寵物和人型機器人已經出現，醫學應用方面的電腦輔助診斷（computer aided diagnosis，CAD）以及電腦輔助外科（computer aided surgery，CAS）已經實用化。作為對物品的智慧化識別、定位、追蹤和監控的重要手段，

圖像處理同時也是物聯網技術的重要組成部分。

20 世紀 80～90 年代，隨着個人電腦和互聯網的普及，人們的生產和生活方式發生了很大的變化。21 世紀能夠影響人類生存方式的事件，將是各類機器人的推廣和普及，機器視覺作為機器人的「眼睛」，在新的時代必將發揮舉足輕重的作用。

2.2 數位圖像的採樣與量化 [3]

在電腦內部，所有的資訊都表示為一連串的 0 或 1 碼（二進制的字符串）。每一個二進制位（bit）有 0 和 1 兩種狀態，八個二進制位可以組合出 256（2^8 = 256）種狀態，這被稱為一個 bit（byte）。也就是説，一個 bit 可以用來表示從 0000000 到 11111111 的 256 種狀態，每一個狀態對應一個符號，這些符號包括英文字符、阿拉伯數位和標點符號等。採用國標 GB 2312—1980 編碼的漢字是 2bit，可以表示 $256 \times 256 \div 2 = 32768$ 個漢字。標準的數位圖像數據也是採用一個 bit 的 256 個狀態來表示。

電腦和數位攝影機等數位設備中的圖像都是數位圖像，在拍攝照片或者掃描文件時輸入的是連續模擬信號，需要經過採樣和量化兩個步驟，將輸入的模擬信號轉化為最終的數位信號。

（1）採樣

採樣（sampling）是把空間上的連續的圖像分割成離散像素的集合。如圖 2.1 所示，採樣越細，像素越小，越能精細地表現圖像。採樣的精度有許多不同的設定，例如，採用水平 256 像素×垂直 256 像素、水平 512 像素×垂直 512 像素、水平 640 像素×垂直 480 像素的圖像等，目前智慧手機相機 1200 萬像素（水平 4000 像素×垂直 3000 像素）已經很普遍。我們可以看出一個規律，圖像長和寬的像素個數都是 8 的倍數，也就是以 bit 為最小單位，這是電腦內部標準操作方式。

（2）量化

量化（quantization）是把像素的亮度（灰階）變換成離散的整數值的操作。最簡單是用黑（0）和白（1）的 2 個數值即 1 比特（bit）（2 級）來量化，稱為二值圖像（binary image）。圖 2.2 表示了量化比特數與圖像質量的關係。量化越細緻（比特數越大），灰階級數表現越豐富，對於 6 比特（64 級）以上的圖像，人眼幾乎看不出有什麼區別。電腦中的圖像亮度值一般採用 8 比特（2^8 = 256 級），也就是一個 bit，這意味着像素的亮度是 0～255 之間的數值，0 表示最黑，255 表示最白。

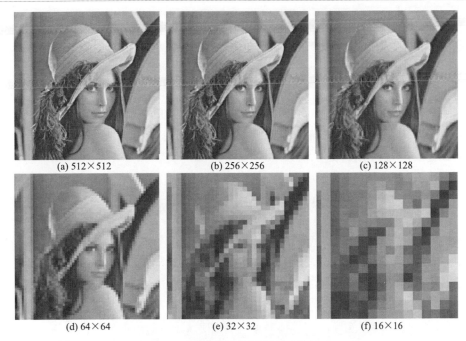

(a) 512×512　　(b) 256×256　　(c) 128×128

(d) 64×64　　(e) 32×32　　(f) 16×16

圖 2.1　不同空間分辨率的圖像效果

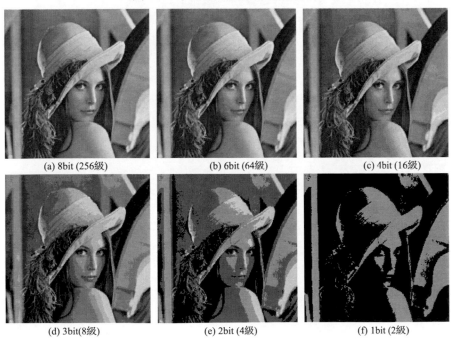

(a) 8bit (256級)　　(b) 6bit (64級)　　(c) 4bit (16級)

(d) 3bit(8級)　　(e) 2bit (4級)　　(f) 1bit (2級)

圖 2.2　灰階分辨率的影響

2.3 彩色圖像與灰階圖像[3]

(1) 彩色圖像

所有顏色都是由 R（紅）、G（綠）、B（藍）3 個單色調配而成，每種單色都人為地從 0～255 分成了 256 個級，所以根據 R、G、B 的不同組合可以表示 $256 \times 256 \times 256 = 16777216$ 種顏色，被稱為全彩色圖像（full-color image）或者真彩色圖像（true-color image）。一幅全彩色圖像如果不壓縮，文件將會很大。例如，一幅 640×480 像素的全彩色圖像，一個像素由 3 個 bit 來表示 R、G、B 各個分量，需要保存 $640 \times 480 \times 3 = 921600$（約 1MB）bit。

除了全彩色圖像之外，還有 256 色、128 色、32 色、16 色、8 色、2 色圖像等，這些非全彩色圖像在保存時，為了減少保存的 bit 數，一般採用調色板（palette）或顏色表（look up table，LUT）來保存。顏色表中的每一行記錄一種顏色的 R、G、B 值，即（R，G，B）。例如，第一行表示紅色（255，0，0），那麼當某個像素為紅色時，只需標明索引 0 即可，這樣就可以通過顏色索引來減少表示圖像的 bit 數。例如，對於 16 色圖像，用顏色索引的方法來表示 16 種狀態，可以用 4 位（2^4），也就是半個 bit 來表示，整個圖像數據需要用 $640 \times 480 \times 0.5 = 153600$ 個 bit，另加一個顏色表的 bit 數。顏色表在 Windows 上是固定的結構格式，有 4 個參數，各占一個 bit，前 3 個參數分別代表 R、G、B，第 4 個參數為備用，這樣 16 個顏色的顏色表共需要 $4 \times 16 = 64$ 個 bit。這樣採用顏色表來表示 16 色圖像時，總共需要 $153600 + 64 = 153664$ 個 bit，只占前述保存方法的 1/6 左右，節省了許多儲存空間。歷史上由於電腦和數位設備的記憶體有限，為了節省儲存空間，用非全彩色圖像的情況較多，現在所有彩色數位相機都是全彩色圖像。

上述用 R、G、B 三原色表示的圖像被稱為點陣圖（bitmap），有壓縮和非壓縮格式，後綴是 BMP。除了點陣圖以外，圖像的格式還有許多。例如，TIFF 圖像一般用於衛星圖像的壓縮格式，壓縮時數據不失真；JPEG 圖像是被數位相機等廣泛採用的壓縮格式，壓縮時有部分信號失真。

(2) 灰階圖像

灰階圖像（gray scale image）是指只含亮度資訊，不含色彩資訊的圖像。在 BMP 格式中沒有灰階圖像的概念，但是如果每個像素的 R、G、B 完全相同，也就是 $R = G = B$，該圖像就是灰階圖像（或稱單色圖像 monochrome image）。

　　彩色圖像可以由式（2.1）變為灰階圖像其中 Y 為灰階值，各個顏色的係數由國際電訊聯盟（International Telecommunication Union，ITU）根據人眼的適應性確定。

$$Y = 0.299R + 0.587G + 0.114B \qquad (2.1)$$

　　彩色圖像的 R、G、B 分量，也可以作為 3 個灰階圖像來看待，根據實際情況對其中的一個分量處理即可，沒有必要用式（2.1）進行轉換，特別是對於實時圖像處理，這樣可以顯著提高處理速度。圖 2.3 是彩色圖像由式（2.1）轉換的灰階圖像及 R、G、B 各個分量的圖像，可以看出灰階圖像與 R、G、B 等的分量圖像比較接近。

(a) 灰度圖像

(b) R 分量圖像

(c) G 分量圖像

(d) B 分量圖像

圖 2.3　灰階圖像及各個分量圖像

　　除了彩色圖像的各個分量以及彩色圖像經過變換獲得的灰階圖像之外，還有專門用於拍攝灰階圖像的數位攝影機，這種灰階攝影機一般用於工廠的線上圖像

檢測。歷史上的黑白電視機、黑白攝影機等，顯示和拍攝的也是灰階圖像，這種設備的灰階圖像是模擬灰階圖像，現在已經被淘汰。

2.4 圖像文件及視頻文件格式

（1）圖像文件格式

圖像文件格式有很多，可以列舉如下：BMP、ICO、JPG、JPEG、JNG、KOALA、LBM、MNG、PBM、PBMRAW、PCD、PCX、PGM、PGMRAW、PNG、PPM、PPMRAW、RAS、TARGA、TIFF、WBMP、PSD、CUT、XBM、XPM、DDS、GIF、HDR、IF 等。主要格式有：BMP、TIFF、GIF、JPEG 等，以下對主要格式分別進行說明。

① BMP 格式。BMP（bitmap，點陣圖格式）是 DOS 和 Windows 兼容電腦系統的標準 Windows 圖像格式。BMP 格式支持 RGB、索引顏色、灰階和點陣圖顏色模式。BMP 格式支持 1、4、24、32 位的 RGB 點陣圖。有非壓縮格式和壓縮格式，多數是非壓縮格式。文件後綴：bmp。

② TIFF 格式。TIFF（tag image file format，標記圖像文件格式）用於在應用程序之間和電腦平臺之間交換文件。TIFF 是一種靈活的圖像格式，被所有繪畫、圖像編輯和頁面排版應用程序支持。幾乎所有的桌面掃描器都可以生成 TIFF 圖像。屬於一種數據不失真的壓縮文件格式。文件後綴：tiff、tif。

③ GIF 格式。GIF（graphic interehange format，圖像交換格式）是一種壓縮格式，用來最小化文件大小和減少電子傳遞時間。在網路 HTML（超文本標記語言）文檔中，GIF 文件格式普遍用於現實索引顏色和圖像，也支持灰階模式。文件後綴：gif。

④ JPEG 格式。JPEG（joint photographic experts group，聯合圖片專家組）是目前所有格式中壓縮率最高的格式。目前大多數彩色和灰階圖像都使用 JPEG 格式壓縮圖像，壓縮比很大（約 95％），而且支持多種壓縮級別的格式。在網路 HTML 文檔中，JPEG 用於顯示圖片和其他連續色調的圖像文檔。JPEG 格式保留 RGB 圖像中的所有顏色資訊，通過選擇性地去掉數據來壓縮文件。JPEG 是數位設備廣泛採用的圖像壓縮格式。文件後綴：jpeg、jpg。

（2）視頻文件格式

常用的視頻格式有：AVI、WMV、MPEG 等，以下分別進行說明。

①　AVI 格式。AVI（audio video interleaved，音頻視頻交錯）是由微軟公司制定的視頻格式，歷史比較悠久。AVI 格式調用方便、圖像質量好，壓縮標準可任意選擇，是應用最廣泛的格式。文件後綴：avi。

②　WMV 格式。WMV（windows media video，視窗多媒體視頻）是微軟公司開發的一組數位視頻編解碼格式的通稱，是 ASF（advanced systems format，高級系統格式）格式的昇級。文件後綴：wmv、asf、wmvhd。

③　MPEG 格式。MPEG（moving picture experts group，運動圖像專家組）格式是國際標準化組織（ISO）認可的媒體封裝形式，包括了 MPEG1、MPEG2和 MPEG4 在內的多種視頻格式，受到大部分機器的支持。

MPEG1 和 MPEG2 採用的是以仙農資訊論為基礎的預測編碼、變換編碼、熵編碼及運動補償等第一代數據壓縮編碼技術。MPEG1 的分辨率為 352×240像素，幀速率為每秒 25 幀（PAL），廣泛應用在 VCD 的製作、遊戲和網路視頻上。使用 MPEG1 的壓縮算法，可以把一部 120 分鐘長的電影壓縮到 1.2GB 左右大小。MPEG2 主要應用於 DVD 的製作，同時在一些 HDTV（高清晰電視廣播）和一些高要求視頻的編輯、處理上面也有相當多的應用。使用 MPEG2 的壓縮算法壓縮一部 120 分鐘長的電影可以壓縮到 5～8GB 的大小，MPEG2 的圖像質量是 MPEG1 無法比擬的。

MPEG4（ISO/IEC 14496）是基於第二代壓縮編碼技術制定的國際標準，它以視聽媒體對象為基本單元，採用基於內容的壓縮編碼，以實現數位視音頻、圖形合成應用及交互式多媒體的集成。

MPEG 系列標準對 VCD、DVD 等視聽消費電子及數位電視和高清晰度電視（DTV＆HDTV）、多媒體通信等資訊產業的發展產生了巨大而深遠的影響。MPEG 的控制功能豐富，可以有多個視頻（即角度）、音軌、字幕（點陣圖字幕）等。MPEG 的一個簡化版本 3GP 還被廣泛用於 3G 手機上。文件後綴：dat（用於 DVD）、vob、mpg/mpeg、3gp/3g2/mp4（用於手機）等。

2.5　數位圖像的電腦表述

圖 2.4 表示了以「＋」符號為中心 7×7 範圍的像素（pixel）R、G、B 顏色值。在電腦中，圖像就是這樣由像素構成，各個像素的顏色值被整數化（或稱數位化，digitization）。圖 2.5 顯示了局部放大後的圖像，放大後可以看見圖中的各個小方塊即為像素。

圖 2.4　像素值

圖 2.5　局部放大圖

2.6　常用圖像處理算法及其通用性問題

　　圖像處理的基本算法包括：圖像增強、去噪聲處理、圖像分割、邊緣檢測、特徵提取、幾何變換等；經典算法有：Hough（哈夫）變換、傅立葉變換（FFT）、小波（wavelet）變換、模式識別、神經網路、遺傳算法等。這些算法中還包含許多處理細節。圖像處理最大的難點在於，沒有任何一種算法能夠獨

立完成千差萬別的圖像處理，針對不同的處理對象，需要對多種圖像處理算法進行組合和修改。不同的處理對象和環境，圖像處理的難點不同。例如，工業生產的線上圖像檢測，其難點在於滿足生產線的快速流動檢測；農田作業機器人，其圖像處理的難點在於適應複雜多變的自然環境和光照條件。一個優秀的圖像處理算法開發者，可以設計出巧妙的算法組合和處理方法，使圖像處理既準確又快速。正是由於圖像處理算法的複雜性和多變性，更增加了挑戰者的樂趣。

參考文獻

[1] 孫衛東.圖像處理技術手冊［M］.北京：科學出版社，2007.

[2] 陳兵旗.機器視覺技術及應用實例詳解［M］.北京：化學工業出版社，2014.

[3] 陳兵旗.實用數位圖像處理與分析［M］.第2版.北京：中國農業大學出版社，2014.

第3章

目標提取

3.1 如何提取目標物體

判斷目標為何物或者測量其尺寸大小的第一步是將目標從複雜的圖像中提取出來。例如：

- 在街景中只提取人；
- 在智慧交通系統中識別車輛牌照和交通標誌；
- 從郵件中查找郵政編碼來進行分類；
- 使用監控攝影機，當發現有貿然進入的人時，發送警報；
- 在流動的生產線上提取零件；
- 判別農作物果實的大小，依據其大小進行分類等。

人眼在雜亂的圖像中搜尋目標物體時，主要依靠顏色和形狀差別，具體過程人們在無意識中完成，其實利用了人們常年生活積累的常識（知識）。同樣道理，機器視覺在提取物體時，也是依靠顏色和形狀差別，只不過電腦裡沒有這些知識積累，需要人們利用電腦語言（程序）通過某種方法將目標物體知識輸入或計算出來，形成判斷依據。

以下分別介紹利用形狀和顏色進行目標物提取的方法。

3.2 基於閾值的目標提取 [1]

3.2.1 二值化處理

二值化處理（binarization）是把目標物從圖像中提取出來的一種方法。二值化處理的方法有很多，最簡單的一種叫做閾值處理（thresholding），就是對於輸入圖像的各像素，當其灰階值在某設定值（稱為閾值，threshold）以上或以下，賦予對應的輸出圖像的像素為白色（255）或黑色（0）。可用式(3.1)或式(3.2)

表示。

$$g(x,y)=\begin{cases} 255 & f(x,y)\geqslant t \\ 0 & f(x,y)<t \end{cases} \tag{3.1}$$

$$g(x,y)=\begin{cases} 255 & f(x,y)\leqslant t \\ 0 & f(x,y)>t \end{cases} \tag{3.2}$$

其中 $f(x,y)$、$g(x,y)$ 分別是處理前和處理後的圖像在 (x,y) 處像素的灰階值，t 是閾值。

根據圖像情況，有時需要提取兩個閾值之間的部分，如式(3.3) 所示。這種方法稱為雙閾值二值化處理。

$$g(x,y)=\begin{cases} \text{HIGH} & t_1\leqslant f(x,y)\leqslant t_2 \\ \text{LOW} & \text{other} \end{cases} \tag{3.3}$$

3.2.2 閾值的確定

我們知道，灰階圖像像素的最大值是 255（白色），最小值是 0（黑色），從 0～255，共有 256 級，一幅圖像上每級有幾個像素，把它數出來（電腦程序可以瞬間完成），做個圖表，就是直方圖。如圖 3.1 所示，直方圖的橫坐標表示 0～255 的像素級，縱坐標表示像素的個數或者占總像素的比例。計算出直方圖，是灰階圖像目標提取的重要步驟之一。

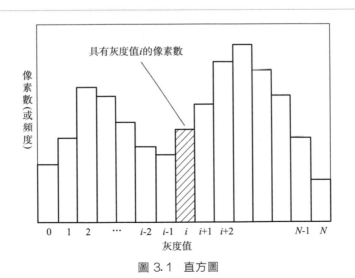

圖 3.1　直方圖

對於背景單一的圖像，一般在直方圖上有兩個峰值，一個是背景的峰值，一個是目標物的峰值。例如，圖 3.2(a) 是一粒水稻種子的 G 分量灰階

圖像，圖 3.2(c) 是其直方圖。直方圖左側的高峰（暗處）是背景峰，像素數比較多，右側的小峰（亮處）是籽粒，像素數比較少。對這種在直方圖上具有明顯雙峰的圖像，把閾值設在雙峰之間的凹點，即可較好地提取齣目標物。圖 3.2(b) 是將閾值設置為雙峰之間的凹點 50 時的二值圖像，提取效果比較好。

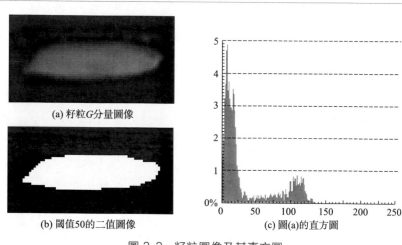

(a) 籽粒G分量圖像

(b) 閾值50的二值圖像

(c) 圖(a)的直方圖

圖 3.2　籽粒圖像及其直方圖

　　如果原始圖像的直方圖凹凸激烈，電腦程序處理時就不好確定波谷的位置。為了比較容易地發現波谷，經常採取在直方圖上對鄰域點進行平均化處理，以減少直方圖的凹凸不平。圖 3.3 是圖 3.2(c) 經過 5 個鄰域點平均化後的直方圖，該直方圖就比較容易通過算法編寫來找到其波谷位置。像這樣取直方圖的波谷作為閾值的方法稱為模態法（mode method）。

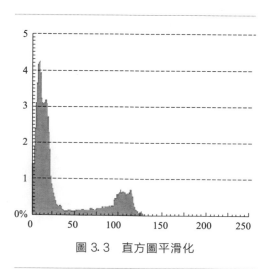

圖 3.3　直方圖平滑化

　　在閾值確定方法中除了模態法以外，還有 p 參數法（p-tile method）、判別分析法（discriminant analysis method）、可變閾值法（variable thresholding）、大津法（OTSU method）等。p 參數法是當物體占整個圖像的比例已知時（如 $p\%$），在直方圖上，暗灰階（或者亮灰階）一側起的累計像素數占總像素數 $p\%$

的地方作為閾值的方法。判別分析法是當直方圖分成物體和背景兩部分時，通過分析兩部分的統計量來確定閾值的方法。可變閾值法在背景灰階多變的情況下使用，對圖像的不同部位設置不同的閾值。

其中，大津法在各種圖像處理中得到了廣泛的應用，下面具體介紹一下大津法。

大津法也叫最大類間方差法，是由日本學者大津（OTSU）於 1979 年提出的。它是按圖像的灰階特性，將圖像分成背景和目標兩部分。背景和目標之間的類間方差越大，說明構成圖像的兩部分的差別越大。因此，使類間方差最大的分割意味着錯分概率最小。

設定包含兩類區域，t 為分割兩區域的閾值。由直方圖經統計可得：被 t 分離後的區域 1 和區域 2 占整個圖像的面積比 θ_1 和 θ_2，以及整幅圖像、區域 1、區域 2 的平均灰階 μ、μ_1、μ_2。整幅圖像的平均灰階與區域 1 和區域 2 的平均灰階值之間的關係為：

$$\mu = \mu_1 \theta_1 + \mu_2 \theta_2 \tag{3.4}$$

同一區域常常具有灰階相似的特性，而不同區域之間則表現為明顯的灰階差異，當被閾值 t 分離的兩個區域間灰階差較大時，兩個區域的平均灰階 μ_1、μ_2 與整幅圖像的平均灰階 μ 之差也較大，區域間的方差就是描述這種差異的有效參數，其表達式為：

$$\sigma_{\mathrm{B}}^2(t) = \theta_1(\mu_1 - \mu)^2 + \theta_2(\mu_2 - \mu)^2 \tag{3.5}$$

式中，$\sigma_{\mathrm{B}}^2(t)$ 表示了圖像被閾值 t 分割後兩個區域間的方差。顯然，不同的 t 值就會得到不同的區域間方差，也就是説，區域間方差、區域 1 的均值、區域 2 的均值、區域 1 面積比、區域 2 面積比都是閾值 t 的函數，因此上式可以寫成：

$$\sigma_{\mathrm{B}}^2(t) = \theta_1(t)[\mu_1(t) - \mu]^2 + \theta_2(t)[\mu_2(t) - \mu]^2 \tag{3.6}$$

經數學推導，區域間方差可表示為：

$$\sigma_{\mathrm{B}}^2(t) = \theta_1(t)\theta_2(t)[\mu_1(t) - \mu_2(t)]^2 \tag{3.7}$$

被分割的兩區域間方差達到最大時，被認為是兩區域的最佳分離狀態，由此確定閾值 T。

$$T = \max[\sigma_{\mathrm{B}}^2(t)] \tag{3.8}$$

以最大方差決定閾值不需要人為地設定其他參數，是一種自動選擇閾值的方法。但是大津法的實現比較複雜，在實際應用中，常常用簡單迭代的方法進行閾值的自動選取。其方法如下：首先選擇一個近似閾值作為估計值的初始值，然後連續不斷地改進這一估計值。比如，使用初始閾值生成子圖像，並根據子圖像的特性來選取新的閾值，再用新閾值分割圖像，這樣做的效果好於用

初始閾值分割圖像的效果。閾值的改進策略是這一方法的關鍵。例如，一種方法如下：

① 選擇圖像的像素均值作為初始閾值 T；

② 利用閾值 T 把圖像分割成兩組數據 R_1 和 R_2；

③ 計算區域 R_1 和 R_2 的均值 u_1、u_2；

④ 選擇新的閾值 $T=(u_1+u_2)/2$；

⑤ 重復②～④步，直到 u_1 和 u_2 不再發生變化。

圖 3.4 是採用上述大津法對 G 分量圖像進行的二值化處理結果，對於該圖像，大津法計算獲得的分割閾值為 52。

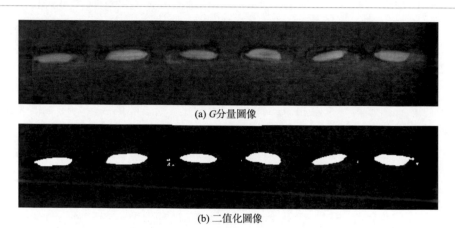

(a) G分量圖像

(b) 二值化圖像

圖 3.4　大津法二值化圖像

3.3　基於顏色的目標提取

3.3.1　色相、亮度、飽和度及其他[1]

在 2.3 節介紹了彩色圖像是由紅（R）、綠（G）、藍（B）三個分量的灰階圖像組成。當拍攝綠草地時，與 R、B 分量相比，G 分量較強；對於藍天來說，與 R、G 分量相比，B 分量較強。根據 R、G、B 分量值的不同，人們可以見到各種各樣的顏色。在進行彩色圖像處理時，不僅要考慮位置和灰階資訊，還要考慮彩色資訊。

對於同一種顏色，不同的人，腦子裡所想的顏色可能不相同。為了定量地表

現顏色，可以把顏色分成三個特性來表現，第一個特性是色調或者色相 H（hue），用來表示顏色的種類。第二個特性是明度 V（value）或者亮度 Y（brightness）或 I（intensity），用來表示圖像的明暗程度。第三個特性是飽和度或彩度 S（saturation），用來表示顏色的鮮明程度。這三個特性被稱為顏色的三個基本屬性。顏色的這三個基本屬性可以用一個理想化的雙錐體 HSI 模型來表示，圖 3.5 顯示了彩色雙錐體 HSI 模型。雙錐體軸線代表亮度值。垂直於軸線的平面表示色調與飽和度，用極坐標形式表示，即夾角表示色調，徑向距離表示在一定色調下的飽和度。

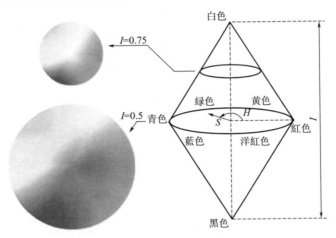

圖 3.5　顏色的理想模型

模擬彩色電視信號也是把 R、G、B 信號變換到亮度信號 Y 和色差信號 C_1、C_2 的。其關係式如下：

$$Y = 0.3R + 0.59G + 0.11B$$
$$C_1 = R \quad Y = 0.7R - 0.59G - 0.11B \tag{3.9}$$
$$C_2 = B - Y = -0.3R - 0.59G + 0.89B$$

式（3.10）表示了 R、G、B 信號與 Y、C_1、C_2 的關係。其中亮度信號 Y 相當於灰階圖像，色差信號 C_1、C_2 是除去瞭亮度信號所剩下的部分。從亮度信號、色差信號求 R、G、B 的公式如下：

$$R = Y + C_1$$
$$G = Y - \frac{0.3}{0.9}C_1 - \frac{0.11}{0.59}C_2 \tag{3.10}$$
$$B = Y + C_2$$

上述的色差信號與色調、飽和度之間有如圖 3.6 所示的關係。這個圖與

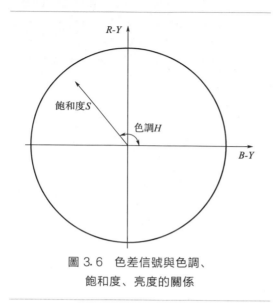

圖 3.6　色差信號與色調、
飽和度、亮度的關係

圖 3.5 所示垂直於亮度軸線方向上的投影平面，即彩色圓是一致的。從圖 3.6 可以看出，色調 H 表示從以色差信號 B-Y（即 C_2）為基準的坐標軸開始旋轉了多少角度，飽和度 S 表示離開原點多大的距離。用公式表示的話，色調 H、飽和度 S 與色差的關係表示如下：

$$H = \arctan(C_1/C_2)$$
$$S = \sqrt{C_1^2 + C_2^2}$$
(3.11)

相反，從色調 H、飽和度 S 變換到色差信號的公式如下：

$$C_1 = S\sin H$$
$$C_2 = S\cos H$$
(3.12)

把彩色圖像的 R、G、B 變換為亮度、色調、飽和度的圖像。將亮度信號圖像可視化得到的就是灰階圖像。色調和飽和度是各自將它們的差值作為灰階差來進行圖像可視化。色調的表示是從某基準的顏色開始計算在 0°～180° 之間旋轉多少角度，當與基準顏色相同（色調的旋轉角為 0°）時為 255，相對方向的補色（色調的旋轉角為 180°）時為 0，中間用 254 級的灰階表示。在色調的表示中，當飽和度為 0（即無顏色信號）時不計算色調，常常給予 0 灰階級。飽和度的圖像是將飽和度的最小值作為像素的最小值 0，將飽和度的最大值作為像素的最大值 255，依次按比例將飽和度的數據轉換為圖像數據。

對實際圖像進行上述變換的結果如圖 3.7 所示，其中圖 3.7(a) 是原始圖像，圖 3.7(b) 是其亮度信號的圖像。原始圖像中寵物兔的紅色成分較多，由於色調信號以紅色為基準，因此圖 3.7(c) 所示的色調信號圖像整體偏亮。由於整個圖像的顏色不是很深，所以圖 3.7(d) 的飽和度信號偏暗，特別是背景地板磚的飽和度最低。

可以看出，對於該圖像，利用 H 或者 S 信號圖像，對目標物兔子進行二值化提取，應該更容易一些。因此將 RGB 轉換成 HSI 有時更有利於目標物的提取，但是與利用 RGB 信號相比，將會付出多倍的處理時間。

對於顏色的描述，除了 RGB 和 HSI 之外，還有 $L^*a^*b^*$、UYV、XYZ 等諸多模型。這些模型可以根據情況應用於不同的目的和場景。

(a) 原始圖像　　　　　　　　　　　(b) 亮度信號I

(c) 以紅色為基準的色調信號H　　　(d) 飽和度信號S

圖 3.7　顏色的三個基本屬性

3.3.2　顏色分量及其組合處理

對於自然界的目標提取，可以根據目標的顏色特徵，盡量使用 R、G、B 分量及它們之間的差分組合，這樣可以有效避免自然光變化的影響，快速有效地提取目標。以下舉例說明基於顏色差分的目標提取。

(1) 果樹上紅色桃子的提取[2]

① 原圖像。圖 3.8 為採集的果樹上桃子彩色原圖像的例圖像，分別代表了單個果實、多個果實成簇、果實相互分離或相互接觸等生長狀態以及不同光照條件和不同背景下的圖像樣本。圖 3.8(a) 為順光拍攝，光照強，果實單個生長，有樹葉遮擋，背景主要為樹葉。圖 3.8(b) 為強光照拍攝，果實相互接觸，有樹葉遮擋，背景主要為枝葉。圖 3.8(c) 為逆光拍攝，圖像中既有單個果實又存在果實相互接觸，且果實被樹葉部分遮擋，背景主要為枝葉和直射陽光。圖 3.8(d) 為弱光照、相機自動補光拍攝，果實相互接觸，無遮擋，背景主要為樹葉。

圖 3.8(e) 為順光拍攝，既有單個果實，又存在果實相互接觸及枝干干擾。圖 3.8(f) 為強光照拍攝，既有單果實，又存在果實間相互遮擋，並含有枝干干擾及樹葉遮擋。

(a) 單果實、樹葉遮擋

(b) 多果實、樹葉遮擋

(c) 直射光、多果實接觸

(d) 弱光、多果實接觸

(e) 順光、多果實、枝幹幹擾

(f) 強光、多果實接觸、枝幹幹擾

圖 3.8　彩色原圖像

② 桃子的紅色區域提取。由於成熟桃子一般帶紅色，因此對彩色原圖像首先利用紅、綠色差資訊提取圖像中桃子的紅色區域，然後再採用與原圖進行匹配膨脹的方法來獲得桃子的完整區域。

對圖像中的像素點 (x_i, y_i)（x_i、y_i 分別為像素點 i 的 x 坐標和 y 坐標，$0 \leqslant i < n$，n 為圖像中像素點的總數），設其紅色（R）分量和綠色（G）分量的像素值分別為 $R(x_i, y_i)$ 和 $G(x_i, y_i)$，其差值為 $\beta_i = R(x_i, y_i) - G(x_i, y_i)$，由此獲得一個灰階圖像（RG 圖像），若 $\beta_i > 0$，設灰階圖像上該點的像素值為 β_i，否則為 0（黑色）。之後計算 RG 圖像中所有非零像素點的均值 α（作為二值化的閾值）。逐像素掃描 RG 圖像，若 $\beta_i > \alpha$，則將該點像素值設為 255（白色），否則設為 0（黑色），獲得二值圖像，並對其進行補洞和面積小於 200 像素的去噪處理（見第 5 章）。

圖 3.9 分別為圖 3.8 採用 R-G 色差均值為閾值提取桃子紅色區域的二值圖像。從圖 3.9 的提取結果可以看出，該方法對圖 3.8 中的各種光照條件和不同背景情況都能較好地提取出桃子的紅色區域。

對於圖 3.9 的二值圖像，再進行邊界追蹤、匹配膨脹、圓心點群計算、圓心點群分組、圓心及半徑計算等步驟，獲得圖 3.10 所示的桃子中心及半徑的檢測

結果。由於其他各步處理超出了本章內容範圍，不做詳細介紹。

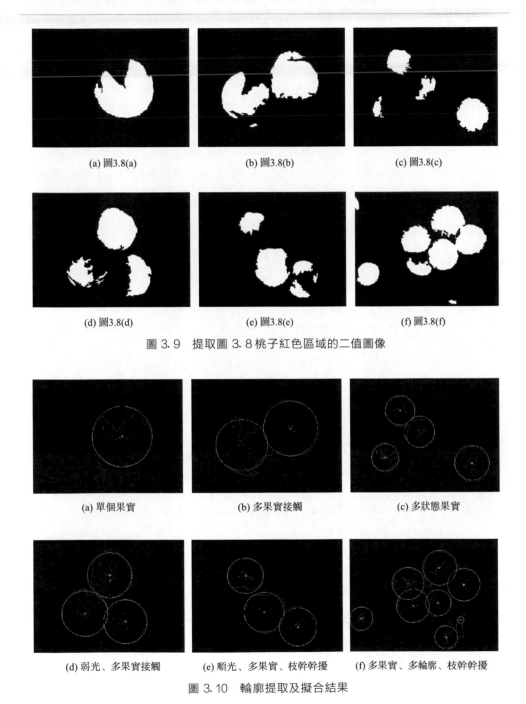

(a) 圖3.8(a)　　　　　(b) 圖3.8(b)　　　　　(c) 圖3.8(c)

(d) 圖3.8(d)　　　　　(e) 圖3.8(e)　　　　　(f) 圖3.8(f)

圖 3.9　提取圖 3.8 桃子紅色區域的二值圖像

(a) 單個果實　　　　　(b) 多果實接觸　　　　　(c) 多狀態果實

(d) 弱光、多果實接觸　　(e) 順光、多果實、枝幹幹擾　(f) 多果實、多輪廓、枝幹幹擾

圖 3.10　輪廓提取及擬合結果

（2）綠色麥苗的提取[3]

小麥從出苗到灌漿，需要進行許多田間管理作業，其中包括鬆土、施肥、除草、噴藥、灌溉、生長檢測等。不同的管理作業又具有不同的作業對象。例如，在噴藥、噴灌、生長檢測等作業中，作業對象為小麥列（苗列）；在鬆土、除草等作業中，作業對象為小麥列之間的區域（列間）。無論何種作業，首先都需要把小麥苗提取出來。雖然在不同季節小麥苗的顏色有所不同，但是都是呈綠色。如圖3.11所示，（a）為11月（秋季）小麥生長初期陰天的圖像，土壤比較濕潤；（b）為2月（冬季）晴天的圖像，土壤乾旱，發生乾裂；（c）為3月（春季）小麥返青時節陰天的圖像，土壤比較鬆軟；（d）～（f）分別為以後不同生長階段不同天氣狀況的圖像。這6幅圖分別代表了小麥的不同生長階段和不同的天氣狀況。

(a) 秋季陰天　　　　　　　(b) 冬季晴天　　　　　　　(c) 春季陰天

(d) 夏季陰天　　　　　　　(e) 春季晴天　　　　　　　(f) 夏季晴天

圖3.11　不同生長期麥田原圖像示例

由於麥苗的綠色成分大於其他兩個顏色成分，為了提取綠色的麥苗，可以通過強調綠色成分、抑制其他成分的方法把麥田彩色圖像變化為灰階圖像。具體方法如式（3.13）所示。

$$\text{pixel}(x,y) = \begin{cases} 0 & 2G-R-B \leqslant 0 \\ 2G-R-B & \text{other} \end{cases} \qquad (3.13)$$

其中，G、R、B 表示點（x，y）在彩色圖像中的綠、紅、藍顏色值，pixcl(x，y) 表示點（x，y）在處理結果灰階圖像中的像素值。圖 3.12 是經過上述處理獲得的灰階圖像。

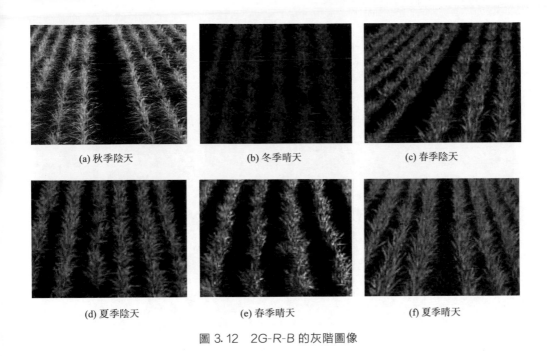

(a) 秋季陰天   (b) 冬季晴天   (c) 春季陰天

(d) 夏季陰天   (e) 春季晴天   (f) 夏季晴天

圖 3.12　2G-R-B 的灰階圖像

針對灰階圖 3.12 的灰階圖像，利用大津法確定二值化處理的分割閾值，具體步驟如下：

① 計算灰階圖像的灰階平均值，作為初始閾值 t_0。

② 利用 t_0 把灰階圖像劃分為 Q_1 和 Q_2 兩個區域，即將像素值小於 t_0 的像素歸於 Q_1 區域、大於 t_0 的像素歸於 Q_2 區域。

③ 分別計算 Q_1 和 Q_2 兩個區域內的灰階平均值 t_1 和 t_2，設 t_1、t_2 的平均值為新閾值 t_d，即 $t_d = (t_1 + t_2)/2$。

④ 判斷 t_0 與 t_d 是否相等。

a. 如果相等，設最終閾值 $T = t_d$。

b. 如果不相等，令 $t_0 = t_d$，轉到步驟②，循環執行，直到獲得最終閾值 T 為止。

以 T 為分割閾值對灰階圖像進行二值化處理，設像素值大於 T 的像素為白色（255）代表苗列，像素值小於 T 的像素為黑色（0）代表列間。處理結果如圖 3.13 所示，二值圖像上的白色細線是後續處理檢測出的導航線。

二值化處理結果表明，該響應式閾值方法不受光照、背景等自然條件的影響，能夠把麥苗較好地提取出來，並且不需要消除噪聲、濾波等其他的輔助處理。由於閾值的確定不需要人為設定，完全根據圖像本身的像素值資訊來自動確定，大大提高了處理精度。

(a) 秋季陰天

(b) 冬季晴天

(c) 春季陰天

(d) 夏季陰天

(e) 春季晴天

(f) 夏季晴天

圖 3.13　大津法二值化處理結果

3.4　基於差分的目標提取

基於差分的目標提取，一般用於運動圖像的目標提取，有幀間差分和背景差分兩種方式，以下分別利用工程實踐項目來說明兩種差分目標提取方式。

3.4.1　幀間差分 [4]

所謂幀間差分，就是將前幀圖像的每個像素值減去後幀圖像上對應點的像素值（或者反之），獲得的結果如果大於設定閾值，在輸出圖像上設為白色像素，否則設為黑色像素。可以用下式表示。

$$f(x,y)=|f_1(x,y)-f_2(x,y)|=\begin{cases} 255 & \geqslant thr \\ 0 & other \end{cases} \qquad (3.14)$$

其中，$f_1(x, y)$，$f_2(x, y)$ 和 $f(x, y)$ 分別表示序列圖像 1、序列圖像 2 和結果圖像的 (x, y) 點像素值；$\|$ 為絕對值；thr 為設定的閾值。

本書通過羽毛球技戰術統計項目（具體參考 11.3.1 節）說明幀間差分提取羽毛球目標的方法。

圖 3.14 是一段視頻中的相鄰兩幀及差分後的二值化圖像，閾值設定為 5。二值圖像上的白色像素表示檢測出來的羽毛球和運動員的運動部分。由於攝影機沒有動，因此序列幀上固定部分的像素值基本相同，差分後接近於零，而羽毛球、運動員等運動區域，會差分出較大值來，由此提取出運動區域。

(a) 序列圖像的前幀　　　　　(b) 序列圖像的後幀　　　　(c) 兩幀差分及閾值處理結果

圖 3.14　幀間差分及二值化結果

3.4.2　背景差分 [5]

交通流量檢測是智慧交通系統 ITS（intelligent transportation system）中的一個重要課題。傳統的交通流量資訊的採集方法有：地埋感應線圈法、超聲波探測器法和紅外線檢測法等，這些方法的設備成本高、設立和維護也比較困難。隨着機器視覺技術的飛速發展，交通流量的視覺檢測技術正以其安裝簡單、操作容易、維護方便等特點，逐漸取代傳統的方法。

本項目的目標是要開發一種不受天氣狀況、陰影等影響的道路車流量圖像檢測算法。技術要點如下：

① 實時獲取背景圖像；

② 提取每一幀圖像上的車輛；

③ 去除車輛陰影的影響；

④ 區分每一幀上的不同車輛；

⑤ 判斷連續幀上車輛的同一性，實現對通過車輛的計數。

本項目使用筆記型電腦，通過 IEEE1394 端口連接數位攝影機，進行視頻圖像採集並保存，圖像大小為 640×480 像素，圖像採集幀率為 30 幀/秒。攝影機的安裝位置距地面高約 6.6m，俯角約 60°。採集的視頻圖像為彩色圖像，以其紅色分量 R 為處理對象。

本項目需要首先計算沒有車輛的背景圖像，而且由於天氣的晝夜轉換，背景圖像需要不斷計算和定時更新。本節內容不介紹背景圖像的計算、更新以及其他相關算法，只關注基於背景差分的目標車輛提取方法。如果已知背景圖像，將當前圖像與背景進行差分處理，即可提取運動的車輛。

利用幀間差分算式(3.14)，將 f_1 代入當前的圖像，f_2 代入背景圖像，閾值設定為背景圖像像素值的標準偏差，對處理結果圖像 f 再進行去除噪聲處理（見第 5 章），即可獲得理想的車輛提取結果。圖 3.15 是一組背景差分的圖像示例。其中，圖（a）是公路的背景圖像，圖（b）是某一瞬間的現場圖像，圖（c）是對圖（a）與圖（b）差分圖像進行閾值分割和去除噪聲處理的結果。背景圖像是由一段實際圖像計算獲得。

(a) 背景圖像　　　　　　　　(b) 現場圖像　　　　　　　　(c) 車輛提取結果

圖 3.15　基於背景差分的車輛提取

參考文獻

[1] 陳兵旗.實用數位圖像處理與分析［M］.第 2
版.北京：中國農業大學出版社，2014.

[2] Y. Liu, B. Chen, J. Qiao. Development of a Machine Vision Algorithm for Recognition of

Peach Fruit in Natural Scene［J］.Transaction of the ASABE, 2011, 54(2):694-702.

[3] H.Zhang, B.Chen, L.Zhang.Detection Algorithm for Crop Multi-centerlines Based on

Machine Vision [J] .Transaction of the AS-ABE,2008, 51(3):1089-1097.

[4] Bingqi Chen, Zhiqiang Wang: A Statistical Method for Technical Data of a Badminton Match based on 2D Seriate Images [J] .

Tsinghua Science and Technology.2007,12 (5): 594-601.

[5] 陳望，陳兵旗.基於圖像處理的公路車流量統計方法的研究 [J] .電腦工程與應用，2007，13(6)，236-239.

第4章

邊緣檢測 [1]

4.1 邊緣與圖像處理

在圖像處理中，邊緣（Edge，或稱輪廓 Contour）不僅僅是指表示物體邊界的線，還應該包括能夠描繪圖像特徵的線要素，這些線要素就相當於素描畫中的線條。當然，除了線條之外，顏色以及亮度也是圖像的重要因素，但是日常所見到的說明圖、圖表、插圖、肖像畫、連環畫等，很多是用描繪對象物的邊緣線的方法來表現的，盡管有些單調，我們還是能夠非常清楚地明白在那裡畫了一些什麼。所以，似乎有點不可思議，簡單的邊緣線就能使我們理解所要表述的物體。對於圖像處理來說，邊緣檢測（edge detection）也是重要的基本操作之一。利用所提取的邊緣可以識別出特定的物體、測量物體的面積及周長、求兩幅圖像的對應點等，邊緣檢測與提取的處理進而也可以作為更為複雜的圖像識別、圖像理解的關鍵預處理來使用。

由於圖像中的物體與物體或者物體與背景之間的交界是邊緣，能夠設想圖像的灰階及顏色急劇變化的地方可以看作邊緣。由於自然圖像中顏色的變化必定伴有灰階的變化，因此對於邊緣檢測，只要把焦點集中在灰階上就可以了。

圖 4.1 是把圖像灰階變化的典型例子模型化的表現。圖 4.1(a) 表示的階梯型邊緣的灰階變化，這是一個典型的模式，可以很明顯地看出是邊緣，也稱之為輪廓。物體與背景的交界處會產生這種階梯狀的灰階變化。圖 4.1(b) 是線條本身的灰階變化，當然這個也明顯地可看作是邊緣。線條狀的物體以及照明程度不同使物體上帶有陰影等情況都能產生線條型邊緣。圖 4.1(c) 有灰階變化，但變化平緩，邊緣不明顯。圖 4.1(d) 是灰階以折線狀變化的，這種情況不如圖 4.1(b) 明顯，但折線的角度變化急劇，還是能看出邊緣。

圖 4.2 是人物照片輪廓部分的灰階分佈，相當清楚的邊緣也不是階梯狀，有些變鈍了，呈現出斜坡狀，即使同一物體的邊緣，地點不同，灰階變化也不同，可以觀察到邊緣存在着模糊部分。由於大多數傳感元件具有低頻特性，從而使得階梯型邊緣變成斜坡型邊緣，線條型邊緣變成折線型邊緣是不可避免的。

因此，在實際圖像中（由電腦圖形學制作出的圖像另當別論），即使用眼睛

可清楚地確定為邊緣，也或多或少會變鈍、灰階變化量會變小，從而使得提取清晰的邊緣變成意想不到的困難，因此人們提出了各種各樣的算法。

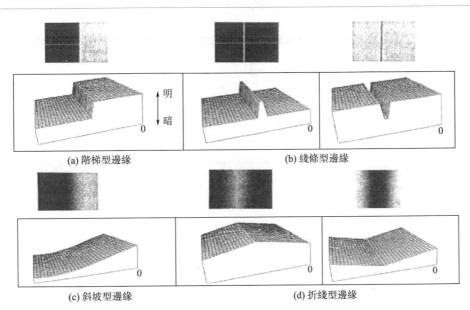

(a) 階梯型邊緣 (b) 綫條型邊緣

(c) 斜坡型邊緣 (d) 折綫型邊緣

圖 4.1 邊緣的灰階變化模型

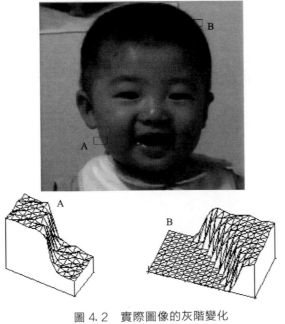

圖 4.2 實際圖像的灰階變化

4.2 基於微分的邊緣檢測

由於邊緣為灰階值急劇變化的部分，很明顯微分作為提取函數變化部分的運算能夠在邊緣檢測與提取中利用。微分運算中有一階微分（first differential calculus，也稱梯度運算 gradient）與二階微分（second differential calculus，也稱拉普拉斯運算 Laplacian），都可以應用在邊緣檢測與提取中。

（1）一階微分（梯度運算）

作為坐標點（x，y）處的灰階傾斜度的一階微分值，可以用具有大小和方向的向量 $G(x,y)=(f_x,f_y)$ 來表示。其中 f_x 為 x 方向的微分，f_y 為 y 方向的微分。

f_x、f_y 在數位圖像中是用下式計算的：

x 方向的微分 $f_x = f(x+1,y) - f(x,y)$

y 方向的微分 $f_y = f(x,y+1) - f(x,y)$ (4.1)

微分值 f_x、f_y 被求出後，由以下的公式就能算出邊的強度與方向。

【強度】： $$G=\sqrt{f_x^2+f_y^2} \tag{4.2}$$

【方向】： $$\theta=\arctan\left(\frac{f_x}{f_y}\right) \quad 向量(f_x,f_y)的朝向 \tag{4.3}$$

邊緣的方向是指其灰階變化由暗朝向亮的方向。可以說梯度算子更適於邊緣（階梯狀灰階變化）的檢測。

（2）二階微分（拉普拉斯運算）

二階微分 $L(x,y)$ 是對梯度再進行一次微分，只用於檢測邊緣的強度（不求方向），在數位圖像中用下式表示：

$$L(x,y)=4f(x,y)-|f(x,y-1)+f(x,y+1)+$$
$$f(x-1,y)+f(x+1,y)| \tag{4.4}$$

因為在數位圖像中的數據是以一定間隔排列着，不可能進行真正意義上的微分運算。因此，如式(4.1) 或式(4.4) 那樣用相鄰像素間的差值運算實際上是差分（calculus of finite differences），為方便起見稱為微分（differential calculus）。用於進行像素間微分運算的係數組被稱為微分算子（differential operator）。梯度運算中的 f_x、f_y 的計算式(4.1)，以及拉普拉斯運算的式(4.4)，都是基於這些微分算子而進行的微分運算。這些微分算子如表 4.1、表 4.2 所示的那樣，有多個種類。實際的微分運算就是計算目標像素及其周圍像素分別乘上微分算子對應數值矩陣係數的和，其計算結果被用作微分運算後目標像素的灰階值。掃描整

幅圖像，對每個像素都進行這樣的微分運算，稱為卷積（convolution）。

表 4.1　梯度計算的微分算子

算子名稱	一般差分	Roberts 算子	Sobel 算子
求 f_x 的模板	0　0　0 0　1　−1 0　0　0	0　0　0 0　1　0 0　0　−1	−1　0　1 −2　0　2 −1　0　1
求 f_y 的模板	0　0　0 0　1　0 0　−1　0	0　0　0 0　0　1 0　−1　0	−1　−2　−1 0　0　0 1　2　1

表 4.2　拉普拉斯運算的微分算子

算子名稱	拉普拉斯算子 1	拉普拉斯算子 2	拉普拉斯算子 3
模　板	0　−1　0 −1　4　−1 0　−1　0	−1　−1　−1 −1　8　−1 −1　−1　−1	1　−2　1 −2　4　−2 1　−2　1

4.3 基於模板匹配的邊緣檢測

模板匹配（template matching）就是研究圖像與模板（template）的一致性（匹配程度）。為此，準備了幾個表示邊緣的標準模式與圖像的一部分進行比較，選取最相似的部分作為結果圖像。如圖 4.3 所示的 Prewitt 算子，共有對應於 8 個邊緣方向的 8 種掩模（mask）。圖 4.4 説明瞭這些掩模與實際圖像如何進行比較。與微分運算相同，目標像素及其周圍（3×3 鄰域）像素分別乘以對應掩模的係數值，然後對各個積求和。對 8 個掩模分別進行計算，其中計算結果中最大的掩模的方向即為邊緣的方向，其計算結果即為邊緣的強度。

	①	②	③	④	⑤	⑥	⑦	⑧
掩模模式	1　1　1 1　−2　1 −1　−1　−1	1　1　1 1　−2　−1 1　−1　−1	1　1　−1 1　−2　−1 1　1　−1	1　−1　−1 1　−2　−1 1　1　−1	−1　−1　−1 1　−2　1 1　1　1	−1　−1　1 −1　−2　1 1　1　1	−1　1　1 −1　−2　1 −1　1　1	1　1　1 −1　−2　1 −1　−1　1

所對應的邊緣

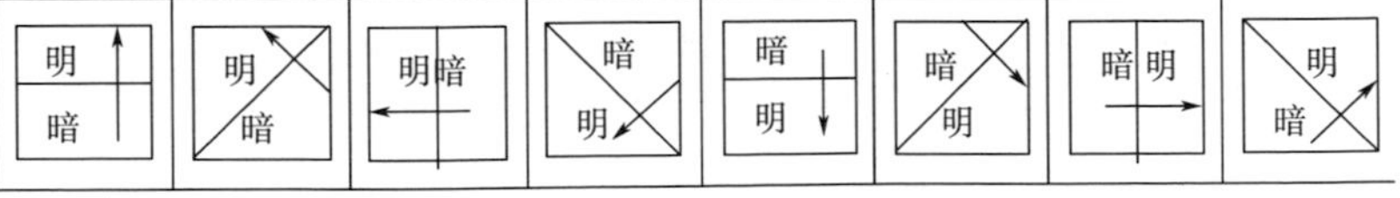

圖 4.3　用於模板匹配的各個掩模模式（Prewitt 算子）

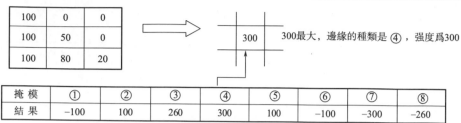

掩　模	①	②	③	④	⑤	⑥	⑦	⑧
結　果	−100	100	260	300	100	−100	−300	−260

(對于當前像素的8鄰域，計算各掩模的一致程度)

例如，掩模① : $1×100 + 1×0 + 1×0 + 1×100 +(−2)×50 + 1×0 + (−1)×100 + (−1)×80 + (−1)×20 = −100$

圖 4.4　模板匹配的計算例

　　圖 4.5 是一幀圖像採用不同微分算子處理的結果。可以看出，採用不同的微分算子，處理結果是不一樣的。在實際應用時，可以根據具體情況選用不同的微分算子，如果處理效果差不多，要盡量選用計算量少的算子，這樣可以提高處理速度。例如，在圖 4.5 中，(b) 和 (d) 的微分效果差不多，但是 (b) Sobel 算子的計算量就會比 (d) Prewitt 算子少很多。

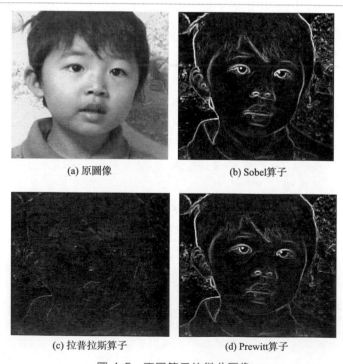

(a) 原圖像　　　　　　　　　　(b) Sobel算子

(c) 拉普拉斯算子　　　　　　　(d) Prewitt算子

圖 4.5　不同算子的微分圖像

　　另外，當目標對象的方向性已知時，如果使用模板匹配算子，就可以只選用方向性與目標對象相同的模板進行計算，這樣可以在獲得良好檢測效果的同時，大大減

少計算量。例如，在檢測公路上的車道線時，由於車道線是垂直向前的，也就是説需要檢測左右邊緣，如果選用 Prewitt 算子，可以只計算檢測左右邊緣的③和⑦，這樣就可以使計算量減少到使用全部算子的 1/4。減少處理量，對於實時處理，具有非常重要的意義。

此外，在模板匹配中，經常使用的還有圖 4.6 所示的 Kirsch 算子和圖 4.7 所示的 Robinson 算子等。

M1			M2			M3			M4			M5			M6			M7			M8		
5	5	5	−3	5	5	−3	−3	5	−3	−3	−3	−3	−3	−3	−3	−3	−3	5	−3	−3	5	5	−3
−3	0	−3	−3	0	5	−3	0	5	−3	0	5	−3	0	−3	5	0	−3	5	0	−3	5	0	−3
−3	−3	−3	−3	−3	−3	−3	5	5	−3	5	5	5	5	5	5	5	−3	5	−3	−3	−3	−3	−3

圖 4.6　Kirsch 算子

M1			M2			M3			M4			M5			M6			M7			M8		
1	2	1	2	1	0	1	0	−1	0	−1	−2	−1	−2	−1	−2	−1	0	−1	0	1	0	1	2
0	0	0	1	0	−1	2	0	−2	1	0	−1	0	0	0	−1	0	1	−2	0	2	−1	0	1
−1	−2	−1	0	−1	−2	1	0	−1	2	1	0	1	2	1	0	1	2	−1	0	1	−2	−1	0

圖 4.7　Robinson 算子

4.4　邊緣圖像的二值化處理

微分處理後的圖像還是灰階圖像，一般需要進一步進行二值化處理。對於微分圖像的二值化處理，採用第 3 章介紹的 p 參數法，設定直方圖上位（明亮部分）5％的位置為閾值會獲得較好且穩定的處理效果。圖 4.8 是對圖 4.5 中的微分圖像採用此方法的二值化效果。

(a) 圖4.5(b)　　　　　(b) 圖4.5(c)　　　　　(c) 圖4.5(d)

圖 4.8　圖 4.5 中微分圖像上位 5％像素提取結果

4.5　細線化處理

細線化是把線寬不均勻的邊緣線整理成同一線寬（一般為 1 像素寬）的處理，在閾值處理後的二值圖像上進行。

細線化處理，如圖 4.9 那樣，將粗邊緣線從外側開始一層一層地削去各個像素，直到成為 1 像素的寬度為止。細線化處理需要保證線條不斷裂，有多種像素削去規則，算法比較複雜。圖 4.10 是對輸入的二值邊緣圖像進行細線化處理的結果，得到了線寬為 1 個像素的邊緣圖像。

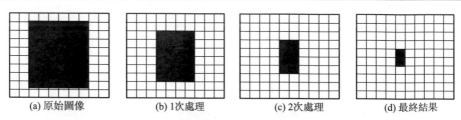

(a) 原始圖像　　　(b) 1次處理　　　(c) 2次處理　　　(d) 最終結果

圖 4.9　細線化過程

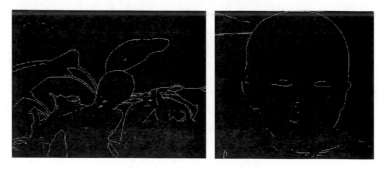

圖 4.10　細線化處理結果

4.6　Canny 算法

Canny 算法是 John F. Canny 於 1986 年開發出來的一個多級邊緣檢測算法。雖然 Canny 算法年代久遠，但可以說它是邊緣檢測的一種經典算法，因此被廣泛使用。

Canny 的目標是找到一個最優的邊緣檢測算法，其含義如下：

① 最優檢測。該算法能够儘可能多地標識出圖像中的實際邊緣，漏檢真實

邊緣的概率和誤檢非邊緣的概率都要盡可能小。

② 最優定位準則。檢測到的邊緣點的位置距離實際邊緣點的位置最近，或者是由於噪聲影響引起檢測出的邊緣偏離物體的真實邊緣的程度最小。

③ 檢測點與邊緣點一一對應。算子檢測的邊緣點與實際邊緣點應該是一一對應。

為了滿足這些要求，Canny 使用了變分法（calculus of variations），這是一種尋找優化特定功能函數的方法。最優檢測使用四個指數函數項表示，非常近似於高斯函數的一階導數。

Canny 邊緣檢測算法可以分為以下 5 個步驟：

① 應用高斯濾波來平滑圖像，目的是去除噪聲。

② 找尋圖像的強度梯度（intensity gradients）。

③ 應用非最大抑制（non-maximum suppression）技術來消除邊誤檢（本來不是但檢測出來是）。

④ 應用雙閾值的方法來確定可能的邊界。

⑤ 利用滯後技術來追蹤邊界。

以下分別說明各個步驟。

（1）圖像平滑（去噪聲）

去噪聲處理是目標提取的重要步驟，第 5 章專門介紹各種圖像去噪聲處理方法。Canny 算法的第一步是對原始數據與高斯濾波器（詳細內容見第 5 章）作卷積，得到的平滑圖像與原始圖像相比有些輕微的模糊（blurred）。這樣，單獨的一個像素噪聲在經過高斯平滑的圖像上變得幾乎沒有影響。以下為一個 5×5 高斯濾波器（高斯核的標準偏差 $\sigma = 2$），其中 A 為原始圖像，B 為平滑後圖像。圖 4.11 是原圖像及高斯平滑結果圖像。

(a) 原圖像　　　　　　　　　　(b) 高斯平滑

圖 4.11　原圖像及高斯平滑圖像

$$B = \frac{1}{84} \begin{bmatrix} 1 & 2 & 3 & 2 & 1 \\ 2 & 5 & 6 & 5 & 2 \\ 3 & 6 & 8 & 6 & 3 \\ 2 & 5 & 6 & 5 & 2 \\ 1 & 2 & 3 & 2 & 1 \end{bmatrix} A$$

(2) 尋找圖像中的強度梯度（梯度運算）

Canny 算法的基本思想是找尋一幅圖像中灰階強度變化最強的位置，即梯度方向。平滑後的圖像中每個像素點的梯度可以由 4.2 節的 Sobel 算子等獲得。以 Sobel 算子為例，首先分別計算水平（x）和垂直（y）方向的梯度 f_x 和 f_y；然後利用式(4.2) 來求得每一個像素點的梯度強度值 G。把平滑後圖像中的每一個點用 G 代替，可以獲得圖 4.12 的梯度強度圖像。從圖 4.12 可以看出，在變化劇烈的地方（邊界處），將獲得較大的梯度強度值 G，對應的像素值較大。然而，由於這些邊界通常非常粗，難以標定邊界的真正位置，因此還必須儲存梯度方向［式(4.3)］，進行非極大抑制處理。也就是說這一步需要儲存兩塊數據，一是梯度的強度資訊，另一個是梯度的方向資訊。

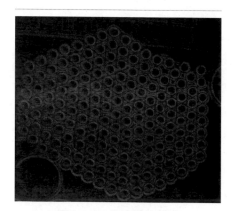

圖 4.12　梯度強度圖像

(3) 非極大抑制（non-maximum suppression）

這一步的目的是將模糊（blurred）的邊界變得清晰（sharp）。通俗地講，就是保留了每個像素點上梯度強度的極大值，而刪掉其他的值。

以梯度強度圖像為對象，對每個像素點進行如下操作：

a. 將其梯度方向近似為 0、45、90、135、180、225、270、315 中的一個，即上下左右和 45° 方向。

b. 比較該像素點和其梯度方向（正負）的像素值的大小。

c. 如果該像素點的像素值最大，則保留，否則抑制（即置為 0）。

為了更好地解釋這個概念，看下圖 4.13。

圖中的數位代表了像素點的梯度強度，箭頭方向代表了梯度方向。以第二排第三個像素點為例，由於梯度方向向上，則將這一點的強度（7）與其上下兩個像素點的強度（5 和 4）比較，由於這一點強度最大，則保留。

對圖 4.12 進行非極大抑制處理結果如圖 4.14 所示。

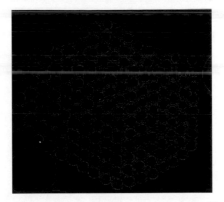

圖 4.13　強度示意圖　　　　　圖 4.14　對圖 4.12 進行非極大抑制處理結果

（4）雙閾值（double thresholding）處理

經過非極大抑制後的圖像中仍然有很多噪聲點。Canny 算法中應用了一種叫雙閾值的技術，即設定一個高閾值和低閾值，圖像中的像素點如果大於高閾值則認為必然是邊界（稱為強邊界，strong edge），將其像素值變為 255；小於低閾值則認為必然不是邊界，將其像素值變為 0，兩者之間的像素被認為是邊界候選點（稱為弱邊界，weak edge），像素值不變。

高閾值和低閾值的設定，採用第 3 章介紹的 p 參數法，一般分別設定直方圖下位（黑闇部分）80% 和 40% 的位置會獲得較好的處理效果。也可以調整閾值的設定值，看看是否處理效果會更好。

在實際執行時，這一步只是通過比例計算出高閾值和低閾值的具體數值，並不改變圖 4.14 的像素值。

（5）滯後邊界追蹤

對雙閾值處理後的圖像進行滯後邊界追蹤處理，具體步驟如下：

① 同時掃描非極大抑制圖像 I（圖 4.14）和梯度強度圖像 G（圖 4.12），當某像素 $p(x,y)$ 在 I 圖像不為 0，而在 G 圖像上大於高閾值、小於 255 時，將 p (x,y) 在 I 圖像和 G 圖像上都設為 255（白色），將該像素點設為 $q(x,y)$，追蹤以 $q(x,y)$ 為開始點的輪廓線。

② 考察 $q(x,y)$ 在 I 圖像和 G 圖像的 8 鄰近區域，如果某個 8 鄰域像素 s (x,y) 在 I 圖像大於零，而在 G 圖像上大於低閾值，則在 G 圖像上設該像素為白色，並將該像素設為 $q(x,y)$。

③ 循環進行步驟②，直到沒有符合條件的像素為止。

④ 循環執行步驟①～③，直到掃描完整個圖像為止。

⑤ 掃描 G 圖像，將不為白色的像素置 0。

至此，完成 Canny 算法的邊緣檢測。圖 4.15 是滯後邊界追蹤的結果。

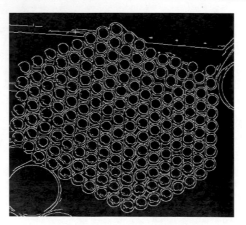

圖 4.15　Canny 微分處理結果

Canny 算法包含許多可以調整的參數，它們將影響到算法的計算時間與實效。

高斯濾波器的大小：第一步所有的平滑濾波器將會直接影響 Canny 算法的結果。較小的濾波器產生的模糊效果也較少，這樣就可以檢測較小、變化明顯的細線。較大的濾波器產生的模糊效果也較多，將較大的一塊圖像區域塗成一個特定點的顏色值。這樣帶來的結果就是對於檢測較大、平滑的邊緣更加有用，例如彩虹的邊緣。

雙閾值：使用兩個閾值比使用一個閾值更加靈活，但是它還是有閾值存在的共性問題。設置的閾值過高，可能會漏掉重要資訊；閾值過低，將會把枝節資訊看得很重要。很難給出一個適用於所有圖像的通用閾值。目前還沒有一個經過驗證的實現方法。

參考文獻

---

[1]　陳兵旗.實用數位圖像處理與分析［M］.第 2　　　　　版.北京:中國農業大學出版社，2014.

第5章

圖像平滑處理

5.1 圖像噪聲及常用平滑方式[1]

　　圖像在獲取和傳輸過程中會受到各種噪聲（noise）的干擾，使圖像質量下降，為了抑制噪聲、改善圖像質量，要對圖像進行平滑處理。噪聲這一詞，簡單說是指障礙物。圖像的噪聲可以理解為圖像上的障礙物。例如，電視機因天線的狀況不佳，圖像混亂變得難以觀看，這樣的狀態被稱為圖像的劣化。這種圖像劣化可以大致分成兩類，一種是幅值基本相同，但出現的位置很隨機的椒鹽（salt & pepper）噪聲；另一種則是位置和幅值隨機分佈的隨機噪聲（random noise）。

　　圖 5.1 是帶有噪聲的圖像，可以看出，噪聲的灰階與其周圍的灰階之間有急劇的灰階差，也正是這些急劇的灰階差才造成了觀察障礙。消除圖像中這種噪聲的方法稱為圖像平滑（image smoothing）或簡稱為平滑（smoothing）。只是目標圖像的邊緣部分也具有

圖 5.1　帶有隨機噪聲的圖像

急劇的灰階差，所以如何把邊緣部分與噪聲部分區分開，消除噪聲是圖像平滑的技巧所在。

　　圖像平滑處理就是在盡量保留圖像細節特徵的條件下對圖像噪聲進行抑制，根據噪聲的性質不同，消除噪聲的方法也不同。以下介紹幾種常用消除噪聲（濾波）的方式。

　　空域濾波：直接對圖像數據做空間變換達到濾波的目的。

　　頻率濾波：先將空間域圖像變換至頻率域處理，然後再反變換回空間域圖像（傅立葉變換、小波變換等）。

線性濾波：輸出像素是輸入像素鄰域像素的線性組合（移動平均、高斯濾波等）。

非線性濾波：輸出像素是輸入像素鄰域像素的非線性組合（中值濾波、邊緣保持濾波等）。

以下介紹幾種常用的圖像濾波處理方法。

5.2 移動平均 [1]

移動平均法（moving average model，或稱均值濾波器 averaging filter）是最簡單的消除噪聲方法。如圖 5.2 所示的那樣，這是用某像素周圍 3×3 像素範圍的平均值置換該像素值的方法。它的原理是通過使圖像模糊，達到看不到細小噪聲的目的。但是，這種方法是不管噪聲還是邊緣都一視同仁地模糊化，結果是噪聲被消除的同時，目標圖像也模糊了。

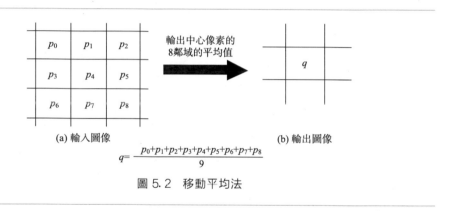

(a) 輸入圖像　　　　　　　　　　　　(b) 輸出圖像

$$q = \frac{p_0 + p_1 + p_2 + p_3 + p_4 + p_5 + p_6 + p_7 + p_8}{9}$$

圖 5.2　移動平均法

消除噪聲最好的結果應該是，噪聲被消除了，而邊緣還完好地保留着。達到這種處理效果的最有名的方法是中值濾波（median filter）。

5.3 中值濾波 [1]

如圖 5.3 所示的灰階圖像的數據，為了求由 ○ 所圍的像素值，查看 3×3 鄰域內（黑框線所圍的範圍）的 9 個像素的灰階，按照從小到大的順序排列，即如下所示。

2　　2　　3　　3　　④　　4　　4　　5　　10

這時的中間值（也稱中值 medium）應該是排序後全部 9 個像素的第 5 個像素的灰階值 4。灰階值 10 的像素是作為噪聲故意輸入進去的，通過中值處理確實被消除

了。為什麼？原因是與周圍像素相比噪聲的灰階值極端不同，按大小排序時它們將集中在左端或右端，作為中間值是不會被選中的。

那麼，其右側的像素（由□所圍的像素）又如何呢？查看一下細框線所圍的鄰域內的像素。

2　　3　　3　　4　　④　　4　　4　　5　　10

中間值是 4，實際上是 3 却成了 4，這是由於處理所造成的損害。但是，視覺上還是看不出來。

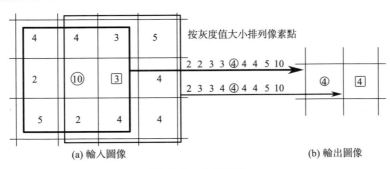

圖 5.3　中值濾波

問題是邊緣部分是否保存下來。圖 5.4(a) 是具有邊緣的圖像，求由○所圍的像素，得到圖 5.4(b) 的結果，可見邊緣被完全地保存下來了。

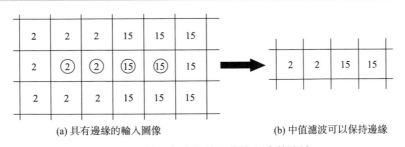

圖 5.4　對具有邊緣的圖像進行中值濾波

在移動平均法中由於噪聲成分被放入平均計算之中，所以輸出受到了噪聲的影響。但是在中值濾波中由於噪聲成分難以被選擇上，所以幾乎不會影響到輸出。因此，用同樣的 3×3 區域進行比較的話，中值濾波的去噪聲能力會更勝一籌。

圖 5.5 表示了用中值濾波和移動平均法除去噪聲的結果，很清楚地表明瞭中值濾波無論在消除噪聲上還是在保存邊緣上都是一個非常優秀的方法。但是，中

值濾波花費的計算時間是移動平均法的許多倍。

(a) 原始圖像　　　　　　　　(b) 中值濾波　　　　　　　　(c) 移動平均法

圖 5.5　中值濾波與移動平均法的比較

5.4　高斯濾波

　　高斯濾波器是根據高斯函數的形狀來選擇權值的線性平滑濾波器。高斯平滑濾波器對去除服從正態分佈的噪聲有很好的效果。式(5.1) 和式(5.2) 分別是一維零均值高斯函數和二維零均值高斯函數公式。圖5.6(a) 和 (b) 分別是一維零均值高斯函數和二維高斯零均值函數的分佈示意圖。

$$G(x) = \frac{1}{\sqrt{2\pi}\,\sigma}\,\mathrm{e}^{-\frac{x^2}{2\sigma^2}} \tag{5.1}$$

$$G(x,y) = \frac{1}{2\pi\sigma^2}\,\mathrm{e}^{-\frac{x^2+y^2}{2\sigma^2}} \tag{5.2}$$

其中，σ 是正態分佈的標準偏差，決定瞭高斯函數的寬度。

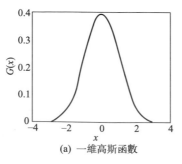 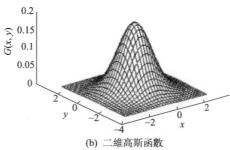

(a) 一維高斯函數　　　　　　　　　(b) 二維高斯函數

圖 5.6　高斯函數分佈圖

高斯函數具有以下五個重要特性。

① 二維高斯函數具有旋轉對稱性，即濾波器在各個方向上的平滑程度是相同的。一般來説，一幅圖像的邊緣方向是事先不知道的，因此，在濾波前無法確定一個方向上比另一方向上需要更多的平滑。旋轉對稱性意味着高斯平滑濾波器在後續邊緣檢測中不會偏向任一方向。

② 高斯函數是單值函數。這表明，高斯濾波器用像素鄰域的加權均值來代替該點的像素值，而每一鄰域像素點權值是隨該點與中心點的距離單調增減的。這一性質很重要，因為邊緣是一種圖像局部特徵，如果平滑運算對離算子中心很遠的像素點仍然有很大作用，則平滑運算會使圖像失真。

③ 高斯函數的傅立葉變換頻譜是單瓣的。這一性質説明高斯函數傅立葉變換等於高斯函數本身。圖像常被不希望的高頻信號所污染（噪聲和細紋理），而所希望的圖像特徵（如邊緣）既含有低頻分量，又含有高頻分量。高斯函數傅立葉變換的單瓣意味着平滑圖像不會被不需要的高頻信號所污染，同時保留了大部分所需信號。

④ 高斯濾波器寬度（決定着平滑程度）由參數 σ 決定，而且 σ 和平滑程度的關係非常簡單。σ 越大，高斯濾波器的頻帶就越寬，平滑程度就越好。通過調節參數 σ 可以有效地調節圖像的平滑程度。σ 也被稱為平滑尺度。

⑤ 由於高斯函數的可分離性，可以有效地實現較大尺寸高斯濾波器的濾波處理。二維高斯函數卷積可以分兩步來進行，首先將圖像與一維高斯函數進行卷積，然後將卷積結果與方向垂直的相同一維高斯函數卷積。因此，二維高斯濾波的計算量隨濾波模板寬度成線性增長而不是成平方增長。

這些特性表明，高斯平滑濾波器無論在空間域還是在頻率域都是十分有效的低通濾波器，且在實際圖像處理中得到了工程人員的有效使用。

對於圖像處理來説，常用二維零均值離散高斯函數作平滑濾波器，在設計高斯濾波器時，為了計算方便，一般希望濾波器權值是整數。在模板的一個角點處取一個值，並選擇一個 K 使該角點處值為 1。通過這個係數可以使濾波器整數化，由於整數化後的模板權值之和不等於 1，為了保證圖像的均勻灰階區域不受影響，必須對濾波模板進行權值規範化。

以下是幾個高斯濾波器模板。

$$\sigma = 1, 3 \times 3 \text{ 模板}$$

$$\frac{1}{16} \begin{bmatrix} 1 & 2 & 1 \\ 2 & 4 & 2 \\ 1 & 2 & 1 \end{bmatrix}$$

$$\sigma = 2, 5 \times 5 \text{ 模板}$$

$$\frac{1}{84}\begin{bmatrix} 1 & 2 & 3 & 2 & 1 \\ 2 & 5 & 6 & 5 & 2 \\ 3 & 6 & 8 & 6 & 3 \\ 2 & 5 & 6 & 5 & 2 \\ 1 & 2 & 3 & 2 & 1 \end{bmatrix}$$

$\sigma = 3, 7 \times 7$ 模板

$$\frac{1}{365}\begin{bmatrix} 1 & 2 & 4 & 5 & 4 & 2 & 1 \\ 2 & 6 & 9 & 11 & 9 & 6 & 2 \\ 4 & 9 & 15 & 18 & 15 & 9 & 4 \\ 5 & 11 & 18 & 21 & 18 & 11 & 5 \\ 4 & 9 & 15 & 18 & 15 & 9 & 4 \\ 2 & 6 & 9 & 11 & 9 & 6 & 2 \\ 1 & 2 & 4 & 5 & 4 & 2 & 1 \end{bmatrix}$$

在獲得高斯濾波器模板後，就像微分運算（見第 4 章）那樣，對圖像進行卷積即可獲得平滑圖像。

圖 5.7 是 640×480 像素的彩色原圖和採用上述 3 個高斯濾波器模板濾波後的圖像。可以看出，濾波後圖像都比原圖像顯得乾净、清亮，而且隨着平滑尺度增加，尤其是模板大小的增大，可以去掉較大的噪聲，同時圖像也變得模糊，平滑時間也越長。在實際應用中要根據實際噪聲的大小，採用不同模板大小和平滑尺度 σ。通過對比發現，高斯濾波對隨機噪聲和高斯噪聲（尤其是服從正態分佈的噪聲）的去除效果都比較好。

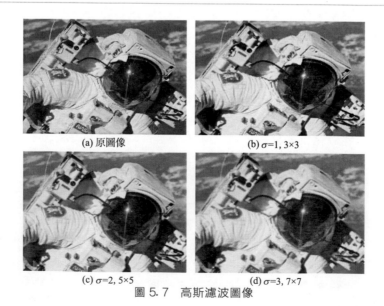

(a) 原圖像　　　　　　　　(b) $\sigma = 1, 3 \times 3$

(c) $\sigma = 2, 5 \times 5$　　　　　　(d) $\sigma = 3, 7 \times 7$

圖 5.7　高斯濾波圖像

5.5　模糊圖像的清晰化處理

　　圖像是一種非常有用的資訊源，所以要求它是清晰的圖像。清晰圖像是指對象物體的亮度和色彩的細微差別清清楚楚地被拍攝下來的圖像，可是通過攝影機所得到圖像並不一定是清晰的。例如，黑暗中拍攝的動物或者草叢中拍攝的蝗蟲，目標物融入了具有相似亮度或者色彩的背景之中，這樣的圖像就難以分辨了。即使這樣的圖像，對動物、蝗蟲與背景之間在色彩和亮度上的微小的差進行增幅，使背景中的動物和蝗蟲的姿態顯現出來也是可能的。像這樣對圖像中包含的亮度和色彩等資訊進行增幅，或者將這些資訊變換成其他形式的資訊等，通過各種手段來獲得清晰圖像的方法被稱為圖像增強（image enhancement）。而圖像的增強，根據增強的資訊不同，有邊緣增強、灰階增強、色彩的飽和度增強等方法。以下介紹幾種可以用來增強圖像的方法。

5.5.1　對比度增強[1]

　　畫面的明亮部分與陰闇部分的灰階的比值稱為對比度（contrast）。對比度高的圖像中被照物體的輪廓分明可見，為清晰圖像；相反，對比度低的圖像中物體輪廓模糊，為不清晰圖像。例如，當看見一張很久以前留下的照片時，會發現它整個發白，並且黑白很難分辨清楚。對這種對比度低的圖像，能夠採用使其白的部分更白、黑的部分更黑的變換，即對比度增強（contrast enhancement），從而得到清晰圖像。

　　下面來說明一下對比度增強的方法。

　　請看圖 5.8，整個圖像很暗，查看一下灰階直方圖（圖 5.9），發現圖像的灰階值都過於集中在灰階區域的低端。那麼，如何對這樣的圖像進行處理使其變為清晰圖像呢？只要把過於集中的灰階值分散，使背景與對象物之間的差擴大即可。一種處理方法是把圖像中的像素的灰階值都擴大 n 倍，即：

$$g(x,y)=nf(x,y) \tag{5.3}$$

　　在原始圖像的位置 (x,y) 處的圖像灰階值 $f(x,y)$ 乘以 n，處理圖像在 (x,y) 的灰階值就變為 $g(x,y)$。因為圖像數據範圍是 $0\sim255$，所以如果計算的結果超過 255，將其設定為 255，即把 255 作為限定的最大值。

　　圖 5.10 是對於圖 5.8 的圖像改變 n 值（$2\sim5$）的處理結果。隨着 n 值的增大，圖像變得越來越亮，也越來越清晰了。可是，當 n 值過大，圖像整體變得白亮，反而難於分辨了。對這個圖像來說，可以看出 $n=3$ 時圖像最為清晰，查

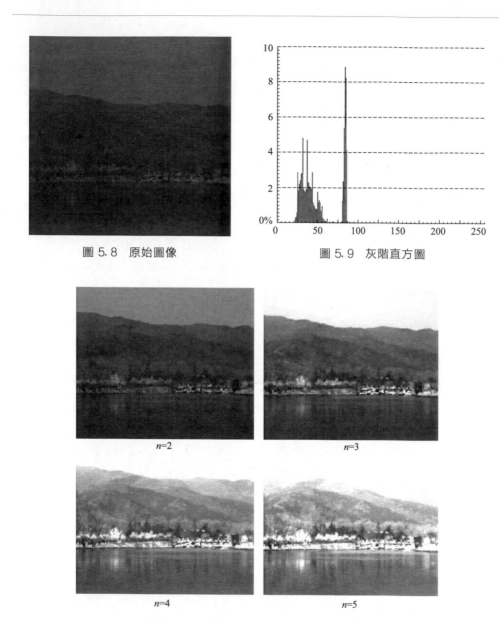

圖 5.8　原始圖像　　　　　　　　　圖 5.9　灰階直方圖

n=2　　　　　　　　　　n=3

n=4　　　　　　　　　　n=5

圖 5.10　圖像的灰階值擴大 n 倍後的結果

看其灰階直方圖（圖 5.11）可知，當灰階值擴大 3 倍後，灰階分佈幾乎遍佈 0～255 的整個區域，這樣，圖像的明暗分明，增強了其對比度。因此，可以順次增加倍數 n 來尋求最佳值，以便得到清晰圖像。那麼，有沒有通過對原始圖像進行自動分析，實現自動增強對比度的方法呢？

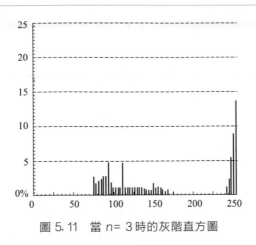

圖 5.11　當 $n=3$ 時的灰階直方圖

5.5.2　自動對比度增強[1]

從上一節所得的結果可知，原始圖像的灰階範圍能夠充滿所允許的整個灰階範圍的話，就可自動得到清晰圖像。

對於灰階直方圖，可以用式(5.4)將其範圍從圖 5.12 左側所示的 $[a,b]$ 變換到右側所示的 $[a',b']$。

$$z' = \frac{(b'-a')}{(b-a)}(z-a) + a' \tag{5.4}$$

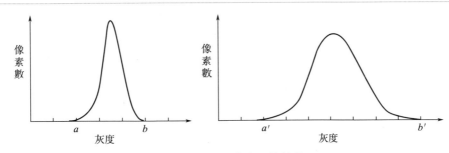

圖 5.12　灰階直方圖的拉伸

根據這個式子就可以把任意像素的灰階 z（$a \leqslant z \leqslant b$）變換成灰階 z'。這個變換形式用灰階變換曲線來表現更易於理解。灰階變換曲線是用變換前的圖像灰階值作為橫坐標、變換後的灰階值作為縱坐標來表現的。式(5.4)的灰階變換曲線如圖 5.13 所示。從這幅圖可以看出，變換前的圖像灰階的最小值 a 和最大值 b 分別被變換為 a' 和 b'，任意值 z 被變換為 z'。那麼，如果式(5.4)中的變量 a

和 b 是原始圖像的灰階值的最小值和最大值，變量 a' 和 b' 分別為記憶體所處理的灰階的最小值（0）和最大值（255），那麼將自動得到從原始圖像到對比度增強的圖像。圖 5.14 為處理結果。圖 5.15 為其灰階直方圖，可見灰階值遍佈了 0～255 的全部範圍。圖 5.15 與圖 5.8 相比，對比度獲得了增強，圖像層次清晰分明。

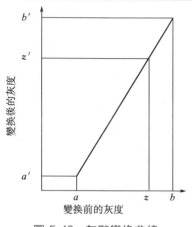

圖 5.13　灰階變換曲線

圖 5.14　灰階變換結果

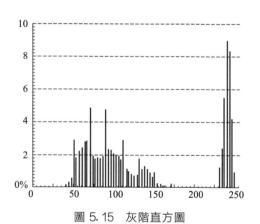

圖 5.15　灰階直方圖

　　然而，對於圖 5.16 所示的原始圖像，蘋果和枝葉比較暗。對比度增強後的結果被顯示在圖 5.17。這個結果與原始圖像相比，發現幾乎絲毫沒有變得清晰，為什麼呢？讓我們查看一下它的原始圖像的灰階直方圖。如圖 5.18 所示，在它的灰階直方圖上，雖然中間的大部分區域像素點很少，但是它的低端和高端分別存在着像素數相當多的灰階級，這樣灰階直方圖無法拉伸，當然也就無法進行對比度增強。

圖 5.16　原始圖像

圖 5.17　灰階變換結果

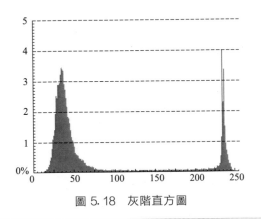

圖 5.18　灰階直方圖

對於這種情況，圖像對比度增強的方法有以下兩種。

一種方法是將像素數少的灰階級壓縮，僅取出要增強部分的灰階值範圍，進行灰階範圍變換（gray-scale transformation 或 gray-level transformation）。也就是在式(5.4) 中不是把 a 和 b 作為灰階的最小值和最大值，而是把要增強的部分作為最小值和最大值。

另一種方法是將灰階直方圖上的所有灰階變換成像素數相同的分佈形式，這種方法被稱為灰階直方圖均衡化（histogram equalization）。

前一種方法需要知道要增強部分的灰階範圍，而後一種方法不需要查看灰階範圍就可以進行對比度增強。下面對直方圖均衡化進行詳細說明。

5.5.3　直方圖均衡化[1]

直方圖均衡化是採取壓縮原始圖像中像素數較少的部分，拉伸像素數較多的部分的處理。如果在某一灰階範圍內像素比較集中，因為被拉伸的部分的像素相對於被壓縮的部分要多，從而整個圖像的對比度獲得增強，圖像變得清晰。

　　下面用一個簡單的例子來說明一下直方圖均衡化算法。灰階為 0～7 的各個灰階級（gray level）所對應的像素數如圖 5.19 所示。均衡化後，每個灰階級所分配的像素數應該是總像素數除以總灰階級，即 40÷8＝5。從原始圖像的灰階值大的像素開始，每次取 5 個像素，從 7 開始重新進行分配。對於圖 5.19 所示圖像，給灰階級 7 分配原始圖像中的灰階級 7、6 的全部像素和灰階級 5 的 9 個像素中的 1 個像素。從灰階級 5 的像素中選取 1 個像素有如下兩種算法：

　　① 隨機選取。

　　② 從周圍像素的平均灰階的較大的像素中順次選取。

　　算法②比算法①稍微複雜一些，但是算法②所得結果的噪聲比算法①少。

　　在此選用算法②。接下來的灰階級從原始圖像的灰階級 5 剩下的 8 個像素中用前面的方法選取 5 個，作為灰階級 6 的像素數。依此類推，對所有像素重新進行灰階級分配。

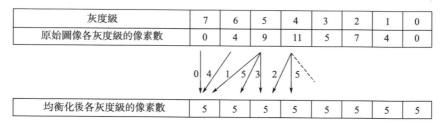

圖 5.19　灰階直方圖均衡化

　　圖 5.20 和圖 5.21 是利用這個方法分別對圖 5.8 和圖 5.16 進行直方圖均衡化的結果。可見，兩個例子都表明直方圖均衡化對改善對比度是相當有效的。

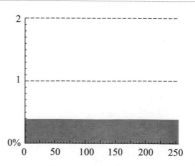

圖 5.20　對圖 5.8 的灰階直方圖均衡化結果

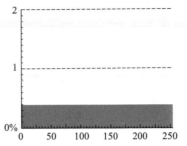

圖 5. 21　對圖 5. 16 的灰階直方圖均衡化結果

5.5.4　暗通道先驗法去霧處理[2]

除了光線暗會引起圖像模糊之外，還有一種圖像模糊的原因是環境中霧霾的影響。霧霾天氣對數位圖像畫質的影響主要是因為光線在懸浮粒子作用下會有散射現象，使得目標對象反射的光線發生衰減。去霧技術的基本原理可以分為圖像增強式去霧和反演式去霧。上節介紹的直方圖均衡化屬於圖像增強算法，廣泛用於霧化圖像的清晰化。另一種方法是根據霧化圖像退化的物理原理建立數學模型，用數學推導的方式還原出未霧化的圖像。本節介紹的暗通道先驗方法屬於這種類型。

（1）霧化圖像的退化模型

如果用 I 表示在有霧霾的天氣下視覺系統得到的圖像，J 表示我們期望的圖像，也就是沒有霧霾的清晰圖像，那麼這兩個圖像之間的差值就是退化圖像，而退化圖像和大氣光以及空氣（或者直接可以理解為霧霾）的透射率有關。記大氣光係數為 A、空氣的透射率係數為 t，則可以得到如下的數學模型

$$I = Jt + A(1-t) \tag{5.5}$$

在此模型中，Jt 是期望圖像乘以透射率係數，屬於圖像的直接衰減；$A(1-t)$ 則屬於圖像中的大氣光成分。去霧的目標就是從 I 中復原 J。

圖 5.22 是一幅清晰圖像和霧化圖像及其直方圖，其中，圖（a）是清晰圖像的狀況，圖（b）是有霧霾環境的狀況。可以看出，霧化圖像 RGB 的像素值分佈範圍較窄，因為圖像發白色，其直方圖分佈集中在右邊。清晰圖像的 RGB 值分佈比較均勻且基本上居中，對比度好。

（2）圖像暗通道先驗去霧方法

暗通道先驗是基於大量無霧霾圖像的一種統計規律，即除去天空等持續高亮度區域外，絕大多數局部的圖像區域都能找到一個具有很小的像素值的顏色通道，這個最小的像素值就是暗像素，擁有這個暗像素的通道叫暗通道。大多

數的無霧霾圖像，其暗通道的強度值都非常小，甚至趨近於零。這個統計規律就是暗通道先驗（dark channel prior，DCP）。像素值代表傳感器感光的強度，若定義這個最小值為 $J(x)$，x 表示這個小方塊區域的中心，則 $J(x)$ 可以表述為：

$$J(x) = \min_{y \in \Omega(x)} \left[\min_{c \in \Omega(r,g,b)} J^c(y) \right] \to 0 \tag{5.6}$$

$\Omega(x)$ 表示以 x 為中心的一塊鄰域區域，c 表示 R、G、B 三個通道，$J^c(y)$ 表示遍歷 $\Omega(x)$ 三個通道的所有像素值。

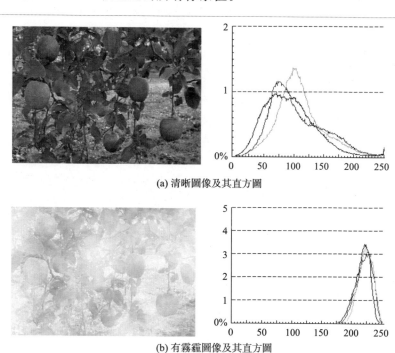

(a) 清晰圖像及其直方圖

(b) 有霧霾圖像及其直方圖

圖 5.22　清晰圖和霧霾圖像及其直方圖

去霧霾的目標就是從 I 中復原 J，那麼對式(5.5) 進行變換，得式(5.7)

$$J = \frac{I - A(1-t)}{t} = \frac{I - A + At}{t} = \frac{I - A}{t} + A \tag{5.7}$$

這個方程中 I 是我們現有的待去霧霾圖像，J 是要恢復的無霧霾圖像。這個方程有 t 和 A 兩個未知量，如果沒有進一步的資訊輸入，此方程無法解出。但是，如果把暗通道先驗知識加進來就可以把其演變為可解的方程。先假定 A 為已知，在式(5.5) 的基礎上分別除以 A，得到

$$\frac{I}{A} = \frac{J}{A}t + 1 - t \tag{5.8}$$

把顏色通道一起表示到式(5.8) 中，得到式(5.9)。

$$\frac{I^c(x)}{A^c} = \frac{J^c(x)}{A^c} t(x) + 1 - t(x) \tag{5.9}$$

上標 c 表示 R、G、B 三個通道。$t(x)$ 為每一個視窗內的透射率係數。對式(5.9) 兩邊求兩次最小值運算，得到下式：

$$\min_{y \in \Omega(x)} \left[\min_c \frac{I^c(x)}{A^c} \right] = t(x) \min_{y \in \Omega(x)} \left[\min_c \frac{J^c(x)}{A^c} \right] + 1 - t(x) \tag{5.10}$$

式(5.10) 是式(5.8) 加上通道和區域後的表述，其中 $\Omega(x)$ 表示以 x 為中心的小區域，一般設定為 15×15 像素。結合式(5.6)，可以得到式(5.11)。

$$\min_{y \in \Omega(x)} \left[\min_c \frac{J^c(x)}{A^c} \right] = 0 \tag{5.11}$$

把式(5.11) 帶入式(5.10) 中，得到：

$$t(x) = 1 - \min_{y \in \Omega(x)} \left[\min_c \frac{J^c(x)}{A^c} \right] \tag{5.12}$$

以上推導中，假設大氣光係數 A 值是已知的，實際運算時，A 值取得方法是從暗通道圖中按照亮度的大小取前 0.1% 的像素點位置，在原始有霧霾圖像 I 中尋找這些位置對應的數量最多像素值作為 A 值。由 A 值用式(5.12) 得到 t 值，再由式(5.7) 得到期望圖像 J。

針對圖 5.22 的蘋果圖像，在計算大氣光係數 A 值時，強調紅色通道，計算整幅圖像的暗通道，取前 0.1% 亮度區域，在這些像素中對應在原始有霧圖像的像素點，將這些像素點的紅色通道最大數量亮度值作為 A 值。按照此方法計算得到圖 5.22(b) 有霧霾圖像的大氣光係數 A 為 251。

5.6　二值圖像的平滑處理 [1]

二值圖像的噪聲，如圖 5.23 所示，一般都是椒鹽噪聲。當然，這種噪聲能夠用中值濾波消除，但是由於它只有二值，也可以採用膨脹與腐蝕的處理來消除。

膨脹（dilation）是某像素的鄰域內只要有一個像素是白像素，該像素就由黑變為白，其他保持不變的處理；腐蝕（erosion）是某像素的鄰域內只要有一個像素是黑像素，該像素就由白變為黑，其他保持不變的處理。圖 5.24 經過膨脹→腐蝕處理後，膨脹變粗，腐蝕變細，結果是圖像幾乎沒有什麼變化；相反，經過腐蝕→膨脹處理後，白色孤立點噪聲在腐蝕時被消除了。

圖 5.23　椒鹽噪聲

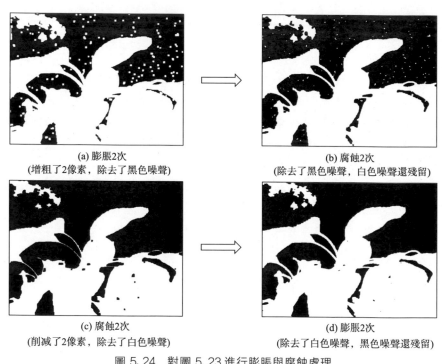

(a) 膨脹2次
(增粗了2像素，除去了黑色噪聲)

(b) 腐蝕2次
(除去了黑色噪聲，白色噪聲還殘留)

(c) 腐蝕2次
(削減了2像素，除去了白色噪聲)

(d) 膨脹2次
(除去了白色噪聲，黑色噪聲還殘留)

圖 5.24　對圖 5.23 進行膨脹與腐蝕處理
（膨脹與腐蝕的順序不同，處理結果也不同）

　　除了膨脹與腐蝕之外，還可以用計算面積大小的方法來去噪。面積的大小其實就是連接區域包含的像素個數，將在第 6 章幾何參數檢測中介紹。圖 5.25 是水田苗列的二值圖像及 50 像素白色區域去噪後的結果圖像。面積去噪與膨脹腐蝕相比不會破壞區域間的連接性。

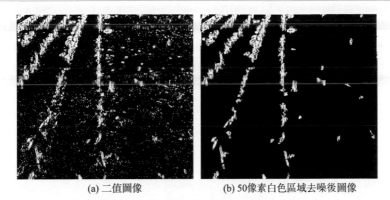

(a) 二值圖像   (b) 50像素白色區域去噪後圖像

圖 5. 25　二值圖像的面積及去噪聲處理

參考文獻

[1]　陳兵旗.實用數位圖像處理與分析［M］.第 2
　　　版.北京: 中國農業大學出版社，2014.

[2]　朱德利，陳兵旗等.蘋果採摘機器人視覺系統

的暗通道先驗去霧方法［J］.農業工程學報,
2016,32(16):151-158.

第6章

幾何參數檢測 [1]

6.1　基於圖像特徵的自動識別

目前，通過電腦調查圖像特徵，對物體進行自動判別的例子已經很多。例如，自動售貨機的錢幣判別、工廠內通過攝影機自動判別產品質量、通過判別郵政編碼自動分揀信件、基於指紋識別的電子鑰匙，以及最近出現的通過臉型識別來防範恐怖分子等。本章就對這些特徵（Feature），尤其是圖像的特徵選擇（feature selection）進行說明。

為了便於理解，本章以簡單的二值圖像為對象，通過調查物體的形狀、大小等特徵，介紹提取所需要的物體、除去不必要噪聲的方法。

6.2　二值圖像的特徵參數

所謂圖像的特徵，就是圖像中包括具有何種特徵的物體。如果想從圖 6.1 中提取香蕉，該怎麼辦？對於電腦來說，它並不知道人們講的香蕉為何物。人們只能通過所要提取物體的特徵來指示電腦，例如，香蕉是細長的物體。也就是說，必須告訴電腦圖像中物體的大小、形狀等特徵，指出諸如大的東西、圓的東西、有稜角的東西等。當然，這種指示依靠的是描述物體形狀特徵（shape representation and description）的參數。

以下，說明幾個有代表性的特徵參數及計算方法。表 6.1 列出了幾個圖形以及相應的參數。

圖 6.1　原始圖像

表 6.1　圖形及其特徵

種類	圓	正方形	正三角形
圖像			
面積	πr^2	r^2	$\dfrac{\sqrt{3}}{4}r^2$
周長	$2\pi r$	$4r$	$3r$
圓形度	1.0	$\dfrac{\pi}{4}=0.79$	$\dfrac{\pi\sqrt{3}}{9}=0.60$

［面積］（area）

計算物體（或區域）中包含的像素數。

［周長］（perimeter）

物體（或區域）輪廓線的周長是指輪廓線上像素間距離之和。像素間距離有圖 6.2(a) 和 (b) 兩種情況。圖 6.2(a) 表示並列的像素，當然，並列方式可以是上、下、左、右 4 個方向，這種並列像素間的距離是 1 個像素。圖 6.2(b) 表示的是傾斜方向連接的像素，傾斜方向也有左上角、左下角、右上角、右下角 4 個方向，這種傾斜方向像素間的距離是 $\sqrt{2}$ 像素。在進行周長測量時，需要根據像素間的連接方式，分別計算距離。圖 6.2(c) 是一個周長的測量實例。

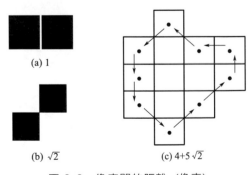

(a) 1

(b) $\sqrt{2}$

(c) $4+5\sqrt{2}$

圖 6.2　像素間的距離 （像素）

如圖 6.3 所示，提取輪廓線需要按以下步驟對輪廓線進行追踪。

① 掃描圖像，順序調查圖像上各個像素的值，尋找沒有掃描標誌 a_0 的邊界點。

② 如果 a_0 周圍全為黑像素（0），說明 a_0 是個孤立點，停止追蹤。

③ 否則，按圖 6.3 的順序尋找下一個邊界點。用同樣的方法，追蹤每一個邊界點。

④ 到了下一個交界點 a_0，證明已經圍遶物體一周，終止掃描。

［圓形度］（compactness）

圓形度是基於面積和周長而計算物體（或區域）的形狀複雜程度的特徵量。例如，可以考察一下圓和五角星。如果五角星的面積和圓的面積相等，那麼它的周長一定比圓長。因此，

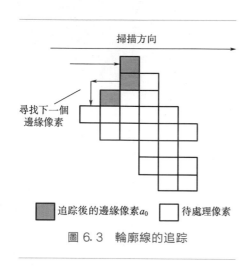

圖 6.3　輪廓線的追蹤

掃描方向

尋找下一個邊緣像素

追踪後的邊緣像素a_0　　待處理像素

可以考慮以下參數：

$$e = \frac{4\pi \times 面積}{(周長)^2} \tag{6.1}$$

e 就是圓形度。對於半徑為 r 的圓來說，面積等於 πr^2，周長等於 $2\pi r$，所以圓形度 e 等於 1。由表 6.1 可以看出，形狀越接近於圓，e 越大，最大為 1；形狀越複雜 e 越小，e 的值在 0 和 1 之間。

［重心］（center of gravity 或 centroid）

重心就是求物體（或區域）中像素坐標的平均值。例如，某白色像素的坐標為 $(x_i, y_i)(i = 0, 1, 2, \cdots, n-1)$，其重心坐標 (x_0, y_0) 可由下式求得：

$$(x_0, y_0) = \left(\frac{1}{n} \sum_{i=0}^{n-1} x_i, \frac{1}{n} \sum_{i=0}^{n-1} y_i \right) \tag{6.2}$$

除了上面的參數以外，還有長度和寬度（length and breadth）、歐拉數（Euler's number）以及可查看物體的長度方向的矩（moment）等許多特徵參數，這裡不再一一介紹。

利用上述參數，好像能把香蕉與其他水果區別開來。香蕉是那些水果中圓形度最小的。不過，首先需要把所有的東西從背景中提取出來，這可以利用二值化處理提取明亮部分來得到。圖 6.4 是圖 6.1 的圖像經過二值化處理（閾值為 40 以上），再通過 2 次中值濾波去噪聲後的圖像。

圖 6.4　圖 6.1 的二值圖像

到此為止還不夠，還必須將每一個物體區分開來。為了區分每個物體，必須調查像素是否連接在一起，這樣的處理稱為區域標記（labeling）。

6.3 區域標記

區域標記（labeling）是指給連接在一起的像素（稱為連接成分 connected component）附上相同的標記，不同的連接成分附上不同的標記的處理。區域標記在二值圖像處理中佔有非常重要的地位。圖6.5表示了區域標記後的圖像，通過該處理將各個連接成分區分開來，然後就可以調查各個連接成分的形狀特徵。

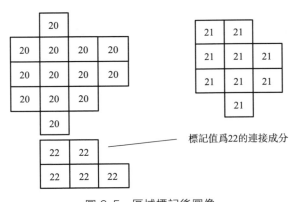

圖6.5 區域標記後圖像

區域標記也有許多方法，下面介紹一個簡單的方法，步驟如下（參考圖6.6）。

① 掃描圖像，遇到沒加標記的目標像素（白像素）P時，附加一個新的標記（label）。

② 給與P連接在一起（即相同連接成分）的像素附加相同的標記。

③ 進一步，給所有與加標記像素連接在一起的像素附加相同的標記。

④ 直到連接在一起的像素全部被附加標記之前，繼續第②步驟。這樣一個連接成分就被附加了相同的標記。

⑤ 返回到第①步，重新查找新的沒加標記的像素，重復上述各個步驟。

⑥ 圖像全部被掃描後，處理結束。

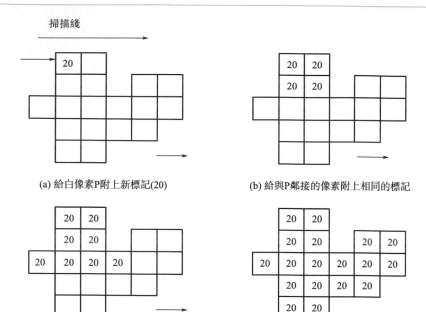

圖 6.6　給一個連接成分附加標記（標號 20）

6.4　基於特徵參數提取物體

通過以上處理，完成了從圖 6.1 中提取香蕉的準備工作。調查各個物體特徵的步驟如圖 6.7 所示，處理結果表示在表 6.2 中。圖 6.8 表示了處理後的圖像，輪廓線和重心位置的像素表示得比較亮。

圖 6.7　調查物體特徵的步驟

由表 6.2 可知，圓形度小的物體有兩個，可能就是香蕉。如果要提取香蕉，按照圖 6.7 的步驟進行處理，然後再把具有某種圓形度的連接成分提取即可。提取的連接成分的圖像如圖 6.9 所示。這些處理獲得了一個掩模圖像（mask image），利用該掩模即可從原始圖像（圖 6.1）上把香蕉提取出來。提取結果如圖 6.10 所示。

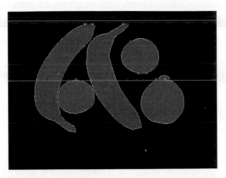

圖 6.8　表示追踪的輪廓線和重心的圖像

圖 6.9　圖 6.8 中圓形度小於
0.5 的物體的抽出結果

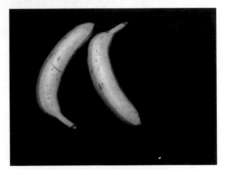

圖 6.10　利用圖 6.9 從
圖 6.1 中提取香蕉

表 6.2　各個物體的特徵參數　　　　　　　　　　　　　　像素

物體序號	面積	周長	圓形度	重心位置
0	21718	894.63	0.3410	(307,209)
1	22308	928.82	0.3249	(154,188)
2	9460	367.85	0.8785	(401,136)
3	14152	495.14	0.7454	(470,274)
4	8570	352.98	0.8644	(206,260)

6.5　基於特徵參數消除噪聲

　　到現在為止，前文所講都是以提取物體為目標所進行的處理，當然也可以用於除去不必要的東西。例如，可以用於消去噪聲處理。利用面積消除二值圖像的噪聲，在第 5 章中作了簡單說明，通過區域標記處理將各個連接成分區分開後，

除去面積小的連接成分即可。處理流程表示在圖 6.11 中，處理結果如圖 6.12 所示（以青椒樣本為例）。將由微分處理（Prewitt 算子）所獲得的圖像［圖 6.12(c)］作為輸入圖像，消除噪聲處理後的結果圖像表示在圖 6.12(d)，被除去的噪聲是面積小於 80 像素的連接成分，可見圖中點狀噪聲完全消失了。

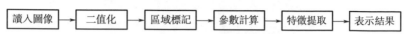

圖 6.11　由特徵參數消除噪聲的步驟

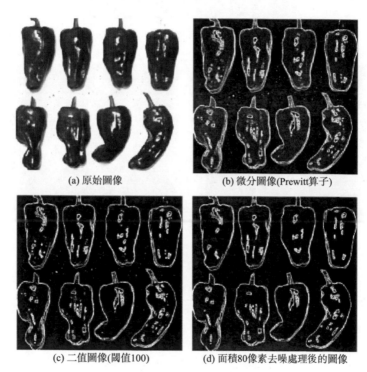

(a) 原始圖像　　　　　　　　(b) 微分圖像(Prewitt算子)

(c) 二值圖像(閾值100)　　　　(d) 面積80像素去噪處理後的圖像

圖 6.12　利用面積參數消除噪聲的示例

參考文獻

[1]　陳兵旗.實用數位圖像處理與分析［M］.第 2　　　　　版.北京: 中國農業大學出版社，2014.

第7章

Hough變換

　　Hough 變換是實現邊緣檢測的一種有效方法，其基本思想是將測量空間的一點變換到參量空間的一條曲線或曲面，而具有同一參量特徵的點變換後在參量空間中相交，通過判斷交點處的積累程度來完成特徵曲線的檢測。基於參量性質的不同，Hough 變換可以檢測直線、圓、橢圓、雙曲線等。本章將主要介紹利用 Hough 變換檢測直線的方法。

7.1 傳統 Hough 變換的直線檢測 [1]

　　保羅·哈夫於 1962 年提出了 Hough 變換法，並申請了專利。該方法將圖像空間中的檢測問題轉換到參數空間，通過在參數空間裡進行簡單的累加統計完成檢測任務，並用大多數邊界點滿足的某種參數形式來描述圖像的區域邊界曲線。這種方法對於被噪聲干擾或間斷區域邊界的圖像具有良好的容錯性。Hough 變換最初主要應用於檢測圖像空間中的直線，最早的直線變換是在兩個笛卡兒坐標系之間進行的，這給檢測斜率無窮大的直線帶來了困難。1972 年，杜達（Duda）將變換形式進行了轉化，將數據空間中的點變換為 $\rho\text{-}\theta$ 參數空間中的曲線，改善了其檢測直線的性能。該方法被不斷地研究和發展，在圖像分析、電腦視覺、模式識別等領域得到了非常廣泛的應用，已經成為模式識別的一種重要工具。

　　直線的方程可以用式(7.1) 來表示。

$$y = kx + b \tag{7.1}$$

　　其中，k 和 b 分別是斜率和截距。過 $x-y$ 平面上的某一點 (x_0, y_0) 的所有直線的參數都滿足方程 $y_0 = kx_0 + b$。即過 $x-y$ 平面上點 (x_0, y_0) 的一族直線在參數 $k-b$ 平面上對應於一條直線。

　　由於式(7.1) 形式的直線方程無法表示 $x = c$（c 為常數）形式的直線（這時候直線的斜率為無窮大），所以在實際應用中，一般採用式(7.2) 的極坐標參數方程的形式。

$$\rho = x\cos\theta + y\sin\theta \tag{7.2}$$

　　其中，ρ 為原點到直線的垂直距離，θ 為 ρ 與 x 軸的夾角（如圖 7.1 所示）。

　　根據式(7.2)，直線上不同的點在參數空間中被變換為一族相交於 p 點的正

弦曲線，因此可以通過檢測參數空間中的局部最大值 p 點，來實現 $x-y$ 坐標係中直線的檢測。

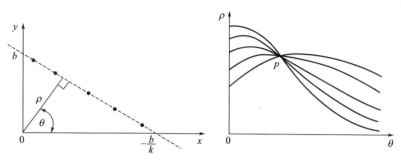

圖 7.1　Hough 變換對偶關係示意圖

一般 Hough 變換的步驟如下。

① 將參數空間量化成 $m \times n$（m 為 θ 的等份數，n 為 ρ 的等份數）個單元，並設置累加器矩陣 $Q[m \times n]$；

② 給參數空間中的每個單元分配一個累加器 $Q(\theta_i, p_j)(0 < i < m-1, 0 < j < n-1)$，並把累加器的初始值置為零；

③ 將直角坐標係中的各點 $(x_k, y_k)(k=1, 2, \cdots, s$，$s$ 為直角坐標係中的點數）代入式(7.2)，然後將 $\theta_0 \sim \theta_{m-1}$ 也都代入其中，分別計算出相應的值 p_j；

④ 在參數空間中，找到每一個 (θ_i, p_j) 所對應的單元，並將該單元的累加器加 1，即 $Q(\theta_i, p_j) = Q(\theta_i, p_j) + 1$，對該單元進行一次投票；

⑤ 待 $x-y$ 坐標係中的所有點都進行運算之後，檢查參數空間的累加器，必有一個出現最大值，這個累加器對應單元的參數值作為所求直線的參數輸出。

由以上步驟看出，Hough 變換的具體實現是利用表決方法，即曲線上的每一點可以表決若干參數組合，贏得多數表決的參數就是勝者。累加器陣列的峰值就是表征一條直線的參數。Hough 變換的這種基本策略還可以推廣到平面曲線的檢測。

圖 7.2 表示了一個二值圖像經過傳統 Hough 變換的直線檢測結果。圖像大小為 512×480 像素，運算時間為 652ms（CPU 速度為 1GHz）。

Hough 變換是一種全局性的檢測方法，具有極佳的抗干擾能力，可以很好地抑制數據點集中存在的干擾，同時還可以將數據點集擬合成多條直線。但是，Hough 變換的精度不容易控制，因此，不適合對擬合直線的精度要求較高的實際問題。同時，它所要求的巨大計算量使其處理速度很慢，從而限制了它在實時性要求很高的領域的應用。

圖 7.2　二值圖像經過傳統 Hough 變換的直線檢測結果

7.2　過已知點 Hough 變換的直線檢測[2]

　　以上介紹的 Hough 變換直線檢測方法是一種窮盡式搜索，計算量和空間複雜度都很高，很難在實時性要求較高的領域內應用。為瞭解決這一問題，多年來許多學者致力於 Hough 變換算法的高速化研究。例如，將隨機過程、模糊理論等與 Hough 變換相結合，或者將分層迭代、級聯的思想引入到 Hough 變換過程中，大大提高了 Hough 變換的效率。本節以過已知點的改進 Hough 變換為例，介紹一種直線的快速檢測方法。

　　過已知點的改進 Hough 變換方法，是在 Hough 變換基本原理的基礎上，將逐點向整個參數空間的投票轉化為僅向一個「已知點」參數空間投票的快速直線檢測方法。其基本思想是：首先找到屬於直線上的一個點，將這個已知點 p_0 的坐標定義為 (x_0, y_0)，將通過 p_0 的直線斜率定義為 m，則坐標和斜率的關係可用下式表示：

$$(y-y_0)=m(x-x_0) \tag{7.3}$$

　　定義區域內目標像素 p_i 的坐標為 (x_i, y_i)，$(0 \leqslant i < n$，n 為區域內目標像素總數)，則 p_i 點與 p_0 點之間連線的斜率 m_i 可用下式表示：

$$m_i=(y_i-y_0)/(x_i-x_0) \tag{7.4}$$

　　將斜率值映射到一組累加器上，每求得一個斜率，將使其對應的累加器的值加 1，因為同一條直線上的點求得的斜率一致，所以當目標區域中有直線成分時，其對應的累加器出現局部最大值，將該值所對應的斜率作為所求直線的斜率。

　　當 $x_i=x_0$ 時，m_i 為無窮大，這時式(7.4)不成立。為了避免這一現象，

當 $x_i = x_0$ 時，令 $m_i = 2$，當 $m_i > 1$ 或 $m_i < -1$ 時，採用式(7.5)的計算值替代 m_i，這樣無限域的 m_i 被限定在了（-1，3）的有限範圍內。在實際操作時設定斜率區間為 [-2，4]。

$$m'_i = 1/m_i + 2 \tag{7.5}$$

過已知點 Hough 變換的具體步驟如下：

① 將設定的斜率區間等分為 10 個子區間，即每個子區間的寬度為設定斜率區間寬度的 1/10；

② 為每個子區間設置一個累加器 n_j（$1 \leqslant j \leqslant 10$）；

③ 初始化每個累加器的值為 0，即 $n_j = 0$；

④ 從上到下，從左到右逐點掃描圖像，遇到目標像素時，由式(7.4)及式(7.5)計算其與已知點 p_0 之間的斜率 m，m 值屬於哪個子區間就將哪個子區間累加器的值加 1；

⑤ 當掃描完全部處理區域之後，將累加器的值為最大的子區間及其相鄰的兩個子區間（共 3 個子區間）作為下一次投票的斜率區間，重復上述①～④步，直到斜率區間的寬度小於設定斜率檢測精度為止，例如，$m = 0.05$，這時將累加值為最大的子區間的中間值經過式(7.5)設定條件的逆變換後作為所求直線的斜率值。

過已知點 Hough 變換的直線檢測過程如圖 7.3 所示。

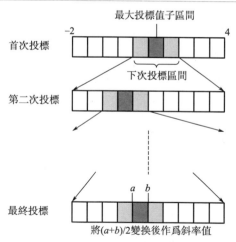

圖 7.3　過已知點 Hough 變換直線檢測過程

圖 7.4 為過已知點 Hough 變換的直線檢測結果，圖中檢出直線上的「+」表示已知點的位置，處理時間為 35ms。也就是說，對於該圖，在同等條件下，過已知點 Hough 變換的處理速度比一般 Hough 變換快將近 20 倍。

利用過已知點 Hough 變換的直線檢測方法，其關鍵問題是如何正確地選擇已知點。在實際操作中，一般選擇容易獲取的特徵點為已知點，例如，某個區域

內的像素分佈中心等。

在實際應用中，往往通過對檢測對象特徵的分析，獲取少量的目標像素點，通過減少處理對象來提高 Hough 變換的處理速度。檢測對象的特徵一般採用亮度或者顏色特徵。例如，在檢測公路車道線時，可以通過分析車道線的亮度或者某個顏色分量，首先找出車道線在每條橫向掃描線上的分佈中心點，然後僅對這些中心點進行 Hough 變換，就可以極大地提高處理速度。在進行特徵點的提取時，某些特徵點可能會出現誤差，但是由於 Hough 變換的統計學特性，部分誤差不會影響最終的檢測結果。

圖 7.4　過已知點 Hough 變換的
直線檢測結果

7.3　Hough 變換的曲線檢測

Hough 變換不僅能檢測直線，還能夠檢測曲線，例如，弧線、橢圓線、拋物線等。但是，隨着曲線複雜程度的增加，描述曲線的參數也增加，即 Hough 變換時，參數空間的維數也增加。由於 Hough 變換的實質是將圖像空間的具有一定關係的像素進行聚類，尋找能把這些像素用某一解析式聯繫起來的參數空間的積累對應點，在參數空間不超過二維時，這種變換有着理想的效果，然而，當超過二維時，這種變換在時間上的消耗和所需儲存空間的急劇增大，使得其僅僅在理論上是可行的，而在實際應用中幾乎不能實現。這時往往要求從具體的應用情況中尋找特點，如利用一些被檢測圖像的先驗知識來設法降低參數空間的維數以降低變換過程的時間。

參考文獻

[1]　陳兵旗.實用數位圖像處理與分析 [D].第 2
　　 版.北京：中國農業大學出版社，2014.

[2]　陳兵旗,渡辺兼五,東城清秀.田植ロボットの

視覚部に関する研究(第 2 報)[J].日本農業機
械學會志,1997,59 (3):23-28.

第8章

幾何變換 [1]

8.1 關於幾何變換

　　像圖 8.1 所示的變形圖像，在圖像處理領域被稱為幾何變換（geometric transformation）。圖 8.1 為對寵物兔的圖像進行透視變換（perspective transformation）後得到的結果。幾何變換在許多場合都有應用。例如，在天氣預報中看到的雲層圖像，就是經過幾何變換後獲得的圖像。由於從人造衛星上用攝影機拍攝的圖像，包含有鏡頭引起的變形，需要通過幾何變換進行校正，才能得到無變形的圖像。

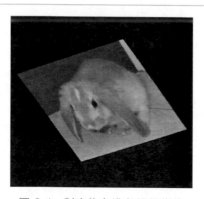

圖 8.1　對寵物兔進行透視變換

　　那麼，幾何變換是一種什麼樣的處理呢？幾何變換是通過改變像素的位置實現的。與此相對，本章以外的處理都是改變灰階值的處理。幾何變換中有放大縮小（dilation）、平移（translation）、旋轉（rotation）等幾種處理，下面以簡單的例子進行說明。

　　首先，對本章中使用的坐標系進行一下說明。通常圖像處理的坐標系是使用以左上角為原點向右及向下為正方向，但是用這樣的坐標系以原點為中心放大圖像的話，如圖 8.2(a) 所示的那樣圖像的範圍只在右下方向外移出。而以圖像的

正中間為中心放大圖像，使其上下左右均等地向外移出，感覺上更自然。因此，如圖 8.2(b) 所示的那樣以圖像的中心為原點的坐標系更方便，這就是本章所採用的坐標係。

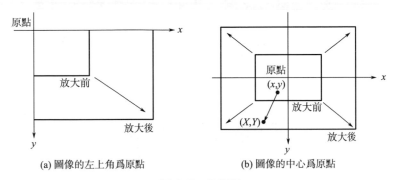

(a) 圖像的左上角爲原點　　　　(b) 圖像的中心爲原點

圖 8.2　坐標係

8.2　放大縮小

首先，考慮改變一下圖像的大小。如圖 8.2(b) 所示，某一點 (x,y) 經過放大縮小後其位置變為 (X,Y)，則兩者之間有如下關係：

$$X = ax$$
$$Y = by$$

(8.1)

其中，a、b 分別是 x 方向、y 方向的放大率。a、b 比 1 大時放大，比 1 小時縮小。對於所有的像素點 (x,y) 進行計算，把輸入圖像上的點 (x,y) 的灰階值代入輸出圖像上的點 (X,Y) 處，就可以把圖像放大或縮小了。

使用上述方法把圖像縮小 1/2 的例子 $(a=b=1/2$ 時) 和放大 2 倍的例子 $(a=b=2$ 時) 分別被表示在圖 8.3(b) 和 (c)。縮小 1/2 的圖像似乎沒有什麼問題，但是放大 2 倍的圖像有點怪異，怎麼回事呢？

讓我們看一下圖 8.4，當輸入圖像的像素 p 對應於輸出圖像的 p'，輸入圖像上的 p 點的鄰點 q 以及再下一個鄰點 r 分別對應於輸出圖像上的 q' 和 r' 時，q' 和 r' 按照放大率或者接近 p' 點或者遠離 p' 點。縮小 1/2 時，如圖 8.4(a) 所示 q 點所對應 q' 點的位置不在像素位置，這樣在輸出圖像上將自動被取消，從而 p' 和 r' 點成為鄰點。另一方面，放大 2 倍的情況，如圖 8.4(b) 所示，q' 和 r' 是相隔一個像素排列的，即輸出圖像上的 p' 點的鄰點以及 q' 點的鄰點什麼也沒有寫入。這就是圖 8.3(c) 中像素呈現斷斷續續狀態的原因。

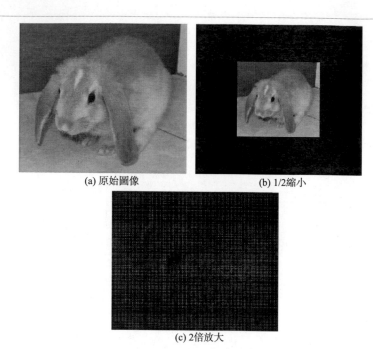

(a) 原始圖像   (b) 1/2縮小

(c) 2倍放大

圖 8.3　直觀放大縮小的處理例

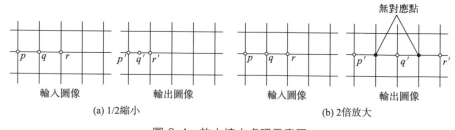

(a) 1/2縮小   (b) 2倍放大

圖 8.4　放大縮小處理示意圖

　　以上的做法是以輸入圖像為基準來查找輸出圖像上的對應點，在放大時出現了輸出圖像上的一些位置沒有對應像素值的情況。如果以輸出圖像為基準，對於輸出圖像上的每個像素查找其在輸入圖像上的對應像素，就可以避免上述現象。為此，可以考慮式(8.1) 的逆運算，即：

$$x = X/a$$
$$y = Y/b$$
(8.2)

　　如果對於輸出圖像上的所有像素 (X, Y)，用式(8.2) 進行計算，求出對應的輸入圖像上的像素 (x, y)，寫入這個像素的灰階值的話，圖 8.3(c) 所示的現象就不會產生了。以這種方式進行縮小 1/2 和放大 2 倍的例子顯示在圖 8.5，看

上去比較正常。

　　式(8.2) 進行的是實數運算，x 和 y 包括小數位。然而，輸入圖像的像素地址必須是整數，所以對於地址計算，有必要採取某種形式進行整數化。在此，經常用的整數化方式就是四捨五入取整方法。在圖像上考慮的話，如圖8.6 所示，就是選擇最靠近坐標點（x，y）的方格上的點，從而被稱為最近鄰點法（nearest neighbor approach），也被稱為零階內插（zero-order interpolation）。對於這種方法，從圖8.5(c) 的放大圖可以看出圖像呈現馬賽克狀（mosaic），這種現象放大率越大將越明顯。

(a) 縮小1/2　　　　　　　　　　　(b) 放大2倍

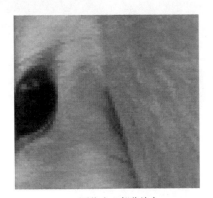

(c) 圖像中心部分放大

圖8.5　放大縮小處理例（最近鄰點法）

　　為了提高精度，可以採用被稱為雙線性內插（bilinear interpolation approach）的方法。這種方法是當所求的地址不在方格上時，求到相鄰的 4 個方格上點的距離之比，用這個比率和 4 鄰點（four nearest neighbors）像素的灰階值進行灰階內插，見圖8.7。

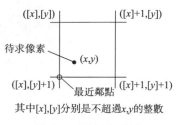

其中[x],[y]分別是不超過x,y的整數

圖8.6　最近鄰點法

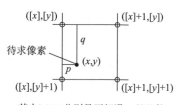

其中[x],[y]分別是不超過x,y的整數

圖8.7　雙線性內插法

這個灰階值的計算式如下：

$$d(x,y)=(1-q)\{(1-p)d([x],[y])+pd([x]+1,[y])\}+$$
$$q\{(1-p)d([x],[y]+1)+pd([x]+1,[y]+1)\} \tag{8.3}$$

在此，$d(x,y)$ 表示坐標 (x,y) 處的灰階值，$[x]$ 和 $[y]$ 分別是不超過 x 和 y 的整數值。用雙線性內插法處理的例子如圖8.8所示。圖8.8(c) 的放大圖也沒有呈現馬賽克狀，而顯現很平滑的狀態。這種雙線性內插法不僅可採用上述的 4 鄰點，也可採用 8 鄰點、16 鄰點、24 鄰點等，進行高次內插。

(a) 縮小1/2

(b) 放大2倍

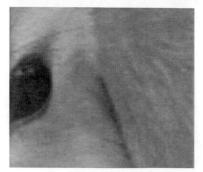

(c) 圖像中心部分放大

圖8.8　放大縮小處理例（雙線性內插法）

8.3 平移

下面讓我們分析一下圖像位置的移動。如圖 8.9 所示，為了使圖像分別沿 x 坐標和 y 坐標向右下平移 x_0 和 y_0，需要採用如下的平移（translation）變換公式：

$$X = x + x_0$$
$$Y = y + y_0$$
(8.4)

逆變換公式如下所示：

$$x = X - x_0$$
$$y = Y - y_0$$
(8.5)

平移變換的處理實例顯示在圖 8.10。

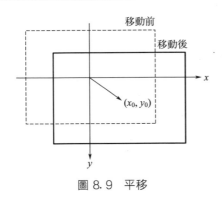

圖 8.9 平移

圖 8.10 平移的處理實例

8.4 旋轉

下面考慮一下旋轉圖像（rotation image）。如圖 8.11 所示，使圖像逆時針旋轉 $\theta°$ 需要如下的變換公式：

$$X = x\cos\theta + y\sin\theta$$
$$Y = -x\sin\theta + y\cos\theta$$
(8.6)

逆變換公式如下所示：

$$x = X\cos\theta - Y\sin\theta$$
$$y = X\sin\theta + Y\cos\theta$$

(8.7)

旋轉變換（rotation transform）處理實例如圖 8.12 所示。

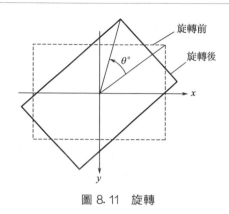

圖 8.11　旋轉

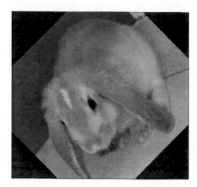

圖 8.12　旋轉變換處理實例

8.5　複雜變形

　　組合上述的放大縮小、平移、旋轉，就可以實現各種各樣的變形。到目前為止，所說明的方法都是以原點為中心進行的變形，而以任意點為中心旋轉、放大縮小也是可能的。例如，以 (x_0, y_0) 為中心旋轉，如圖 8.13 所示，首先平移 $(-x_0, -y_0)$，使 (x_0, y_0) 回到原點後，旋轉 $\theta°$ 角，最後再平移 (x_0, y_0) 就可以了。

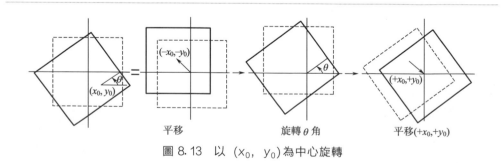

圖 8.13　以 (x_0, y_0) 為中心旋轉

　　用這種方法，在處理過程中，為了計算像素的灰階值，需要不斷地計算地址和存取像素，所以要耗費許多時間。為了節省時間，可以用式（8.8）先集中

計算地址：

$$X = (x - x_0)\cos\theta + (y - y_0)\sin\theta + x_0$$
$$Y = -(x - x_0)\sin\theta + (y - y_0)\cos\theta + y_0$$

$$(8.8)$$

逆變換公式如下所示：

$$x = (X - x_0)\cos\theta - (Y - y_0)\sin\theta + x_0$$
$$y = (X - x_0)\sin\theta + (Y - y_0)\cos\theta + y_0$$

$$(8.9)$$

集中計算完地址後，讀取一次像素，即可計算出變換結果的灰階值。這種幾何變換被稱為 2 維仿射變換（two dimensional affine transformation）。2 維仿射變換的一般表示公式如下：

$$X = ax + by + c$$
$$Y = dx + ey + f$$

$$(8.10)$$

逆變換公式如下：

$$x = AX + BY + C$$
$$y = DX + EY + F$$

$$(8.11)$$

雖然參數不同但形式相同。前面所說明的放大縮小公式(8.2)、平移公式(8.4) 和公式(8.5)、旋轉公式(8.6) 和公式(8.7) 都包含在公式(8.10) 和公式(8.11) 中。

公式(8.10) 和公式(8.11) 是一次多項式，如果使之成為高次多項式，會產生更加複雜的幾何變換。

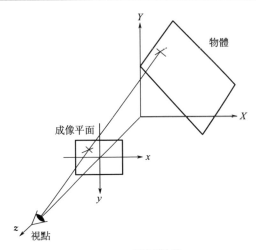

圖 8.14　透視變換

圖 8.14 所示的圖像是被稱為透視變換（perspective transform）的一個處理實例。繪畫時對遠處的東西會描繪得小一些，透視變換也可以生成類似的效果。

如圖 8.14 所示，從一點（視點）觀看一個物體時，物體在成像平面上的投影圖像就是透視變換圖像。這種透視變換用以下兩式來表達：

$$X=(ax+by+c)/(px+qy+r)$$
$$Y=(dx+ey+f)/(px+qy+r)$$

$$(8.12)$$

圖 8.15　透視變換的處理實例

逆變換公式如下所示：

$$x=(AX+BY+C)/(PX+QY+R)$$
$$y=(DX+EY+F)/(PX+QY+R)$$

$$(8.13)$$

正逆變換的形式相同。在此，a、b、c 與 A、B、C 等是變換係數，決定於視點的位置，成像平面的位置以及物體的大小。這些係數用齊次坐標（homogeneous coordinate）的矩陣形式運算可以簡單地求出，處理示例被顯示在圖 8.15。

8.6 　齊次坐標表示

幾何變換採用矩陣處理更方便。2 維平面 (x,y) 的幾何變換能夠用 2 維向量 $[x,y]$ 和 2×2 矩陣來表現，但是却不能表現平移。因此，為了能夠同樣地處理平移，增加一個虛擬的維 1，即通常使用 3 維向量 $[x,y,1]^{\mathrm{T}}$ 和 3×3 的矩陣。這個 3 維空間的坐標 $(x,y,1)$ 被稱為 (x,y) 的齊次坐標。

基於這個齊次坐標，仿射變換可表現為：

$$\begin{bmatrix} X \\ Y \\ 1 \end{bmatrix} = \begin{bmatrix} a & b & c \\ d & e & f \\ 0 & 0 & 1 \end{bmatrix} \begin{bmatrix} x \\ y \\ 1 \end{bmatrix}$$

$$(8.14)$$

上式與式(8.10)是一致的。另外放大縮小表現為：

$$\begin{bmatrix} X \\ Y \\ 1 \end{bmatrix} = \begin{bmatrix} a & 0 & 0 \\ 0 & b & 0 \\ 0 & 0 & 1 \end{bmatrix} \begin{bmatrix} x \\ y \\ 1 \end{bmatrix}$$

$$(8.15)$$

平移的齊次坐標表示為：

$$\begin{bmatrix} X \\ Y \\ 1 \end{bmatrix} = \begin{bmatrix} 1 & 0 & x_0 \\ 0 & 1 & y_0 \\ 0 & 0 & 1 \end{bmatrix} \begin{bmatrix} x \\ y \\ 1 \end{bmatrix} \tag{8.16}$$

旋轉的齊次坐標表示為：

$$\begin{bmatrix} X \\ Y \\ 1 \end{bmatrix} = \begin{bmatrix} \cos\theta & \sin\theta & 0 \\ -\sin\theta & \cos\theta & 0 \\ 0 & 0 & 1 \end{bmatrix} \begin{bmatrix} x \\ y \\ 1 \end{bmatrix} \tag{8.17}$$

式(8.15)～(8.17) 分別與前述的式(8.1)、式(8.4)、式(8.6) 一致。組合這些矩陣能夠表示各種各樣的仿射變換。例如，以 (x_0, y_0) 為中心旋轉，可以表示為如式(8.18) 所示的平移和放大縮小矩陣乘積的形式：

$$\begin{bmatrix} X \\ Y \\ 1 \end{bmatrix} = \begin{bmatrix} 1 & 0 & x_0 \\ 0 & 1 & y_0 \\ 0 & 0 & 1 \end{bmatrix} \begin{bmatrix} \cos\theta & \sin\theta & 0 \\ -\sin\theta & \cos\theta & 0 \\ 0 & 0 & 1 \end{bmatrix} \begin{bmatrix} 1 & 0 & -x_0 \\ 0 & 1 & -y_0 \\ 0 & 0 & 1 \end{bmatrix} \begin{bmatrix} x \\ y \\ 1 \end{bmatrix} \tag{8.18}$$

式(8.18) 展開後與式(8.8) 是一致的。

透視變換等是 3 維空間的變換，用 4 維向量和 4×4 的矩陣來表現。如空間中一點分別在兩個坐標係的坐標為 (X,Y,Z) 和 (x,y,z)，則其坐標變換公式用旋轉矩陣 R 和平移矩陣 t 可描述為：

$$\begin{bmatrix} X \\ Y \\ Z \\ 1 \end{bmatrix} = \begin{bmatrix} R & t \\ 0^{\mathrm{T}} & 1 \end{bmatrix} \begin{bmatrix} x \\ y \\ z \\ 1 \end{bmatrix} \tag{8.19}$$

其中，R 為 3×3 的旋轉矩陣 (rotation matrix)；t 為 3 維平移向量 (translation vector)；$0 = (0,0,0)^{\mathrm{T}}$。這種透視變換經常應用在電腦圖形學 (computer graphics) 等領域。

參考文獻

[1] 陳兵旗.實用數位圖像處理與分析 [M].第 2 版.北京: 中國農業大學出版社, 2014.

第9章

單目視覺測量 [1,2]

本章以便携式單目測量系統為依託，介紹單目測量的硬體構成、基本原理、實現方法和測量精度等。

9.1 硬體構成

單目測量是指僅利用一臺照相機拍攝單張圖像來進行測量工作。其優點是結構簡單、携帶和標定方便、測量精度較高等。單目測量技術在近幾年引起了人們的關注，並廣泛應用於建築物室內場景測量、交通事故調查測量等領域。在單目視覺系統中，需要將標定模板和待測物同時放到一個場景中進行拍攝，這樣在一幅圖像中就需要同時包含標定資訊和待測資訊，數據資訊較多。因此對圖像採集設備的成像質量，尤其是圖像分辨率有比較高的要求。

單目視覺系統的硬體組成如圖 9.1 所示，包括以下內容。

① 標定板。根據標定方法的不同選擇不同的標定模板，由於單目視覺技術只適用於空間二維平面，因此必須保證標定模板與待測物放置在同一平面上。

② 照相機。用於圖像採集。

③ 三脚架。用來調整照相機的高度及視角。也可以手持拍攝，不用三脚架。

④ 電腦。用來進行圖像的儲存、處理和保存。

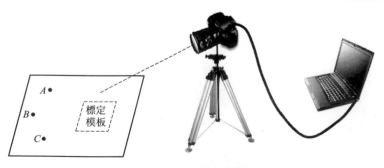

圖 9.1　單目視覺系統構成圖

現在一臺平板電腦（或手機）加一個標定板，就可以替代上述硬體裝置，單目測量變得更加方便。本章依託的單目測量系統就是基於平板電腦的便携式系統，如圖9.2所示，其攝影頭解析度為4096×3072像素。配套的標定尺和標識點，分別如圖9.3和圖9.4所示。

圖9.2　便携式單目測量系統

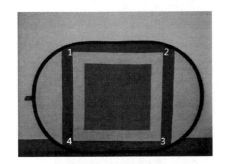

圖9.3　標定尺

圖9.4　標識點

　　為了方便自動檢測標定尺和標識點，本系統設計了藍、黃、紅三色組合的標定尺（圖9.3）和作為檢測目標的標識點（圖9.4）。標定尺的藍黃邊界為長、寬各80cm的正方形，檢測出該正方形4個角作為標定數據。

　　標識點為邊長20cm的正方形，標識點藍黃邊界指向下方的交點，作為檢測的目標點。在測量時，將斜向下的黃色角點放在待測目標的位置，通過在圖像中檢測該黃色角點的位置，完成對待測目標的定位。

9.2　照相機模型

在機器視覺中，物體在世界坐標係下的三維空間位置到成像平面的投影可以

用一種幾何模型來表示，這種幾何模型將圖像的 2D 坐標與現實空間中的 3D 坐標聯繫在一起，這就是常說的照相機模型。

9.2.1 參考坐標係

在照相機模型中，一般要涉及四種坐標係：世界坐標係、照相機坐標係、圖像物理坐標係、圖像像素坐標係。瞭解這四個坐標的意義及其關係對圖像恢復和資訊重構有重要作用。

① 圖像像素坐標係：數位圖像在電腦中以離散化的像素點的形式表示，圖像中每個像素點的亮度值或灰階值以數組的形式儲存在電腦中。以圖像左上角的像素點為坐標原點，建立以像素為單位的平面直角坐標係，為圖像像素坐標係，每個像素在該坐標係下的坐標值表示了該點在圖像平面中與圖像左上角像素點的相對位置。

② 圖像物理坐標係：在圖像中建立的以相機光軸與圖像平面的交點（一般位於圖像中心處）為原點、以物理單位（如公釐）表示的平面直角坐標係，如圖 9.5 中的坐標係 XO_1Y。像素點在該坐標係下的坐標值可以體現該點在圖像中的物理位置。

③ 照相機坐標係：圖 9.5 中，坐標原點 O_c 與 X_c 軸、Y_c 軸、Z_c 軸構成的三維坐標係為照相機坐標係，其中，O_c 為相機的光心，X_c 軸、Y_c 軸與圖像坐標係的 X 軸、Y 軸平行，Z_c 軸為相機光軸，與圖像平面垂直。

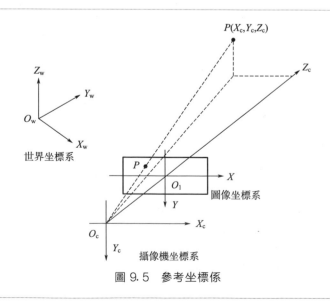

圖 9.5 參考坐標係

④ 世界坐標係：根據現實環境選擇的三維坐標係，相機和場景的真實位置

坐標都是相對於該坐標係的，世界坐標係一般用 O_w 點和 X_w 軸、Y_w 軸、Z_w 軸 來描述，可根據實際情況任意選取。

以上照相機模型所涉及的 4 個坐標係中，最受關注的是世界坐標係和圖像像素坐標係。

9.2.2 照相機模型分析

照相機成像模型一般分為線性照相機模型和非線性照相機模型兩種。線性相機模型也被稱為針孔模型，是透視投影中最常用的成像模型，該模型是一種理想狀態下的成像模型，並沒有考慮相機鏡頭畸變對成像帶來的影響。因此，在鏡頭畸變較大的場合，非線性模型更能準確地描述相機成像過程。但隨着相機鏡頭製作工藝的提高，現代許多相機的鏡頭畸變幾乎可以忽略不計，在這種情況下，線性模型與非線性模型的差別並不大，並且，線性模型求解簡單，使用方便，因此在視覺測量中有着更廣泛的應用。本章基於線性照相機模型，介紹空間點到其像點之間的映射關係。

線上性模型中，物點、相機光心、像點三點共線，如圖 9.5 所示。空間點、光心的連線與成像平面的交點就是其對應的像點，一個物點在像平面上有唯一的像點與之對應。場景中任意點 P 的圖像像素坐標與世界坐標之間的關係可用齊次坐標和矩陣的形式表示為式(9.1)。

$$
Z_c \begin{bmatrix} u \\ v \\ 1 \end{bmatrix} = \begin{bmatrix} \dfrac{1}{dx} & 0 & u_0 \\ 0 & \dfrac{1}{dy} & v_0 \\ 0 & 0 & 1 \end{bmatrix} \begin{bmatrix} f & 0 & 0 & 0 \\ 0 & f & 0 & 0 \\ 0 & 0 & 1 & 0 \end{bmatrix} \begin{bmatrix} R & T \\ 0^T & 1 \end{bmatrix} \begin{bmatrix} X_w \\ Y_w \\ Z_w \\ 1 \end{bmatrix}
$$

$$
= \begin{bmatrix} f_x & 0 & u_0 & 0 \\ 0 & f_y & v_0 & 0 \\ 0 & 0 & 1 & 0 \end{bmatrix} \begin{bmatrix} R & T \\ 0^T & 1 \end{bmatrix} \begin{bmatrix} X_w \\ Y_w \\ Z_w \\ 1 \end{bmatrix} = M_1 M_2 X_w = M X_w \tag{9.1}
$$

其中，(u, v) 為點 P 在圖像平面上投影點的圖像像素坐標，$X_w = [X_w, Y_w, Z_w, 1]^T$，描述其世界坐標。$f_x = f/dx$，為相機在 x 方向上的焦距；$f_y = f/dy$，為相機在 y 方向上的焦距，M_1 中的參數 f_x、f_y、u_0、v_0 都與相機自身的內部結構相關，因此，稱為內部參數，M_1 為內參矩陣。M_2 中的旋轉矩陣 R 與平移向量 T 表現的是相機相對於世界坐標係的位置，因此稱為外部參數，M_2 為外參矩陣。M 為 M_1 與 M_2 的乘積，是一個 3×4 的矩陣，稱為投影矩陣，該矩陣可體現任意空間點的圖像像素坐標與世界坐標之間的關係。

通過式(9.1) 可知，若已知投影矩陣 M 和空間點世界坐標 X_w，則可求得

空間點的圖像坐標 (u, v)，因此，線上性模型中，一個物點在成像平面上對應唯一的像點。但反過來，若已知像點坐標 (u, v) 和投影矩陣 M，代入式(9.1)，只能得到關於 X_w 的兩個線性方程，這兩個線性方程表示的是像點和光心的連線，即連線上所有點都對應着該像點。

要獲取待測目標的距離參數，關鍵環節之一是從二維圖像中還原待測目標在三維場景中的坐標資訊，而由以上討論可知，線上性模型中，一個像點對應的物點並不具有唯一性，因此，只通過一幅圖像對圖像場景進行三維重建是不現實的。但是，在許多場景下，待測目標都可近似看成位於同一平面，這時，只需建立待測目標所在平面（以下簡稱「世界平面」）與圖像平面之間的對應關係即可實現對待測目標的三維重建，線性照相機模型也可簡化成平面照相機模型，如圖 9.6 所示。

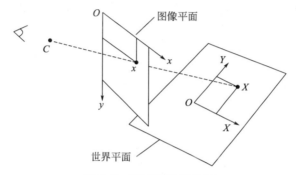

圖 9.6　平面照相機模型

在圖 9.6 中，C 為相機光心，即針孔成像中的針孔，空間點 X 在圖像平面上的對應點為像點 x，令 $X = [X, Y, Z, 1]$，$x = [x, y, 1]$ 分別表示空間點在世界坐標系和圖像像素坐標系下的齊次坐標，則根據式(9.1) 變換可得以下關係式：

$$\lambda x = PX \tag{9.2}$$

在式(9.2) 中，P 為 3×4 的矩陣，$\lambda \in R$ 是與齊次世界坐標 X 有關的比例縮放因子，將世界坐標系的原點、X 軸、Y 軸設置在待測平面上，則 Z 軸與待測平面垂直，X 的齊次坐標可簡化為 $[X, Y, 0, 1]$，代入式(9.2) 得：

$$
\lambda \begin{bmatrix} x \\ y \\ 1 \end{bmatrix} = [P_1, P_2, P_3, P_4] \begin{bmatrix} X \\ Y \\ 0 \\ 1 \end{bmatrix} = [P_1, P_2, P_4] \begin{bmatrix} X \\ Y \\ 1 \end{bmatrix} \tag{9.3}
$$

$$
= \begin{bmatrix} H_{11} & H_{12} & H_{13} \\ H_{21} & H_{22} & H_{23} \\ H_{31} & H_{32} & H_{33} \end{bmatrix} \begin{bmatrix} X \\ Y \\ 1 \end{bmatrix}
$$

由上式可知，三維空間平面上的點與圖像平面上的點之間的關係可通過一個 3×3 的齊次矩陣 $H = [P_1, P_2, P_3]$ 來描述，H 即為單應矩陣，世界坐標可通過式(9.3) 轉換成圖像像素坐標，相反地，圖像像素坐標可通過式(9.4) 轉換成世界坐標。

$$sX = H^{-1}x \tag{9.4}$$

9.3 照相機標定

照相機標定的目的在於為世界坐標系的三維物點和圖像坐標系中的二維像點之間建立一種映射關係，而空間物體表面某點的三維幾何位置與其在圖像中對應點之間的相互關係是由照相機成像的幾何模型決定的。線上性模型中，三維物點與對應像點之間的投影關係與照相機的內外參數相關，用 3×4 的投影矩陣 M 來描述，照相機標定的過程就是求解照相機內外參數的過程，即求取投影矩陣 M 的過程。

本章介紹的是特殊的線性照相機模型——平面照相機模型，在該模型中，世界坐標系與像素坐標系之間的投影關係用單應矩陣 H 進行描述，當待測目標位於同一平面上時，待測平面與圖像平面之間的關係可以用單應矩陣 $H(H^{-1})$ 來表示，只要能求得 H^{-1}，便可將待測目標的像素坐標轉換成待測平面上的世界坐標，再進一步計算距離等參數。對單應矩陣 H^{-1} 的求取就是照相機標定過程。

求取單應矩陣的算法主要有點對應算法、直線對應算法以及利用兩幅圖像之間的單應關係進行約束的算法等。以下介紹點對應算法。

假定在平面相機模型中，存在 N 對對應點，其世界坐標和圖像坐標都已知，設其中某一點的世界坐標和圖像坐標分別為 $[X_i, Y_i, 1]^T$ 和 $[x_i, y_i, 1]^T$，則根據(9.4) 可得到如式(9.5) 所示的兩個線性方程。其中，$h = (h_0, h_1, h_2, h_3, h_4, h_5, h_6, h_7, h_8)^T$，是矩陣 H^{-1} 的向量形式。

$$
\begin{aligned}
(x_i \quad y_i \quad 1 \quad 0 \quad 0 \quad 0 \quad -x_iX_i \quad -y_iX_i \quad -X_i)h = 0 \\
(0 \quad 0 \quad 0 \quad x_i \quad y_i \quad 1 \quad -x_iY_i \quad -y_iY_i \quad -Y_i)h = 0
\end{aligned}
\tag{9.5}
$$

那麼，N 對對應點可以得到 $2N$ 個關於 h 的線性方程，由於 H^{-1} 是一個齊次矩陣，它的 9 個元素只有 8 個獨立，換言之，雖然它有 9 個參數，實際上只有 8 個未知數，因此，當 $N \geqslant 4$ 時，即可得到足夠的方程，實現單應矩陣 H^{-1} 的估計，完成照相機標定。

9.4　標定尺檢測

標定尺檢測（標尺檢測）的主要目的是自動提取標定點的圖像坐標，標尺檢測的通用、快速和精度性，直接影響整個測量系統的性能，本系統開發了以下標尺檢測算法。首先將彩色標尺圖像讀入系統記憶體，採用固定步長對整幅圖像由底部向頂部進行掃描，當檢測到一個標尺底部藍黃區域的交點時，停止掃描，將該點作為追蹤起始點，然後採用局部掃描的方法，逆時針追蹤所有黃色區域外邊界點，如圖 9.7 所示。將追蹤到的邊界點坐標存入一個鏈表中，追蹤完成後，從鏈表中提取4 個角點坐標，並通過 Hough 變換、像素值精定位，提高角點定位精度，最終確認角點坐標。

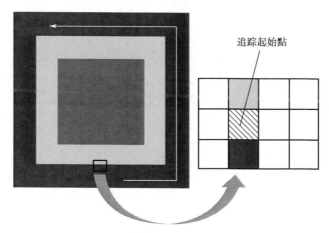

圖 9.7　黃色區域外邊界點追踪

9.4.1　定位追踪起始點

定位追踪起始點所採用的方法為固定步長對整幅圖像進行線掃描，將圖像在水平方向上等分為 10 份，等分線分別為 $x = xsize/10$、$xsize/5$、$3xsize/10$、…、$9xsize/10$，其中 $xsize$ 為圖像寬度。以這些等分線為目標，從 $x = xsize/2$ 開始，由圖像中心向兩邊依次進行線掃描操作，如圖 9.8 所示，圖中虛線代表掃描線位置。

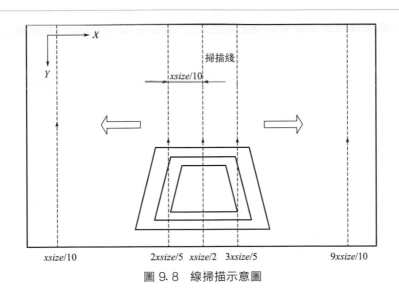

圖 9.8　線掃描示意圖

線掃描的具體步驟如下（$step = 20$）。

① 從圖像頂部向底部依次讀取當前掃描線上像素點的紅色（R）、綠色（G）、藍色（B）分量，分別存入數組 $buff\_r[ysize]$、$buff\_g[ysize]$、$buff\_b[ysize]$ 中，$ysize$ 為圖像高度。

② 定義一個整數 num，用於記錄掃描所得的標尺區域的連續像素點個數，初值為 0。從 $j = ysize - 1$（j 為當前掃描點的 y 坐標，且 $step \leqslant j < ysize$）開始，逐元素掃描數組 $buff\_r$、$buff\_g$、$buff\_b$，即由圖像底部向頂部對掃描線上各點進行掃描，判斷其 RGB 分量是否滿足式(9.6)，該式描述的是標尺藍色區域像素點的 RGB 數值關係。

$$\begin{cases} B > 100 \\ B - R > 30 \\ B - G > 30 \end{cases} 或 \begin{cases} B \leqslant 100 \\ B - R > 10 \\ B - G > 10 \end{cases} 或 \begin{cases} B > 200 \\ B > R \\ B > G \end{cases} 或 \begin{cases} \dfrac{B}{R} > 1.1 \\ \dfrac{B}{G} > 1.1 \end{cases} \tag{9.6}$$

③ 當掃描到目標點 P_1，其 RGB 值滿足等式(9.6) 時，表明該點携帶了標尺藍色區域所擁有的顏色資訊，將 P_1 作為標尺藍色區域的候選點，並對該點上方 $step$ 像素處，RGB 分量分別為 $buff\_r[j - step]$、$buff\_g[j - step]$、$buff\_b[j - step]$ 的目標點 P_2 進行判定，若滿足式（9.7）或式(9.8)［式(9.7) 與式(9.8) 都表示標尺黃色區域的 RGB 數值關係，前者為正常光照狀態，後者為強反光狀態］，則認為點 P_2 為標尺黃色區域點，並暫時將候選點 P_1 作為標尺藍色區域點，num 的值加 1。令 $j = j - 1$，繼續向上掃描。若上方像素點也為標尺藍色區域點，則 num 值繼續加 1；否則清

空 num 值。當 $num > step/4$ 時,認為該掃描線上存在標尺資訊,停止掃描,記錄當前的 j 值。

$$\begin{cases} R<100 \\ R-B>10 \\ G-B>10 \end{cases} \text{ 或 } \begin{cases} R\geqslant100 \\ R-B>50 \\ G-B>50 \end{cases} \text{ 或 } \begin{cases} R\geqslant100 \\ R>B \\ G>1.2B \end{cases} \tag{9.7}$$

$$\begin{cases} R>200 \\ G>200 \\ R>B \\ G>B \end{cases} \text{ 或 } \begin{cases} R=255 \\ G=255 \end{cases} \tag{9.8}$$

④ 以 $Y=start=j-step/4$ 為起點,對掃描線上 Y 坐標在 $[start-step,\ start]$ 區間內的像素點進行向上局部掃描,當目標點的 RGB 值滿足式(9.9)時,表明已經掃描到黃藍區域的邊界處,此時停止掃描,記錄並標記當前的目標點 (x,y) 為紅、綠、藍分量分別為 250、0、0 的標記顏色 F_c,將該點作為追蹤起始點,追蹤標尺黃色區域外輪廓點。

$$R>B \text{ 或 } G>B \text{ 或 } R=G=B=255 \tag{9.9}$$

⑤ 在步驟②中,若當前列掃描結束後,仍沒有找到滿足條件的目標點,或者在步驟③中,掃描到的標尺區域的連續像素點個數 num 不大於閾值 $step/4$,則認為該掃描線上不存在標尺資訊,重復步驟①~⑤,掃描下一列。

⑥ 若圖像所有列都掃描完畢後,未發現存在標尺資訊的掃描線,則認為當前圖像中不存在標尺目標,不再進行下一步檢測。

9.4.2 藍黃邊界檢測

以上節提取到的邊界點 $P_S(x_0,y_0)$ 為追蹤起始點,通過對圖像進行局部掃描,逆時針追蹤所有外邊界點,追蹤過程中,用一個鏈表來儲存所檢測出的邊界點坐標資訊。具體過程如下:

(1) 向右追蹤

首先向右追蹤。將 P_S 作為已追蹤點 $P(x,y)$,以 $X=x+1$ 為掃描線,對 $Y=sy=y-step$ 到 $Y=ey=y+step$ 區間進行由上而下的掃描操作,如圖 9.9 (a) 所示。掃描時會遇到以下三種情況:

① 向右追蹤時,首先需要判斷追蹤過程是否已經循環了一周。若當前掃描線滿足式(9.10),則表明追蹤一周後再次回到追蹤起始點,這時,停止掃描和追蹤,進行下一步操作:確定角點坐標。

$$\begin{cases} x+1=x_0 \\ sy \leqslant y_0 \\ ey \geqslant y_0 \end{cases} \tag{9.10}$$

② 若追踪過程並未循環一周，再進一步判斷是否追踪至黃色角點區域。若掃描起始點 $(x-1, sy)$ 的 R、G、B 值滿足式(9.11)，則該點為標尺藍色點，說明已經追踪到了黃色角點附近。這時，在掃描過程中，如果當前掃描點的顏色分量和 Y 坐標滿足式(9.12)，停止向右追踪，並以該掃描點作為追踪起始點，開始向上追踪。

$$B > R \quad 且 \quad B > G \tag{9.11}$$

$$\begin{cases} R > B \\ G > B \quad 或 \; y_1 \geqslant y (y_1 \text{ 為當前點的 } Y \text{ 坐標}) \\ R < 250 \end{cases} \tag{9.12}$$

③ 若追踪過程並未循環一周，並且掃描起始點不為標尺藍色點，則繼續掃描檢測邊界點。當掃描點的 R、G、B 值滿足式(9.11) 時，表明已經掃描到了標尺黃藍交界處的藍色點，停止掃描，記下當前掃描點，存入鏈表中，該點即為所要追踪的目標點，將該點標記為標記顏色 F_c，並將該點作為已追踪點 P，繼續向右追踪。

(2) 向上追踪

向右追踪結束後開始向上追踪。向右追踪中的過程②提供了向上追踪的起始點，將該點作為已追踪點 $P(x, y)$，以 $Y = y-1$ 為掃描線，對 $X = sx = x - step$ 到 $X = ex = x + step$ 區間進行由左向右的掃描操作，如圖 9.9(b) 所示。向上追踪的掃描過程與向右追踪類似。

(3) 向左追踪

向上追踪至黃色角點後，開始向左追踪，以向上追踪提供的起始點作為已追踪點 $P(x, y)$，以 $X = x-1$ 為掃描線，對 $Y = sy = y + step$ 到 $Y = ey = y - step$ 區間進行由下向上的掃描操作，如圖 9.9(d) 所示，掃描過程與向右追踪類似。

(4) 向下追踪

向左追踪結束後，開始向下追踪，以向上追踪提供的起始點作為已追踪點 $P(x, y)$，以 $Y = y+1$ 為掃描線，對 $X = sx = x + step$ 到 $X = ex = x - step$ 區間進行由右向左的掃描操作，如圖 9.9(c) 所示，掃描過程與向右追踪類似。向下追踪結束後，繼續向右追踪，當追踪至整個過程的起始點 $P_S(x_0, y_0)$ 時，追踪結束。

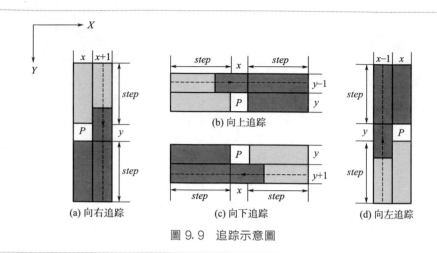

圖 9.9　追踪示意圖

其中，點 $P(x, y)$ 為已追踪點，虛線代表掃描線，虛線上箭頭代表掃描方向。

9.4.3　確定角點坐標

藍黃邊界追踪完成後，需要從所有的邊界點中提取 4 個角點坐標。在本系統中，標尺有菱形放置和矩形放置兩種放置方式。不同放置方式，4 個角點在圖像上具有不同的坐標特徵，可根據這些坐標特徵來初步確定 4 個角點的坐標。

在菱形放置下，可將鏈表中 X 坐標最大和最小及 Y 坐標最大和最小的點認為是標尺的 4 個角點，如圖 9.10(a) 所示。在矩形放置下，首先確定 $(X+Y)$ 的最大值和最小值，並將其分別作為左上角和右下角的角點，然後分別在標尺右上角 1/4 區域與標尺下方 1/4 區域提取右上角與左下角的角點，如圖 9.10(b) 所示。然後，將 $(X+\mathrm{min}Y-Y)$ 取得最大值的點認為是右上角的角點，將 $(X+2\mathrm{max}Y-Y)$ 取得最大值的點認為是左下角的角點。

根據坐標特徵初步確定 4 個角點的坐標後，再進一步利用 Hough 變換定位 4 個角點。具體作法為：以角點所在的兩條邊上的像素點為目標，分別進行過已知點 Hough 變換（見第 7 章），變換完成後，擬合出兩條邊所在的兩條直線，兩條直線之間的交點即為角點。

由於標定的精度直接影響後續測量的精度，而標定的精度很大程度上取決於標定點的定位精度，因此，為了提高標定點，即 4 個角點的定位精度，最後又通過像素值對角點進行了精定位。

4 個標定點的圖像坐標得以確定之後，標尺檢測結束，下一步通過標定點的圖像坐標與世界坐標計算圖像平面與世界平面之間的單應矩陣。

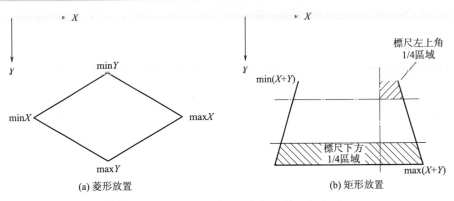

圖 9.10　根據坐標特徵確定標尺的 4 個角點

9.4.4　單應矩陣計算

4 個已知標定點提供了 8 個形如式(9.5) 的關於單應矩陣 H^{-1} 的線性方程，用矩陣的形式表示為（h 為單應矩陣 H^{-1} 的向量形式）：

$$Ah = \begin{bmatrix} A_1 \\ A_2 \\ A_3 \\ A_4 \end{bmatrix} h = 0 \qquad (9.13)$$

其中，假定 4 個標定點的圖像坐標與世界坐標分別為 (x_i, y_i) 和 (X_i, Y_i)，$i = 1, 2, 3, 4$，則：

$$A_i = \begin{bmatrix} x_i & y_i & 1 & 0 & 0 & 0 & -x_iX_i & -y_iX_i & -X_i \\ 0 & 0 & 0 & x_i & y_i & 1 & -x_iY_i & -y_iY_i & -Y_i \end{bmatrix} \qquad (9.14)$$

向量 h 即為 $A^{T}A$ 的最小特徵值所對應的特徵向量，本系統採用開源庫 OpenCV 提供的 cvFindHomography 函數求取該特徵向量。

9.5　標定結果分析

將標尺檢測算法及單應矩陣計算算法加入系統中，利用本系統的硬體載體 Android 平板電腦分別在正常光照、強光、暗光、陰影（光線不均勻）狀態下採集 30 幅標尺圖像樣本，並進行實際檢測實驗，實驗結果如表 9.1 所示。

表 9.1　照相機標定實驗結果

拍攝狀態	實驗總數	檢測成功數量	平均標定誤差/%	平均標定時間/ms
正常光照	30	30	0.170	244
強光	30	30	0.166	587
暗光	30	30	0.198	433
陰影	30	30	0.183	365

　　由表 9.1 可知，本系統的標尺檢測算法能夠較好地適用於不同光線狀態下拍攝的標尺圖像，並且將標定誤差控制在 0.2% 之內，標定時間控制在 1s 之內，基本達到了前文所提出的通用、精確、快速要求。

　　圖 9.11 為強光狀態下的標尺檢測實例圖。通過以上標尺檢測算法，求得其測量平面與圖像平面之間的單應矩陣 H^{-1} 的值如式（9.15）所示，標定誤差為 0.142%，標定時間為 268ms。

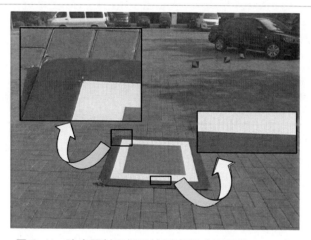

圖 9.11　強光照射下標尺檢測實例（拍攝於 15：00）

$$H^{-1} = \begin{bmatrix} -4.13 & -1.24 & 8904.71 \\ 0.27 & -9.25 & 16527.10 \\ 7.62 \times 10^{-4} & -0.028 & 1 \end{bmatrix} \tag{9.15}$$

9.6　標識點自動檢測

　　本系統利用設計的標識點（圖 9.4），將不確定的待測目標轉換成了確定的標識點，有利於自動檢測。檢測出標識點後，就可以計算出標識點間的距離和面積。

為了排除標定尺對標識點檢測的干擾，在標定尺檢測結束後，獲取標定尺的上下左右區域範圍，排除出檢測區域，圖 9.12 中的虛線部分即為排除區域。

（1）定位追踪起始點

通過對整幅圖像進行掃描，檢測標識點中底部斜邊上的像素點。由於標識點的面積較小，並且在拍攝場景中是任意擺放的，可能出現在圖像中的任何位置，因此追踪起始點的定位採用以 $xsize/200$ 為固定步長（$xsize$ 為圖像寬度），從左至右對整幅圖像進行線掃描的方法，如圖 9.12 所示。

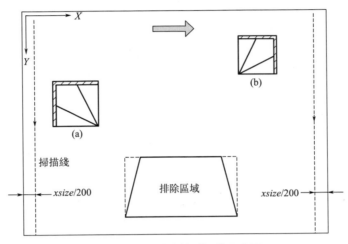

圖 9.12　標識點檢測掃描示意圖

對當前列（$x=i$）進行線掃描操作的具體步驟如下。

① 從圖像頂部向底部依次讀取當前掃描線上像素點的紅色（R）、綠色（G）、藍色（B）分量，分別存入數組 $buff\_r[ysize]$、$buff\_g[ysize]$、$buff\_b[ysize]$ 中，$ysize$ 為圖像高度。

② 定義一個整數 j，表示當前掃描點的縱坐標，從 $j=0$ 開始逐元素掃描數組 $buff\_r$、$buff\_g$、$buff\_b$，即從圖像頂部向底部逐像素讀取掃描點的紅色（R）、綠色（G）、藍色（B）值，若當前點的 RGB 分量值滿足式(9.16)，表明該點携帶了標識點紅色區域的顏色資訊，可能為紅色區域點，暫停掃描，並記錄當前的 j 值為 $ystart$。

$$\begin{cases} R-G>50 \\ R-B>50 \end{cases} \quad \text{或} \quad \begin{cases} \dfrac{R}{G}>1.5 \\ \dfrac{R}{B}>1.5 \end{cases} \tag{9.16}$$

③ 定義一個整數 num，用於記錄符合設定條件的連續像素點個數，初值為

0。從 $j = ysize - 1$ 開始，對當前掃描線上縱坐標在 $[ystart, ysize - 1]$ 區間內的像素點進行局部掃描，判斷當前掃描點的 RGB 分量值是否滿足式（9.17），若滿足，則表明當前點 $P_1(i, j)$ 可能為標識點底部的藍色區域點，進一步判斷該點上方 $step$ 像素處的目標點 $P_2(i, j - step)$ 是否滿足式（9.18），若滿足，則表明點 P_2 可能為標識點的黃色區域點，因此可將點 P_1 暫時作為藍色區域點，num 值加 1，否則，清空 num 值。當 $num > 3$ 時，認為檢測到標識點資訊，並且當前掃描點為藍色區域點，記錄當前點 $P_1(i, j)$。

$$B > R \text{ 且 } B > G \qquad (9.17)$$

$$G > B \text{ 且 } R > B \qquad (9.18)$$

④ 以點 $P_1(i, j)$ 上方 $step$ 像素處的目標點作為掃描起始點，對掃描線上縱坐標在 $[j - step, j]$ 區間內的像素點進行局部掃描，精定位追蹤起始點，如圖 9.13 所示。當掃描點 $P(i, y)$ 滿足式（9.17）時，表明該點為底部斜邊處的藍色點，記錄該點，將該點作為追蹤起始點，進行下一步操作。

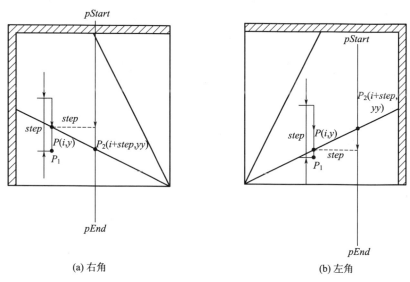

(a) 右角   (b) 左角

圖 9.13　標識點的不同擺放方式

（2）判斷標識點放置方式

由圖 9.12 和圖 9.13 可知，在實際測量時，標識點可能有右角和左角兩種擺放方式，對應着不同的追蹤方法。因此，在追蹤前，首先需要判斷當前標識點的放置方式，再根據判斷結果選擇相應的追蹤方向和方法。

在圖 9.13 中，$P(i, y)$ 為追蹤起始點，獲取點 P 右側 $step$ 像素處的像素點，對該點上下 $2step$ 範圍內的目標點進行線掃描操作。定義一個標誌變量

$flag$，初值為 0，當掃描點為黃色點，即滿足式(9.18) 時，將 $flag$ 置為 1，繼續掃描，若在 $flag-1$ 的前提下，得到一目標點滿足式(9.17)，表明該點為標識點底部斜邊處的藍色點，停止掃描，將該點記為 $P_2(i+step,yy)$。

如圖 9.13(a)、(b) 所示，對於標識點的不同放置方式，邊界點 P、P_2 的縱坐標 y、yy 滿足不同的關係式：

在圖 9.13(a) 中，當黃色角點位於標識點的右下角時，y 與 yy 滿足：$y<yy$；

在圖 9.13(b) 中，當黃色角點位於標識點的左下角時，y 與 yy 滿足：$y>yy$。

因此，本過程將比較 y、yy 的大小所得結果作為確定標識點放置方式的判斷依據。

(3) 逆時針追踪黃色角點

對於圖 9.13 中標識點的兩種不同放置方式，採用不同的追踪算法。

① 角點位於標識點右下角。當黃色角點位於標識點右下角時，獲取追踪起始點 $P(x,y)$ 後，首先向右追踪，將 $X=x+1$ 作為固定掃描線，對 Y 屬於 $[y-step,y+step]$ 區間內的像素點進行掃描，檢測位於標識點底部斜邊上的邊界點，如圖 9.14 所示，掃描方向為由 $pStart$ 到 $pEnd$。掃描前先對掃描起始點 $pStart$ 和終止點 $pEnd$ 的顏色分量值進行判斷，以確定當前掃描線的位置。

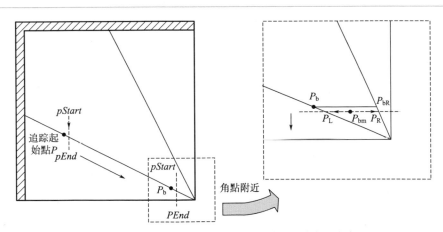

圖 9.14　黃色角點追踪（角點位於標識點右下角）

當掃描線距離黃色角點較遠時，$pStart$ 和 $pEnd$ 分別為黃色點和藍色點，因此，當掃描點為藍色點，即其 RGB 分量中，B 分量最大時，認為該點為待檢測的邊界點，記錄該點，將其標記成 $R=254$、$G=0$、$B=0$ 的標記顏色 F_c，並將該點作為起始點 P，繼續追踪該點右邊的邊界點。

當掃描線位於黃色角點附近時，$pStart$ 和 $pEnd$ 可能不為黃色點和藍色點，當起始點的 RGB 分量滿足式（9.19）或終止點的 RGB 分量滿足式（9.20）時，表明向右追蹤到了角點附近，不再進行上下掃描，停止向右追蹤，並以當前的基準點 P_b 為起始點，精定位角點。

$$\min(R,G,B) < 200 \text{ 且 } \min(R,G,B) \neq B \qquad (9.19)$$

$$\max(R,G,B) > 50 \text{ 且 } \max(R,G,B) \neq B \qquad (9.20)$$

假設 P_b 坐標為 (bx,by)，以 $y=by$ 為固定掃描線，向右掃描，當檢測到標識點頂部斜邊上的邊界點 P_{bR} 時，停止掃描，獲取 P_b 與 P_{bR} 的中點 P_m (mx,my)，以點 P_m 為起始點開始向下追蹤。首先判斷該點下方點 $P_{bm}(mx,my+1)$ 是否為黃色點，即是否滿足式（9.18），若滿足，則以 $y=my+1$ 為固定掃描線，分別向左、向右 $2step$ 範圍內掃描黃色斜邊的邊界點 $P_L(lx,my+1)$、$P_R(rx,my+1)$，並將 P_L、P_R 的中點作為新的起始點繼續向下追蹤。其中，P_L、P_R 的判斷依據為：該兩點為藍色點，即該兩點的顏色分量值滿足式（9.19）。當 $P_{bm}(mx,my+1)$ 不為黃色點時，表明向下追蹤到了角點附近，不再進行左右掃描，並且停止向下追蹤，獲取前一次檢測所得邊界點 P_L、P_R 的 X 值 lx、rx，在 P_{bm} 所在列上，搜索 X 屬於 $[lx,rx]$ 區間內 R 分量取得最大值的像素點，將該點認為是待提取的黃色角點。

② 角點位於標識點左下角。為了避免將其他目標錯檢成標識點，應盡可能大範圍地搜索標識點特徵，以提高標識點檢測正確率。因此，當黃色角點位於標識點左下角時，獲取追蹤起始點後，不直接向左下追蹤，而是如圖 9.15 所示逆時針追蹤待測頂點。具體追蹤方式如下：

a. 首先向右追蹤，追蹤方式與①中向右追蹤過程類似，唯一不同點在於：追蹤後期，當掃描起始點不為黃色點或終止點不為藍色點時，表明向右追蹤到了紅色邊沿附近（而不是黃色角點附近），認為當前的基準點為底部斜邊最右側的邊界點 P_{ls}，記錄該點，停止向右追蹤。

b. 以 P_{ls} 為起始點，向左搜索點 P_{ls} 所在列位於標識點頂部斜邊上的像素點 P_{ds}，即黃藍邊界點，該點的定位方法與上述 P_2 的確定方法類似。

c. 搜索確定 P_{ds} (dsx, dsy) 後，以該點為起始點，開始向下追蹤，將 $Y=dsy+1$ 作為固定掃描線，對 X 屬於 $[dsx-step, dsx+step]$ 區間內的像素點進行掃描，檢測位於標識點頂部斜邊上的邊界點，如圖 9.15 所示，掃描方向為由 $pStart$ 到 $pEnd$。該過程與①中的向右追蹤過程類似，僅僅是掃描前對掃描起始點 $pStart$ 和終止點 $pEnd$ 的判斷方法有所不同，在本過程中，是通過判斷 $pStart$ 是否為藍色點和 $pEnd$ 是否為黃色點來確定當前掃描線位置的，與①中向右追蹤過程恰好相反。當追蹤至角點附近時，對角點進行精定位的方法也與①中的精定位過程一致，此處不再贅述。

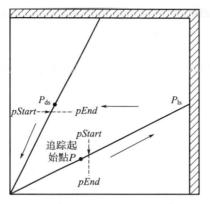

圖 9.15　黃色角點追踪（角點位於標識點左下角）

　　到此，一個標識點檢測完畢，為了避免對檢測其他標識點造成干擾，獲取該標識點的上下左右範圍，並將該範圍所構成的矩形作為後續檢測過程中的排除區域，繼續對圖像進行掃描，檢測下一個標識點。

　　編程實現上述標識點檢測算法，並對該算法進行實際測試，試驗結果表明，在不同的光照狀態或外部環境干擾較大的情況下，該算法都能較為精確地提取標識點角點，具備較強的通用性。圖 9.16 為強光狀態下的標識點檢測實例，在該圖中，紅色車可能會對標識點的提取造成很大的干擾，本算法成功排除了外部環境的干擾，並準確檢測出圖像中不同放置方式下的兩個標識點。

圖 9.16　標識點檢測實例（拍攝於 14：00）

9.7 手動選取目標

除了自動檢測標識點之外，本系統也設計了手動點擊目標位置的方法。在 PC 平臺上，可通過滑鼠點擊來完成。在移動終端上，可通過手指觸摸來選取待測目標點，並獲取其在圖像中的位置資訊。與自動提取不同，在手動提取過程中，無須事先在待測目標處擺放標識點，這在一定程度上減少了操作時間。同時，使用者可選取待測平面上任意位置的點作為測量目標，只需簡單地手指點擊操作，具有較強的靈活性。接下來對在 Android 平臺實現手動選取功能的主要過程進行介紹。

為了實現在圖像上手動選點功能，用 setOnTouchListener（View. OnTouchListener listener）方法為顯示圖像的控件添加觸摸監聽器 listener，並重寫 OnTouchListener 類中的 onTouch（View view，MotionEvent event）方法，為 ACTION_DOWN（手指按下）、ACTION_MOVE（手指移動）、ACTION_UP（手指抬起）等動作添加自己的響應事件。其中，MotionEvent 對象 event 携帶了當前觸摸事件的位置資訊，該資訊可通過 $getX()$ 和 $getY()$ 方法來獲取，通過這兩種方法得到的 X、Y 值是觸摸事件相對於控件左上角的位置坐標，利用圖像與控件的尺寸比例關係即可將該坐標轉換成圖像像素坐標係下的位置坐標。

9.8 距離測量分析

通過上節的方法，檢測到兩個圖像上的目標點 $P_1(x_1, y_1)$ 和 $P_2(x_2, y_2)$ 後，與標尺檢測所求得的單應矩陣 H^{-1} 一起代入式（9.4），將圖像坐標還原成世界坐標，假設還原結果分別為 $P_1(X_1, Y_1)$、$P_2(X_2, Y_2)$。則兩個待測點之間的距離可用其歐式距離表示，如式（9.21）所示。

$$d = \sqrt{(X_1 - X_2)^2 + (Y_1 - Y_2)^2} \qquad (9.21)$$

完成上述的距離測量算法開發後，通過實驗對算法進行驗證，並分析影響距離測量精度的因素。

9.8.1 透視畸變對測距精度的影響

圖 9.17 與圖 9.18 分別為照相機在同一位置不同角度下對同樣的測量場景進行拍攝測量。其中，圖 9.17 待測平面的透視畸變程度大於圖 9.18。

圖 9.17　透視畸變較大的測量圖像（拍攝角度：70.97°）

圖 9.18　透視畸變較小的測量圖像（拍攝角度：85.84°）

　　分別對兩幅圖像中 4 個標識點的世界坐標進行求取，結果如表 9.2 所示，表中 1、2、3、4 分別表示位於圖中的左下、右下、左上、右上位置的標識點。

表 9.2　標識點的世界坐標及定位誤差對比

項目	標識點	實際坐標		計算坐標		X、Y 的平均誤差/%
		X	Y	X	Y	
圖 9.17	1	−110	−260	−101.19	−268.02	5.55
	2	190	−260	209.11	−269.37	6.83
	3	−110	−510	−95.75	−532.97	8.73
	4	190	−510	224.15	−551.69	13.07

續表

項目	標識點	實際坐標		計算坐標		X、Y 的平均誤差/%
		X	Y	X	Y	
圖 9.18	1	−110	−260	−106.68	−258.41	2.17
	2	190	−260	202.18	−256.58	3.86
	3	−110	−510	−101.00	−501.00	4.97
	4	190	−510	211.66	−512.99	5.99

　　由表 9.2 可知，圖 9.18 的標識點定位精度高於圖 9.17。再進一步對標識點形成的兩條平行線進行距離測量，結果如表 9.3 所示。

表 9.3　不同透視畸變程度下的距離測量結果

測量對象		實際距離/cm	測量距離/cm	相對誤差/%
圖 9.17	1	300	310.31	3.44
	2	300	320.45	6.82
圖 9.18	1	300	298.88	0.37
	2	300	299.90	0.03

　　由表 9.3 可知，圖 9.18 的測距精度高於圖 9.17，並且數值較穩定。因此，當待測平面的透視畸變程度較小時，點定位及距離測量的精度較高，當成像面與待測平面平行，即照相機的軸線垂直於待測平面時，透視畸變程度最小，此時，點定位及距離測量的精度能夠達到最佳。

9.8.2　目標點與標定點的距離對測距精度的影響

　　圖 9.19 與圖 9.17 為同一測量場景，但圖 9.19 所採用的 4 個標定點為圖中矩形區域的 4 個頂點，與圖 9.17 相比，減小了待測目標點與標定點的距離。

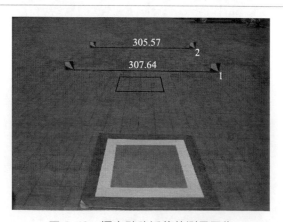

圖 9.19　標定點移近後的測量圖像

圖 9.19 中，4 個標識點的世界坐標如表 9.4 所示，標識點之間的距離如表 9.5 所示。與表 9.2 及表 9.3 中的圖 9.17 所得數據對比可知，當待測目標與標定點的距離較小時，目標點的定位精度及測距精度較高。

表 9.4　標定點移近後標識點的世界坐標及定位誤差

項目	標識點	實際坐標		計算坐標		X、Y 的平均誤差/%
		X	Y	X	Y	
圖 9.19	1	−100	−40	−102.18	−39.22	2.06
	2	200	−40	205.98	−39.34	2.32
	3	−100	−290	−99.69	−289.69	0.21
	4	200	−290	205.80	−300.38	3.24

表 9.5　標定點移近後標識點間的距離測量結果

項目	測量對象	實際距離/cm	測量距離/cm	相對誤差/%
圖 9.19	1	300	307.64	2.54
	2	300	305.57	1.86

通過對測距精度影響因素的分析可知，當待測目標距離標定點較近時，測量誤差較小，對測量圖像的採集方式無特定要求；當待測目標距離標定點較遠時，為了獲取較準確的測量結果，採集測量圖像時，應盡量通過增大拍攝角度等方式減小待測平面的透視畸變。

另外，上述試驗的照相機與目標物之間的距離都在 10m 之內，如果照相機與目標物之間的距離較遠，例如 50m，由於一個像素所表示的實際距離較大，測量誤差也會變大。

9.9　面積測量算法

在檢測平臺上，圖像面積測量方法是通過計算區域內的像素點數，結合一個像素代表面積大小的標定值進行計算，這種測量方法需要相機光軸垂直於待測平面。在便携式測量情況下，由於相機的位置不固定，而且測量視場又很大，所以只能是選取若干待測區域輪廓點，計算輪廓點的最小外接凸多邊形的面積，用該值來估計該區域的面積。具體操作包括：①獲取待測區域輪廓點集；②對獲取的輪廓點集進行最小凸多邊形擬合；③計算所擬合的凸多邊形面積。

9.9.1　獲取待測區域輪廓點集

首先在待測平面擺放用於照相機標定的標尺，然後在待測區域四周擺放若干

標識點，通過 9.6 節所述的標識點檢測算法提取標識點位置，或者直接如 9.7 節所述手動選取若干區域輪廓點。獲取輪廓點的圖像坐標後，分別將標尺檢測所求得的單應矩陣 H^{-1} 及各個輪廓點的圖像坐標代入式(9.4)，完成從圖像坐標向世界坐標的轉換，之後，對所獲取的輪廓點集進行最小凸多邊形擬合。

9.9.2　最小凸多邊形擬合

凸包（convex hull）是一個計算幾何學中的概念。對於二維平面上的點集，凸包就是將最外層的點連接起來構成的最小凸多邊形，使得它能夠包含點集中所有點。對平面點集進行最小凸多邊形擬合的過程可看作是求取凸包的過程。

關於平面點集凸包的研究起步較早，目前，專家和學者們已經提出了大量求取凸包的算法，如分治算法、Jarvis 步進法、Graham 掃描法等。其中 Graham 掃描法是一種常用的凸包檢測算法，也是構造凸包的最佳算法，因此本系統使用該算法來求取輪廓點集的凸包。

Graham 掃描法是由數學家葛立恒（Graham）於 1972 年發明的，該方法通過判別平面上任意 3 點構成的回路是左旋還是右旋來構造平面點集的凸包，主要包括幅角排序和幅角掃描兩個步驟。

（1）幅角排序

首先選取平面點集 P 上 y 軸坐標最小的點，若這樣的點有多個，則選取這些點中 x 軸左邊最小的點，並把該點記為 p_0。之後把 p_0 點作為坐標原點對點集 P 中的點進行坐標變換。對於坐標變換後的點，以 p_0 為坐標原點，計算它們在極坐標下的幅角。然後把 $P-p_0$ 中的點按由小到大的順序排序，若 $P-p_0$ 中包含兩個或兩個以上的點幅角的大小相同，優先選取最接近 p_0 的點。記排序之後的點的集合為 $P'=\{p_1,p_2,\cdots,p_{n-1}\}$，其中 p_1 和 p_{n-1} 分別表示與 p_0 構成的幅角的最小值和最大值，如圖 9.20 所示。

（2）幅角掃描

初始化堆棧為 $H(P)=\{p_{n-1},p_0\}$，p_{n-1} 為棧頂的元素。然後按照極坐標幅角從小到大開始掃描，即從 p_0 開始掃描直到 p_{n-1} 結束。若在某一時刻，堆棧中的元素為 $H(p)=\{p_0,p_1,\cdots,p_i,p_j,p_k\}$，棧頂元素為 p_k，則有棧中的元素一次構成一個封閉的凸多邊形。設某一時刻掃描的點為 p_l，若 p_j，p_k，p_l 是一個左旋的路徑，則 p_j，p_k，p_l 的路徑構成的邊是一個凸邊，此時 $p_k p_l$ 將構成凸多邊形中的一條邊，把 p_l 壓入堆棧中，接着掃描下一點；若 p_j，p_k，p_l 三點構成的一條右旋的路徑，則 p_k 為凸包內的點，將 p_k 從堆棧中彈出，此時掃描線仍在 p_l 處，接着對 p_i，p_j，p_k 三個點進行處理和判斷，直到確定當前棧中的點為一個凸多邊形的頂點為止，如圖 9.21 所示。

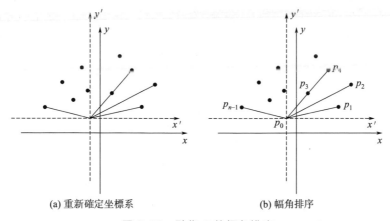

(a) 重新確定坐標系　　　　　(b) 幅角排序

圖 9.20　點集 P 的幅角排序

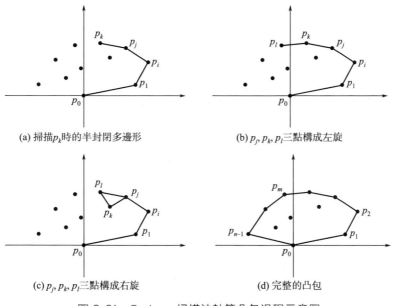

(a) 掃描 p_k 時的半封閉多邊形　　(b) p_j, p_k, p_l 三點構成左旋

(c) p_j, p_k, p_l 三點構成右旋　　(d) 完整的凸包

圖 9.21　Graham 掃描法計算凸包過程示意圖

9.9.3　多邊形面積計算

　　當完成待測區域輪廓點集的凸包構造後，對所得的凸多邊形進行面積計算。待計算的多邊形可能是任意複雜形狀，並且在大多數情況下形狀不規則，因此，該過程的主要任務為不規則多邊形的面積求解，本系統利用頂點坐標值來計算多

邊形的面積。

　　設 Ω 是 m 邊形（如圖 9.22），頂點 $P_k(k=1,2,\cdots,m)$ 沿邊界正方向排列，$P_{m+1}=P_1$，坐標依次為：

$$(x_1,y_1),(x_2,y_2),\cdots,(x_m,y_m) \tag{9.22}$$

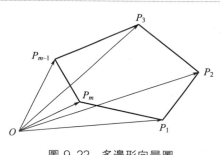

圖 9.22　多邊形向量圖

　　如圖 9.22 所示，建立 Ω 的多邊形區域向量圖。在該圖中，坐標原點與多邊形 Ω 任意相鄰的兩頂點構成一個三角形，所構成的 $\triangle OP_kP_{k+1}$ 可分為兩類，一類三角形包含 Ω 的成分，如 $\triangle OP_1P_2$，另一類三角形不包含 Ω 的成分，如 $\triangle OP_{m-1}P_m$，將第一類所有三角形的面積求和，並減去第二類所有三角形的面積和，即可得到多邊形 Ω 的面積。

　　三角形的面積可由三個頂點構成的兩個平面向量的外積求得，在三角形 OP_kP_{k+1} 中，當 $\overrightarrow{P_kP_{k+1}}$ 為正方向時，該三角形屬於第一類三角形，外積值為正；否則，該三角形屬於第二類三角形，外積值為負。因此，通過頂點所構成的兩個平面向量的外積求取所有的三角形面積，第一類三角形的面積求取結果將為正，第二類三角形的面積求取結果將為負，將所有三角形的面積求取結果求和可得到待測多邊形的面積。基於此原理，可通過以下過程推導出任意多邊形的面積公式。

　　設向量

$$\overrightarrow{OP_k}=\{x_k,y_k,0\}\quad \overrightarrow{OP_{k+1}}-\{x_{k+1},y_{k+1},0\} \tag{9.23}$$

向量外積計算得：

$$\overrightarrow{OP_k}\times\overrightarrow{OP_{k+1}}=\{0,0,x_ky_{k+1}-x_{k+1}y_k\} \tag{9.24}$$

因此，任意多邊形的面積公式為：

$$S_\Omega=\sum_{k=1}^{m}S_{\triangle OP_kP_{k+1}}=\frac{1}{2}\Big|\sum_{k=1}^{m}\overrightarrow{OP_k}\times\overrightarrow{OP_{k+1}}\Big|=\frac{1}{2}\sum_{k=1}^{m}(x_ky_{k+1}-x_{k+1}y_k)$$

$$\tag{9.25}$$

9.9.4　測量實例

　　圖 9.23 所示為一個四邊形面積測量的實例，四個標識點圍成了一個四邊形，其實際面積為 30000.00cm^2。在該圖中，標尺及四個標識點均被成功檢出，面積的測量結果為 30013.89cm^2，相對誤差為 0.05%，測量結果較為精確，同樣，面積測量誤差的主要來源也是待測目標點的定位誤差，因此，對於面積的測量誤

差討論與距離測量一致，此處不再贅述。

圖 9.23　面積測量實例

參考文獻

[1] 歐陽娣.基於機器視覺的幾何參數測量系統研製 [D].北京: 中國農業大學, 2013.

[2] 劉陽.自然環境下目標物的高速圖像檢測算法研究 [D].北京: 中國農業大學, 2014.

第10章

雙目視覺測量 [1]

本章將介紹雙目視覺測量的硬體構成、基本原理、標定方法和三維重建，標定方法將介紹常用的直接線性標定法和張正友標定法以及兩者之間的參數轉換，最後通過實際測量，對標定方法和雙目視覺的測量精度進行論述。

如圖 10.1 所示，雙目視覺測量系統的功能模塊包括：左右視覺照相機、電腦、三腳架、標定裝置、光源等。各個模塊的功能如表 10.1 所示。

圖 10.1　雙目視覺測量系統構成

表 10.1　雙目視覺測量系統各部分功能表

名稱	功能
左右視覺照相機	用於採集左右視覺圖像
電腦	照相機標定、同步採集圖像、圖像數據處理、三維重建、數據保存
標定裝置 （標定架或黑白方格棋盤）	進行照相機標定，獲得照相機內外參數
三腳架	固定照相機，調節照相機高度和角度
光源	確保採集清晰圖像（根據情況可省略）

雙目視覺系統的處理可以概括為雙目圖像採集、照相機標定、獲取目標點、目標點三維重建等幾個方面。

10.1 雙目視覺系統的結構

一般來講，雙目視覺系統的結構可以根據照相機光軸是否平行分為平行式立

體視覺模型和匯聚式立體視覺模型，可以根據測量場景和對測量精度的要求進行
選擇。

10.1.1 平行式立體視覺模型

　　平行式立體視覺模型指的是雙目視覺系統中的兩臺照相機光軸平行放置，使得
匯聚距離為無窮遠處。最簡單的立體成像系統模型就是平行式立體視覺模型，當兩部
一模一樣的照相機被平行放置時則稱之為平行式立體視覺模型，如圖 10.2 所示。

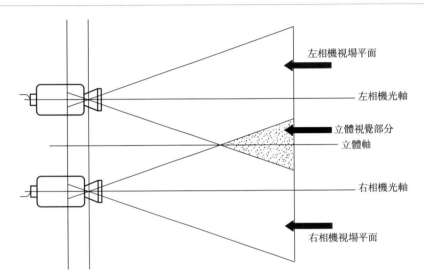

圖 10.2　平行式立體視覺模型

　　其原理圖如圖 10.3 所示，假設照相機 C_1 與 C_2 一模一樣，即照相機內參
完全相同。兩個照相機的 x 軸重合，y 軸平行。因此，將其中一個照相機沿其
x 軸平移一段距離後能夠與另一個照相機完全重合。如圖 10.3 中所示，$P(x_1,$
$y_1, z_1)$ 為空間中任意一點，經過左右照相機的光學成像過程，在左右投影面上
的成像點分別為 p_1、p_2，則根據成像原理可知，p_1、p_2 點的縱坐標相等，橫
坐標的差值為兩個成像坐標係間的距離。

　　在平行式立體視覺模型中，假設兩個成像坐標係間的距離，即某點橫坐標的
差值為 b。C_1 坐標係為 $O_1 x_1 y_1 z_1$，C_2 坐標係為 $O_2 x_2 y_2 z_2$，則空間任意點 P
的坐標在 C_1 坐標係中為 (x_1, y_1, z_1)，在 C_2 坐標係中為 $(x_1 - b, y_1, z_1)$。
因此若已知照相機的內部參數，則可以得出 P 點的三維坐標值如式(10.1)
所示。

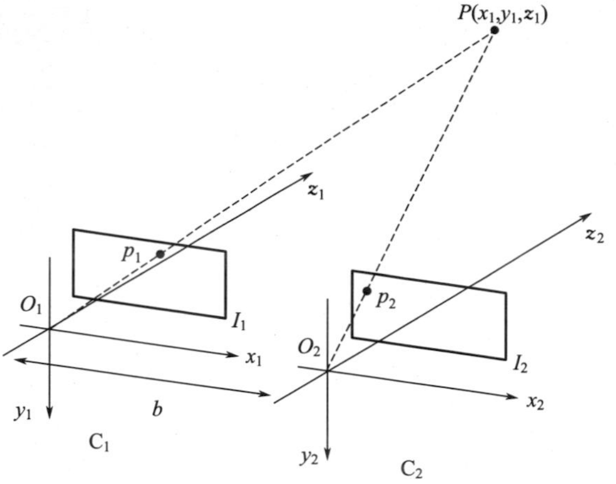

圖 10.3　平行式立體視覺模型原理圖

$$\begin{cases} x_1 = \dfrac{b(u_1 - u_0)}{u_1 - u_2} \\[2mm] y_1 = \dfrac{ba_x(v_1 - v_0)}{a_y(u_1 - u_2)} \\[2mm] z_1 = \dfrac{ba_x}{u_1 - u_2} \end{cases} \tag{10.1}$$

其中，u_0、v_0、a_x、a_y 為照相機內部參數。(u_1, v_1)，(u_2, v_2) 分別為 p_1 與 p_2 的圖像坐標。可見，由 p_1 與 p_2 的圖像坐標 (u_1, v_1) 和 (u_2, v_2)，可求出空間點 P 的三維坐標 (x_1, y_1, z_1)。

式(10.1) 中，b 為基線長度，$u_1 - u_2$ 稱為視差。視差是指由於雙目視覺系統中兩個照相機的位置不同導致 P 點在左右圖像中的投影點位置不同引起的，由式(10.1) 可見，P 點的距離越遠（即 z_1 越大），視差就越小。因此，當 P 點接近無窮遠時，O_1P 與 O_2P 趨於平行，視差趨於零。

10.1.2　匯聚式立體視覺模型

平行式立體視覺模型中，照相機的光軸平行，因此成像的幾何關係也最簡單，但事實上，在現實情況中很難得到絕對的平行立體攝影系統，因為在實際照相機安裝時，我們無法看到照相機光軸，因此無法調整照相機的相對位置到圖 10.3 的理想情形。在一般情況下，是採用如圖 10.4 所示的任意放置的兩個照相機來組成雙目立體視覺系統。

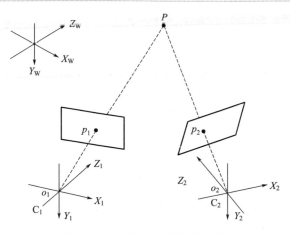

圖 10.4　匯聚式立體視覺模型

匯聚式立體視覺模型的原理如圖 10.5 所示。

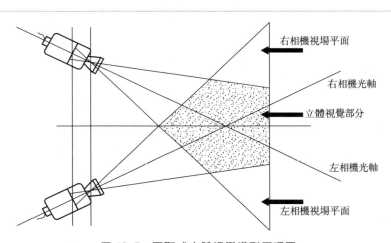

圖 10.5　匯聚式立體視覺模型原理圖

　　在匯聚式立體視覺模型中，假定 p_1 與 p_2 為空間同一點 P 分別在左右圖像上的對應點。而且，假定 C_1 與 C_2 照相機標定結果已知，即已知它們的投影矩陣分別為 M_1 與 M_2。於是在左右圖像中，空間點與圖像點間的關係見式(10.2)和式(10.3)。

$$Z_{c1}\begin{bmatrix} u_1 \\ v_1 \\ 1 \end{bmatrix} = M_1 \begin{bmatrix} X \\ Y \\ Z \\ 1 \end{bmatrix} = \begin{bmatrix} m_{11}^1 & m_{12}^1 & m_{13}^1 & m_{14}^1 \\ m_{21}^1 & m_{22}^1 & m_{23}^1 & m_{24}^1 \\ m_{31}^1 & m_{32}^1 & m_{33}^1 & m_{34}^1 \end{bmatrix} \begin{bmatrix} X \\ Y \\ Z \\ 1 \end{bmatrix} \qquad (10.2)$$

$$Z_{c2}\begin{bmatrix} u_2 \\ v_2 \\ 1 \end{bmatrix}=M_2\begin{bmatrix} X \\ Y \\ Z \\ 1 \end{bmatrix}=\begin{bmatrix} m_{11}^2 & m_{12}^2 & m_{13}^2 & m_{14}^2 \\ m_{21}^2 & m_{22}^2 & m_{23}^2 & m_{24}^2 \\ m_{31}^2 & m_{32}^2 & m_{33}^2 & m_{34}^2 \end{bmatrix}\begin{bmatrix} X \\ Y \\ Z \\ 1 \end{bmatrix} \tag{10.3}$$

其中，$(u_1,v_1,1)$ 與 $(u_2,v_2,1)$ 分別為 p_1 與 p_2 點在圖像坐標系中的齊次坐標；$(X,Y,Z,1)$ 為 P 點在世界坐標系下的齊次坐標；m_{ij}^k（$k=1,2;i=1,\cdots,3;j=1,\cdots,4$。）分別為 M_k 的第 i 行 j 列元素。根據第 9 章單目視覺測量中介紹的線性模型式(9.1)，可在上式中消去 Z_{c1} 和 Z_{c2}，得到如式(10.4) 和式(10.5) 關於 X、Y、Z 的四個線性方程。

$$\begin{cases} (u_1 m_{31}^1 - m_{11}^1)X + (u_1 m_{32}^1 - m_{12}^1)Y + (u_1 m_{33}^1 - m_{13}^1)Z = m_{14}^1 - u_1 m_{34}^1 \\ (v_1 m_{31}^1 - m_{21}^1)X + (v_1 m_{32}^1 - m_{22}^1)Y + (v_1 m_{33}^1 - m_{23}^1)Z = m_{24}^1 - v_1 m_{34}^1 \end{cases}$$
$$\tag{10.4}$$

$$\begin{cases} (u_2 m_{31}^2 - m_{11}^2)X + (u_2 m_{32}^2 - m_{12}^2)Y + (u_2 m_{33}^2 - m_{13}^2)Z = m_{14}^2 - u_{21} m_{34}^2 \\ (v_2 m_{31}^2 - m_{21}^2)X + (v_2 m_{32}^2 - m_{22}^2)Y + (v_2 m_{33}^2 - m_{23}^2)Z = m_{24}^2 - v_2 m_{34}^2 \end{cases}$$
$$\tag{10.5}$$

式(10.4) 和式(10.5) 的幾何意義是過 $o_1 p_1$ 和 $o_2 p_2$ 的直線。由於空間點 $p(X,Y,Z)$ 是 $o_1 p_1$ 和 $o_2 p_2$ 的交點，它必然同時滿足上面兩個方程。因此，可以將上面兩個方程聯立求出空間點 P 的坐標 (X,Y,Z)。但在實際應用中，為減小誤差，通常利用最小二乘法求出空間點的三維坐標。

匯聚式立體視覺模型能夠通過調整照相機光軸的角度，使得雙目視覺系統獲得最大的視野範圍，並且能夠不影響結果的精度，因此，一般採用匯聚式立體視覺模型。

10.2　照相機標定

照相機標定是指建立照相機圖像像素位置與目標點位置之間的關係，根據照相機模型，由已知特徵點的圖像坐標和世界坐標求解照相機的參數。這是電腦立體視覺研究中需要解決的第一問題，也是進行雙目視覺三維重建的重要環節。這一過程精確與否直接影響了立體視覺系統測量的精度，因而實現立體照相機的標定工作是必不可少的。本節分別介紹直接線性標定法和張正友標定法。

照相機參數是由照相機的位置、屬性參數和成像模型決定的，包含內參和外參。照相機內參是照相機坐標系與理想坐標系之間的關係，是描述照相機的屬性參數，包含焦距、光學中心、畸變因子等。而照相機外參表示照相機在世界坐標

係中的位置和方向。外參數包含旋轉矩陣 R 和平移矩陣 T, 描述照相機與世界坐標係之間的轉換關係。將通過試驗與計算得到照相機內參和外參的過程稱為照相機標定。

10.2.1 直接線性標定法

Abdel-Aziz 和 Karara 於 20 世紀 70 年代初提出了直接線性變換 DLT（direct linear transformation）的照相機標定方法, 這種方法忽略照相機畸變引起的誤差, 直接利用線性成像模型, 通過求解線性方程組得到照相機的參數。

DLT 方法的優點是計算速度很快, 操作簡單且易實現。缺點是由於沒有考慮照相機鏡頭的畸變, 因此不適合畸變係數很大的鏡頭, 否則會帶來很大誤差。

DLT 標定法需要將一個特製的立方體標定模板放置在所需標定照相機前, 其中標定模板上的標定點相對於世界坐標係的位置已知。這樣照相機的參數可以利用 9.2.2 節所描述的照相機線性模型得到。

首先介紹由立體標定參照物圖像求取投影矩陣 M 的算法, 式(9.1) 可以寫成式(10.6)。

$$Z_c = \begin{bmatrix} u_i \\ v_i \\ 1 \end{bmatrix} = \begin{bmatrix} m_{11} & m_{12} & m_{13} & m_{14} \\ m_{21} & m_{22} & m_{23} & m_{24} \\ m_{31} & m_{32} & m_{33} & m_{34} \end{bmatrix} = \begin{bmatrix} X_{wi} \\ Y_{wi} \\ Z_{wi} \\ 1 \end{bmatrix} \qquad (10.6)$$

其中, (X_{wi}, Y_{wi}, Z_{wi}) 為空間第 i 個點的坐標; (u_i, v_i) 為第 i 個點的圖像坐標; m_{ij} 為空間任意一點投影矩陣 M 的第 i 行 j 列元素。從式(10.6) 中可以得到三組線性方程, 如式(10.7) 所示。

$$\begin{cases} Z_c u_i = m_{11} X_{wi} + m_{12} Y_{wi} + m_{13} Z_{wi} + m_{14} \\ Z_c v_i = m_{21} X_{wi} + m_{22} Y_{wi} + m_{23} Z_{wi} + m_{24} \\ Z_c = m_{31} X_{wi} + m_{32} Y_{wi} + m_{33} Z_{wi} + m_{34} \end{cases} \qquad (10.7)$$

將上式方程消去 Z_c 得到兩個關於 m_{ij} 的線性方程。

這個式子表明, 如果在三維空間中, 已知 n 個標定點, 其中各標定點的空間坐標為 (X_{wi}, Y_{wi}, Z_{wi}), 圖像坐標為 $(u_i, v_i)(i=1, \cdots, n)$, 則可得到 $2n$ 個關於 M 矩陣元素的線性方程, 且該 $2n$ 個線性方程可以用如式(10.8)、式(10.9) 所示的矩陣形式來表示。

$$\begin{cases} X_{wi} m_{11} + Y_{wi} m_{12} + Z_{wi} m_{13} + m_{14} - u_i X_{wi} m_{31} - u_i Y_{wi} m_{32} - u_i Z_{wi} m_{33} = u_i m_{34} \\ X_{wi} m_{21} + Y_{wi} m_{22} + Z_{wi} m_{23} + m_{24} - v_i X_{wi} m_{31} - v_i Y_{wi} m_{32} - v_i Z_{wi} m_{33} = v_i m_{34} \end{cases}$$

$$(10.8)$$

$$
\begin{bmatrix}
X_{w1} & Y_{w1} & Z_{w1} & 1 & 0 & 0 & 0 & 0 & -u_1 X_{w1} & -u_1 Y_{w1} & -u_1 Z_{w1} \\
0 & 0 & 0 & 0 & X_{w1} & Y_{w1} & Z_{w1} & 1 & -v_1 X_{w1} & -v_1 Y_{w1} & -v_1 Z_{w1} \\
 & & & & & \cdots & & & & & \\
X_{wn} & Y_{wn} & Z_{wn} & 1 & 0 & 0 & 0 & 0 & -u_n X_{wn} & -u_n Y_{wn} & -u_n Z_{wn} \\
0 & 0 & 0 & 0 & X_{wn} & Y_{wn} & Z_{wn} & 1 & -v_n X_{wn} & -v_n Y_{wn} & -v_n Z_{wn}
\end{bmatrix}
$$

$$
\begin{bmatrix}
m_{11} \\
m_{12} \\
m_{13} \\
m_{14} \\
m_{21} \\
m_{22} \\
m_{23} \\
m_{24} \\
m_{31} \\
m_{32} \\
m_{33}
\end{bmatrix}
=
\begin{bmatrix}
u_1 m_{34} \\
u_1 m_{34} \\
\cdots \\
u_n m_{34} \\
v_n m_{34}
\end{bmatrix}
\tag{10.9}
$$

由式（10.8）可見，M 矩陣乘以任意不為零的常數並不影響（X_{wi}, Y_{wi}, Z_{wi}）與（u_i, v_i）的關係，因此，假設 $m_{34} = 1$，從而得到關於 M 矩陣其他元素的 $2n$ 個線性方程，其中線性方程中包含 11 個未知量，並將未知量用向量表示，即 11 維向量 m，將式（10.9）簡寫成式（10.10）。

$$
Km = U \tag{10.10}
$$

其中，K 為式（10.9）左邊的 $2n \times 11$ 矩陣；U 為式（10.9）右邊的 $2n$ 維向量；K，U 為已知向量。當 $2n > 11$ 時，利用最小二乘法對上述線性方程進行求解為：

$$
m = (K^T K)^{-1} K^T U \tag{10.11}
$$

m 向量與 $m_{34} = 1$ 構成了所求解的 M 矩陣。由式（10.6）～式（10.11）可見，若已知空間中至少 6 個特徵點和與之對應的圖像點坐標，便可求得投影矩陣 M。一般採用在標定的參照物上選取大於 8 個已知點，使方程的個數遠遠超過未知量的個數，從而降低用最小二乘法求解造成的誤差。

10.2.2　張正友標定法

張正友標定法，也稱 Zhang 標定法，是由微軟研究院的張正友博士於 1998 年提出的一種介於傳統標定方法和自標定方法之間的平面標定法。它既避免了傳

統標定方法設備要求高、操作繁瑣等缺點，又比自標定的精度高、魯棒性好。該方法主要步驟如下：

① 列印一張黑白棋盤方格圖案，並將其貼在一塊剛性平面上作為標定板；

② 移動標定板或者相機，從不同角度拍攝若干照片（理論上照片越多，誤差越小）；

③ 對每張照片中的角點進行檢測，確定角點的圖像坐標與實際坐標；

④ 在不考慮徑向畸變的前提下，即採用相機的線性模型。根據旋轉矩陣的正交性，通過求解線性方程，獲得照相機的內部參數和第一幅圖的外部參數；

⑤ 利用最小二乘法估算相機的徑向畸變係數；

⑥ 根據再投影誤差最小準則，對內外參數進行優化。

以下介紹上述步驟的基本原理。

(1) 計算內參和外參的初值

與直接線性標定法通過求解線性方程組得到投影矩陣 M 作為標定結果不同，張正友標定法得到的標定結果是照相機的內參和外參，如式（10.12）所示。

$$A = \begin{bmatrix} \alpha & \gamma & u_0 \\ 0 & \beta & v_0 \\ 0 & 0 & 1 \end{bmatrix}, R = \begin{bmatrix} r_{11} & r_{12} & r_{13} \\ r_{21} & r_{22} & r_{23} \\ r_{31} & r_{32} & r_{33} \end{bmatrix}, T = \begin{bmatrix} t_1 & t_2 & t_3 \end{bmatrix}^T \quad (10.12)$$

其中，A 為照相機的內參矩陣；$\alpha = f/dx$，$\beta = f/dy$，f 是焦距，dx、dy 分別是像素的寬和高；γ 代表像素點在 x，y 方向上尺度的偏差，如果不考慮該參數，可以設 $\gamma = 0$；(u_0, v_0) 為基準點；R 為外參旋轉矩陣，T 為平移向量。

以下說明張正友標定法的基本原理。根據針孔成像原理，由世界坐標點到理想像素點的齊次變換如式（10.13）所示。

$$S \begin{bmatrix} u \\ v \\ 1 \end{bmatrix} = A \begin{bmatrix} R & t \end{bmatrix} \begin{bmatrix} X_W \\ Y_W \\ Z_W \\ 1 \end{bmatrix} = A \begin{bmatrix} r_1 & r_2 & r_3 & t \end{bmatrix} \begin{bmatrix} X_W \\ Y_W \\ Z_W \\ 1 \end{bmatrix} \quad (10.13)$$

假設標定模板所在的平面為世界坐標係的 $Z_W = 0$ 平面，那麼可得式（10.14）。

$$S \begin{bmatrix} u \\ v \\ 1 \end{bmatrix} = A \begin{bmatrix} r_1 & r_2 & r_3 & t \end{bmatrix} \begin{bmatrix} X_W \\ Y_W \\ 0 \\ 1 \end{bmatrix} = A \begin{bmatrix} r_1 & r_2 & t \end{bmatrix} \begin{bmatrix} X \\ Y \\ 1 \end{bmatrix} \quad (10.14)$$

令 $\overline{M} = \begin{bmatrix} X & Y & 1 \end{bmatrix}^T$，$\overline{m} = \begin{bmatrix} u & v & 1 \end{bmatrix}^T$，則有 $s\overline{m} = H\overline{M}$，其中：

$$H = A \begin{bmatrix} r_1 & r_2 & t \end{bmatrix} = \begin{bmatrix} h_1 & h_2 & h_3 \end{bmatrix} = \begin{bmatrix} h_{11} & h_{12} & h_{13} \\ h_{21} & h_{22} & h_{23} \\ h_{31} & h_{32} & h_{33} \end{bmatrix} \tag{10.15}$$

H 是單應性矩陣，表示模板上的點與其像點之間的映射關係。若已知模板點在空間和圖像上的坐標，可求得 m 和 M，從而求解單應性矩陣，且每幅模板對應一個單應矩陣。在第 9 章的單目視覺中，介紹過單應矩陣及其求解方法。s 為尺度因子，對於齊次坐標來說，不會改變齊次坐標值。

下面介紹通過單應矩陣求解照相機內外參數的原理。式(10.15) 可以改寫成式(10.16)。

$$\begin{bmatrix} h_1 & h_2 & h_3 \end{bmatrix} = \lambda A \begin{bmatrix} r_1 & r_2 & t \end{bmatrix} \tag{10.16}$$

其中 λ 是比例因子。由於 r_1 和 r_2 是單位正交向量，所以有：

$$h_1^{\mathrm{T}} A^{-\mathrm{T}} A^{-1} h_2 = 0$$
$$h_1^{\mathrm{T}} A^{-\mathrm{T}} A^{-1} h_1 = h_2^{\mathrm{T}} A^{-\mathrm{T}} A^{-1} h_2 \tag{10.17}$$

由於式(10.17) 中的 h_1，h_2 是通過單應性求解出來的，那麼未知量就僅僅剩下內參矩陣 A 了。內參矩陣 A 包含 5 個參數：fx、fy、cx、cy、γ。如果想完全解出這五個未知量，則需要 3 個單應性矩陣。3 個單應性矩陣在 2 個約束下可以產生 6 個方程，這樣就可以解出全部的五個內參。怎樣才能獲得三個不同的單應性矩陣呢？答案就是用三幅標定物平面的照片。可以通過改變照相機與標定板間的相對位置來獲得三張不同的照片；也可以設 $\gamma = 0$，用兩張照片來計算內參。

下面再對得到的方程做一些數學上的變換，令：

$$B = A^{-\mathrm{T}} A^{-1} = \begin{bmatrix} B_{11} & B_{12} & B_{13} \\ B_{12} & B_{22} & B_{23} \\ B_{13} & B_{23} & B_{33} \end{bmatrix} =$$

$$\begin{bmatrix} \dfrac{1}{\alpha^2} & -\dfrac{\gamma}{\alpha^2 \beta} & \dfrac{v_0 \gamma - u_0 \beta}{\alpha^2 \beta} \\[3mm] -\dfrac{\gamma}{\alpha^2 \beta} & \dfrac{\gamma^2}{\alpha^2 \beta^2} + \dfrac{1}{\beta^2} & -\dfrac{\gamma(v_0 \gamma - u_0 \beta)}{\alpha^2 \beta^2} - \dfrac{v_0}{\beta^2} \\[3mm] \dfrac{v_0 \gamma - u_0 \beta}{\alpha^2 \beta} & -\dfrac{\gamma(v_0 \gamma - u_0 \beta)}{\alpha^2 \beta^2} - \dfrac{v_0}{\beta^2} & \dfrac{(v_0 \gamma - u_0 \beta)^2}{\alpha^2 \beta^2} + \dfrac{v_0^2}{\beta^2} + 1 \end{bmatrix} \tag{10.18}$$

可以看出 B 是個對稱矩陣，所以 B 的有效元素只剩下 6 個（因為有三對對稱的元素是相等的，所以只要解得下面的 6 個元素就可以得到完整的 B 了），讓這六個元素構成向量 b：

$$b=\begin{bmatrix} B_{11} & B_{12} & B_{22} & B_{13} & B_{23} & B_{33} \end{bmatrix}^{\mathrm{T}} \tag{10.19}$$

令 H 的第 i 列向量為 $h_i=\begin{bmatrix} h_{i1} & h_{i2} & h_{i3} \end{bmatrix}$，則

$$h_i^{\mathrm{T}}Bh_i=V_{ij}^{\mathrm{T}}b \tag{10.20}$$

其中

$$V_{ij}=\begin{bmatrix} h_{i1}h_{j1} & h_{i1}h_{j2}+h_{i2}h_{j1} & h_{i2}h_{j2} & h_{31}h_{j1}+h_{i1}h_{j3} & h_{31}h_{j1}+h_{i3}h_{j3} & h_{i3}h_{j3} \end{bmatrix}^{\mathrm{T}} \tag{10.21}$$

將上述內參的約束寫成關於 b 的兩個方程式，如式(10.22) 所示。

$$\begin{bmatrix} V_{12}^{\mathrm{T}} \\ V_{11}^{\mathrm{T}}-V_{22}^{\mathrm{T}} \end{bmatrix}b=0 \tag{10.22}$$

假設有 n 幅圖像，聯立方程可得到線性方程：$Vb=0$。

其中，V 是個 $2n\times6$ 的矩陣，若 $n\geqslant3$，則可以列出 6 個以上方程，從而求得照相機內部參數，然後利用內參和單應矩陣 H，計算每幅圖像的外參，如式(10.23)。這樣照相機的內部參數和外部參數就都求解出來了。

$$\begin{cases} r_1=\lambda A^{-1}h_1 \\ r_2=\lambda A^{-1}h_2 \\ r_3=r_1r_2 \\ t=\lambda A^{-1}h_3 \\ 其中\lambda=\dfrac{1}{\|A^{-1}h_1\|}=\dfrac{1}{\|A^{-1}h_2\|} \end{cases} \tag{10.23}$$

(2) 最大似然估計

上述的推導結果是基於理想情況下的解，但由於可能存在高斯噪聲，所以使用最大似然估計進行優化。設採集了 n 幅包含棋盤格的圖像進行定標，每個圖像裡有棋盤格角點 m 個。令第 i 幅圖像上的角點 M_j 在上述計算得到的照相機矩陣下圖像上的投影點為：

$$\overline{m}=(A,R_i,t_i,M_{ij})=A\begin{bmatrix} R \mid t \end{bmatrix}M_{ij} \tag{10.24}$$

其中，R_i 和 t_i 是第 i 幅圖對應的旋轉矩陣和平移向量，A 是內參數矩陣。則角點 m_{ij} 的概率密度函數為：

$$f(m_{ij})=\frac{1}{\sqrt{2\pi}}e^{\frac{-[\overline{m}(A,R_i,t_i,M_{ij})-m_{ij}]^2}{\sigma^2}} \tag{10.25}$$

構造似然函數：

$$L(A,R_i,t_i,M_{ij})=\prod_{i=1,j=1}^{n,m}f(m_{ij})=\frac{1}{\sqrt{2\pi}}e^{\frac{-\sum_{i=1}^{n}\sum_{j=1}^{m}[\overline{m}(A,R_i,t_i,M_{ij})-m_{ij}]^2}{\sigma^2}} \tag{10.26}$$

讓 L 取得最大值，即讓式（10.27）最小。這裡使用的是多參數非線性系統優化問題的 LM（Levenberg-Marquardt）算法進行迭代求最優解。

$$\sum_{i=1}^{n}\sum_{j=1}^{m}\parallel\overline{m}=(A,R_i,t_i,M_{ij})-\dot{m}_{ij}\parallel^2 \tag{10.27}$$

（3）徑向畸變估計

Zhang 標定法只關注了影響最大的徑向畸變，數學表達式為：

$$\begin{cases}u'=u+(u-u_0)[k_1(x^2+y^2)+k_2(x^2+y^2)^2]\\v'=v+(v-v_0)[k_1(x^2+y^2)+k_2(x^2+y^2)^2]\end{cases} \tag{10.28}$$

$$\begin{cases}u'=u_0+\alpha x'+\gamma y'\\v'=v_0+\beta y'\end{cases} \tag{10.29}$$

其中，(u,v) 是理想無畸變的像素坐標，(u',v') 是實際畸變後的像素坐標。(u_0,v_0) 代表主點，(x,y) 是理想無畸變的連續圖像坐標，(x',y') 是實際畸變後的連續圖像坐標。k_1 和 k_2 為前兩階的畸變參數。轉化為矩陣形式：

$$\begin{bmatrix}(u-u_0)(x^2+y^2)&(u-u_0)(x^2+y^2)^2\\(v-v_0)(x^2+y^2)&(v-v_0)(x^2+y^2)^2\end{bmatrix}\begin{bmatrix}k_1\\k_2\end{bmatrix}=\begin{bmatrix}u'-u\\v'-v\end{bmatrix} \tag{10.30}$$

記做：

$$Dk=d \tag{10.31}$$

則可得：

$$k=\begin{bmatrix}k_1&k_2\end{bmatrix}^T=(D^TD)^{-1}D^Td \tag{10.32}$$

計算得到畸變係數 k。

使用最大似然的思想優化得到的結果，即像上一步一樣，LM 法計算下列函數值最小的參數值：

$$\sum_{i=1}^{n}\sum_{j=1}^{m}\parallel\overline{m}=(A,k_1,k_2,R_i,t_i,M_{ij})-m_{ij}\parallel^2 \tag{10.33}$$

上述是由張正友標定法獲得相機內參、外參和畸變係數的全過程。

10.2.3　照相機參數與投影矩陣的轉換

直接線性標定法得到的結果是投影矩陣 M，張正友標定法得到的結果是照相機的內部參數和外部參數。事實上，投影矩陣 M 中的 11 個參數並沒有具體的物理意義，因此又將其稱為隱參數。可以將張正友標定法得到的照相機內外參數轉換成投影矩陣 M。

設 m_i^T（$i=1\sim3$）為投影矩陣 M 第 i 行的前三個元素組成的行向量；m_{i4}（$i=1\sim3$）為 M 矩陣第 i 行第四列元素；r_i^T（$i=1\sim3$）為旋轉矩陣 R 的第 i 行，t_x，t_y，t_z 分別為平移向量 t 的三個分量。如果設 $\gamma=0$，則得 M 矩陣與照相機內外參數的關係如式（10.34）所示。

$$m_{34}\begin{bmatrix} m_1^\mathrm{T} & m_{14} \\ m_2^\mathrm{T} & m_{24} \\ m_3^\mathrm{T} & 1 \end{bmatrix} = \begin{bmatrix} a_\mathrm{x} & 0 & u_0 & 0 \\ 0 & a_\mathrm{y} & v_0 & 0 \\ 0 & 0 & 1 & 0 \end{bmatrix} \begin{bmatrix} r_1^\mathrm{T} & t_\mathrm{x} \\ r_2^\mathrm{T} & t_\mathrm{y} \\ r_3^\mathrm{T} & t_\mathrm{z} \\ 0^\mathrm{T} & 1 \end{bmatrix} \tag{10.34}$$

其中，$m_{34}=t_z$，因此可以求得投影矩陣 M 與內外參數之間的關係為：

$$m_{11}=(a_\mathrm{x}r_{11}+u_0r_{31})/t_\mathrm{z}$$
$$m_{12}=(a_\mathrm{x}r_{12}+u_0r_{32})/t_\mathrm{z}$$
$$m_{13}=(a_\mathrm{x}r_{13}+u_0r_{33})/t_\mathrm{z}$$
$$m_{14}=(a_\mathrm{x}t_\mathrm{x}+u_0t_\mathrm{z})/t_\mathrm{z}$$
$$m_{21}=(a_\mathrm{y}r_{21}+v_0r_{31})/t_\mathrm{z}$$
$$m_{22}=(a_\mathrm{y}r_{22}+v_0r_{32})/t_\mathrm{z}$$
$$m_{23}=(a_\mathrm{y}r_{23}+v_0r_{33})/t_\mathrm{z}$$
$$m_{24}=(a_\mathrm{y}t_\mathrm{y}+v_0t_\mathrm{z})/t_\mathrm{z}$$
$$m_{31}=r_{31}/t_\mathrm{z}$$
$$m_{32}=r_{32}/t_\mathrm{z}$$
$$m_{33}=r_{33}/t_\mathrm{z}$$

10.3　標定測量試驗

在同一場景中，分別採用直接線性標定法和張正友標定法對照相機進行標定，然後分別利用兩組標定結果進行目標點的三維測量，分析標定精度，比較兩種標定方法的區別。

圖 10.6 為試驗用的雙目視覺圖像採集系統。為了能通過兩照相機獲取最大的視野範圍，採用的是匯聚式立體視覺模型，可以通過相機調整支架，改變兩個相機之間的距離和光軸角度，調整視野範圍。

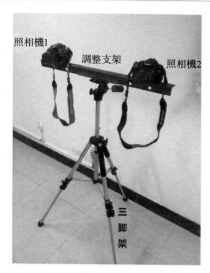

圖 10.6　雙目視覺圖像採集系統

試驗選用的相機為佳能 550D 單反照相機。該相機的具體參數見表 10.2。

表 10.2　CANON 550D 相機參數表

項目	參數	項目	參數
傳感器類型	CMOS	圖像類型	JPEG
有效像素	1800 萬	端口類型	USB2.0 輸入輸出(包含 SD 卡)
最高分辨率	5184×3456	外形尺寸	128.8mm×97.5mm×75.3mm
最高幀率	60 幀/s	曝光補償	手動自動包圍曝光

10.3.1　直接線性標定法試驗

採用如圖 10.7 所示標定架，該標定架的 X、Y、Z 軸三個方向兩兩垂直且不易變形，從而保證標定精度。由於對每一幅圖像通過滑鼠點擊標定點獲得其圖像坐標，所以在標定架的 8 個角點上貼有顏色鮮艷的標示物，方便 8 個角點的選取。

標定架的尺寸為 520mm×520mm×520mm，假定角點 1 為坐標原點，可知 1～8 各個角點相對坐標分別為 (0,0,0)，(520,0,0)，(520,520,0)，(0,520,0)，(0,0,520)，(520,0,520)，(520,520,520)，(0,520,520)。桌面上的 A、B、C、D 四個點用以確定一個平面，保證隨後的張正友標定法試驗和待測物的放置均在此平面的上方進行。

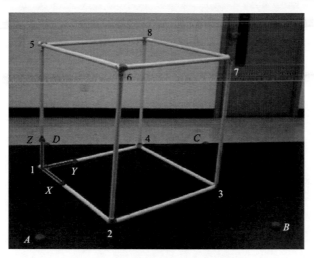

圖 10.7　直接線性標定法標定架

標定計算完成後，8 個角點的理論坐標和計算坐標的對比結果如下表 10.3 所示。

表 10.3　標定點重建計算結果與實際結果對比　　　　　　　　mm

標定點	實際坐標			計算坐標			X、Y、Z 方向平均誤差/%
	X	Y	Z	X	Y	Z	
1	0	0	0	−3.38	2.74	0.04	0.39
2	520	0	0	518.52	−3.53	−0.72	0.37
3	520	520	0	523.59	515.43	2.36	0.67
4	0	520	0	−0.77	524.51	−1.79	0.45
5	0	0	520	1.71	−3.62	518.67	0.43
6	520	0	520	522.97	4.40	521.04	0.54
7	520	520	520	514.71	524.27	519.05	0.67
8	0	520	520	2.70	515.92	521.27	0.52

從表中可以看出，通過標定計算重建出的 8 個角點的三維坐標誤差可以控制在 1% 內。引起誤差的原因包括圖像成像過程中的畸變、手動選取目標點時的偏差等。對誤差較大的特徵點可以通過重新點擊其像素點的方式來達到提高精度的目的。

10.3.2　張正友標定法試驗

採用棋盤對張正友標定法進行標定試驗，標定步驟如下。

① 製作平面標定模板。標定模板是列印出來的一個 8×7 的黑白方格棋盤，每個棋盤方格的尺寸為 51mm×51mm，棋盤模板黏貼在質地堅硬的塑膠板上，以保證模板平整。

　　② 左右照相機採集標定模板圖像。本試驗用了 9 張圖像在不同位置進行拍攝。

　　③ 棋盤角點檢測。角點檢測是為了獲得棋盤角點的二維圖像坐標數據，採用 Harriss 角點檢測算法，檢測結果如圖 10.8 所示。

(a) 左照相機

(b) 右照相機

圖 10.8　棋盤標定圖像及角點檢測結果

　　為了檢驗標定精度，採用反投影誤差來計算照相機內外參數的誤差。反投影誤差是指在標定模板上提取出的角點坐標與通過投影計算出的圖像坐標之差的平方和。其計算公式如式(10.35) 所示。

$$E = \frac{\sum_{i=1}^{n} \sqrt{(U_i - u_i)^2 + (V_i - v_i)^2}}{n} \tag{10.35}$$

其中，n 是標定點的個數，(U_i, V_i) 是圖像提取出來的角點坐標，(u_i, v_i)

是利用標定結果對實際三維坐標投影得到的圖像坐標。這樣可以求得一副圖像的誤差，對每個照相機拍攝到所有圖像的誤差求平均值，得到每個照相機的標定精度。經計算，左攝影頭的投影誤差是 0.2200，右攝影頭的投影誤差是 0.2224，誤差級別低於一個像素。

產生誤差的原因包括：

① 標定模板的加工精度。棋盤模板的加工質量是影響圖像處理算法提取角點精度的主要因素。

② 標定模板的放置。在對棋盤模板進行拍攝時，應該盡量使其充滿視場，因此，應多選擇視場中的幾個位置進行拍攝。另外，棋盤模板應向不同方向傾斜，且以傾斜 45°為最優。

③ 拍攝標定圖像的數量。一般而言，圖像越多，標定精度越高。但是會使得標定計算量增加。而且在圖像數量增加到一定數量時，標定精度將趨於穩定。根據試驗，選擇 9 張圖像在標定精度和計算量兩方面能達到較好的平衡。

④ 雙目視覺系統的同步拍攝。雖然本試驗所採用的標定圖像屬於靜態拍攝，但是照相機拍攝的同步性仍能影響標定精度，所以應採用同步採集。

上述標定計算得到的數據結果為：

內參數矩陣為：

$$A_1 = \begin{bmatrix} 803.39 & 0 & 313.61 \\ 0 & 803.06 & 248.87 \\ 0 & 0 & 1.00 \end{bmatrix}$$

$$A_2 = \begin{bmatrix} 899.71 & 0 & 349.13 \\ 0 & 899.49 & 249.99 \\ 0 & 0 & 1.00 \end{bmatrix}$$

$$D_1 = \begin{bmatrix} -0.1719 & 0.3721 & -0.0006 & -0.0161 \end{bmatrix}$$
$$D_2 = \begin{bmatrix} -0.1574 & 0.7096 & -0.0042 & -0.0083 \end{bmatrix}$$

其中，A_1、A_2 和 D_1、D_2 分別為左右相機的內參矩陣和徑向畸變矩陣。

外參數矩陣為：

$$R_1 = \begin{bmatrix} -0.0154 & 0.8065 & 0.5910 \\ 0.9598 & -0.1536 & 0.2347 \\ 0.28016 & 0.5709 & -0.7717 \end{bmatrix}$$

$$R_2 = \begin{bmatrix} -0.0154 & 0.8065 & 0.5910 \\ 0.9598 & -0.1536 & 0.2347 \\ 0.28016 & 0.5709 & -0.7717 \end{bmatrix}$$

$$T_1 = \begin{bmatrix} -146.64 & 0.2320 & 1417.01 \end{bmatrix}$$
$$T_2 = \begin{bmatrix} -356.99 & -0.61725 & 1492.22 \end{bmatrix}$$

其中，R_1、R_2 和 T_1、T_2 分別為左右相機的外參矩陣和位移矩陣。

10.3.3　三維測量試驗

本試驗採用的待測物均為方形盒子，通過測量盒子的任意 6 個角點兩兩之間的距離來檢驗三維測量算法的計算精度。由於試驗中待測物各角點由滑鼠選取，為了減少手動選取目標點所帶來的誤差，試驗結果採用十次測量的平均值。

第一個試驗選用的待測物為一個方形盒子，在可以被左、右照相機同時觀測的 6 個角點上做明顯標記，如圖 10.9 所示，測量 1～6 各點間的距離。

分別用直接線性標定法和張正友標定法得到的標定結果進行三維測量，取十次計算平均值，得到的各點間的距離與實際距離的比較如表 10.4 所示。

表 10.4　待測物 1 各目標點間實際距離與測量距離比較　　　　　　　　mm

項目	1—2	5—6	2—3	4—5	1—6	2—5	3—4
實際距離	175.00	175.00	215.00	215.00	245.00	245.00	245.00
張正友	173.63	171.90	217.08	213.36	247.31	244.20	246.10
誤差/%	0.78	1.77	0.97	0.76	0.94	0.32	0.45
DLT	173.18	171.27	218.47	213.17	247.30	243.35	246.48
誤差/%	0.82	2.13	1.61	0.85	0.94	0.67	0.60

為減少誤差，增大樣本容量，採用同樣的試驗方法對如圖 10.10 所示的長方形盒子進行測量，同樣，該試驗的結果也是進行十次測量計算後得到的平均值。

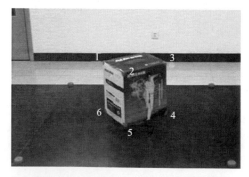

圖 10.9　待測物 1 的角點距離測量

圖 10.10　待測物 2 的角點距離測量

該試驗得到的試驗結果如表 10.5 所示。

圖 10.11 和圖 10.12 分別是利用兩種標定方法對待測物 1 和 2 各點間距離測量的誤差統計比較結果。

表 10.5　待測物 2 各目標點間實際距離與測量距離比較　　mm

項目	1—2	5—6	2—3	4—5	1—6	2—5	3—4
實際距離	133.00	133.00	513.00	513.00	352.00	352.00	352.00
張正友	130.13	137.52	527.63	524.87	356.25	351.87	352.40
誤差/%	2.87	3.39	2.85	2.31	1.21	0.04	0.11
DLT	129.06	135.99	524.38	526.12	355.35	352.22	355.67
誤差/%	2.96	2.25	2.22	1.19	0.95	0.06	1.04

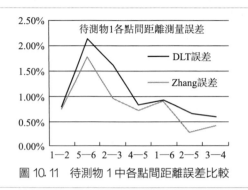

圖 10.11　待測物 1 中各點間距離誤差比較

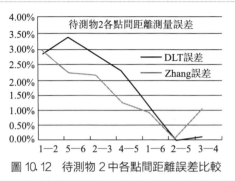

圖 10.12　待測物 2 中各點間距離誤差比較

從兩個試驗的結果可以分析得到以下幾點：

① 兩種方法的曲線變化趨勢相同，且誤差值相差很小，說明利用張正友標定法得到照相機內外參數後轉變成投影矩陣 M 的方法可行。

② 平行於成像平面的目標點測量誤差最小：目標點 1—6，2—5，3—4 間的距離測量誤差均在 1% 以下，遠小於其他各點間的誤差，其原因是因為這三對距離的方向是平行於照相機成像平面的。由於將空間點從世界坐標系轉換到圖像坐標系的過程中，圖像的深度資訊丟失，而對平行於照相機成像平面上的各點資訊影響不大。

③ 各角點間的距離誤差保持在 3% 以內。造成該誤差的原因主要是手動選取特徵點和目標點時造成的人為誤差，以及照相機成像過程中產生的圖形畸變。

④ 對比 DLT 標定法和張正友標定法的誤差曲線，可以看出，張正友標定法的誤差均值要小於 DLT 標定法。其原因是 DLT 標定法是基於線性照相機模型，未考慮圖像畸變帶來的影響。而張正友標定法在標定過程中完成了圖形矯正的工作。因此張正友的標定精度要更高一些。

參考文獻

[1]　田浩.基於機器視覺的距離測量[D].北京：中國　　　農業大學，2013.

第11章

運動圖像處理

前面各章介紹的方法都是針對單個靜止圖像的處理，本章介紹針對運動圖像的處理。所謂運動圖像就是指加入了時間維的多個靜止圖像組成的序列圖像。

11.1 光流法

11.1.1 光流法的基本概念

光流的概念是 Gibson 在 1950 年首先提出來的，它是空間運動物體在觀察成像平面上的像素運動的瞬時速度，是利用圖像序列中像素在時間域上的變化以及相鄰幀之間的相關性來找到上一幀跟當前幀之間存在的對應關係，從而計算出相鄰幀之間物體運動資訊的一種方法。一般而言，光流是由於場景中前景目標本身的移動、相機的運動，或者兩者的共同運動所產生的。這裡包含了運動場和光流場兩個概念。運動場是指物體在三維真實世界中的運動，光流場是運動場在二維圖像平面上的投影。

1981 年，Horn 和 Schunck 創造性地將二維速度場與灰階相聯繫，引入光流約束方程，得到光流計算的基本算法。人們基於不同的理論基礎提出各種光流計算方法，算法性能各有不同。Barron 等人對多種光流計算技術進行了總結，按照理論基礎與數學方法的區別把它們分成四種：基於梯度的方法、基於匹配的方法、基於能量的方法和基於相位的方法。近年來，神經動力學方法也頗受學者重視。

（1）基於梯度的方法

基於梯度的方法又稱為微分法，它是利用序列圖像灰階（或其濾波形式）的時空微分（即時空梯度函數）來計算像素的速度向量。由於計算簡單和較好的結果，該方法得到了廣泛研究和應用。雖然很多基於梯度的光流估計方法取得了較好的光流估計，但由於在計算光流時涉及可調參數的人工選取、可靠性評價因子的選擇困難，以及預處理對光流計算結果的影響，在應用光流對目標進行實時檢測與自動追蹤時仍存在很多問題。

（2）基於匹配的方法

基於匹配的光流計算方法包括基於特徵和區域的兩種方法。基於特徵的方法不斷地對目標主要特徵進行定位和追蹤，對目標大的運動和亮度變化具有魯棒性（robustness）。存在的問題是光流通常很稀疏，而且特徵提取和精確匹配也十分困難。基於區域的方法先對類似的區域進行定位，然後通過相似區域的位移計算光流。這種方法在視頻編碼中得到了廣泛的應用。然而，它計算的光流仍不稠密。另外，這兩種方法估計亞像素精度的光流也有困難，計算量很大。在考慮光流精度和稠密性時，基於匹配的方法適用。

（3）基於能量的方法

基於能量的方法首先要對輸入圖像序列進行時空濾波處理，這是一種時間和空間整合。對於均勻的流場，要獲得正確的速度估計，這種時空整合是非常必要的。然而，這樣做會降低光流估計的空間和時間分辨率，尤其是當時空整合區域包含幾個運動成分（如運動邊緣）時，估計精度將會惡化。此外，基於能量的光流技術還存在高計算負荷的問題。此方法涉及大量的濾波器，目前這些濾波器是主要的計算消費。然而，可以預期，隨着相應硬體的發展，在不久的將來，濾波將不再是一個嚴重的限制因素，所有這些技術都可以在幀速下加以實現。

（4）基於相位的方法

Fleet 和 Jepson 首次從概念上提出了相位資訊用於光流計算的問題。因為速度是根據帶通濾波器輸出的相位特性確定的，所以稱為相位方法。他們根據與帶通速度調諧濾波器輸出中的等相位輪廓相垂直的瞬時運動來定義分速度。帶通濾波器按照尺度、速度和定向來分離輸入信號。

（5）神經動力學方法

機器視覺研究的初衷就是為了模仿人類視覺系統的功能，然而人類理解與識別圖像的能力與電腦形成了巨大的反差。視覺科學家們迫切期望借鑒人類處理圖像的方法，以擺脫困境。對於光流計算來講，如果說前面的基於能量或相位的模型有一定的生物合理性的話，那麼近幾年出現的利用神經網路建立的視覺運動感知的神經動力學模型則是對生物視覺系統功能與結構的更為直接的模擬。盡管用這些神經動力學模型來測量光流還很不成熟，然而這些方法及其結論為進一步研究打下了良好的基礎，是將神經機制引入運動計算方面所做的極有意義的嘗試。

11.1.2 光流法用於目標追蹤的原理

① 對一個連續的視頻幀序列進行處理。

② 針對每一個視頻序列，利用一定的目標檢測方法，檢測可能出現的前景目標。

③ 如果某一幀出現了前景目標，找到其具有代表性的關鍵特徵點（可以隨機產生，也可以利用角點來做特徵點）。

④ 對之後的任意兩個相鄰視頻幀而言，尋找上一幀中出現的關鍵特徵點在當前幀中的最佳位置，從而得到前景目標在當前幀中的位置坐標。

⑤ 如此迭代進行，便可實現目標的追蹤。

在實際應用中，由於遮擋性、多光源、透明性和噪聲等原因，使得光流場基本方程的灰階守恒假設條件不能滿足，不能求解出正確的光流場，同時大多數的光流計算方法相當複雜，計算量巨大，不能滿足實時的要求，因此，一般不被對精度和實時性要求比較高的監控系統等所採用。

11.2 模板匹配

模板就是一幅已知的小圖像，模板匹配就是在一幅大圖像中搜尋作為模版的小圖像。

以灰階圖像為例，模板 $T(M \times N$ 像素) 疊放在被搜索圖 $S(W \times H$ 個像素) 上平移，模板覆蓋被搜索圖的那塊區域叫子圖 $S_{i,j}$、i、j 為子圖左上角在被搜索圖 S 上的坐標。搜索範圍是：$1 \leqslant i \leqslant W-M$，$1 \leqslant j \leqslant H-N$。

通過比較 T 和 $S_{i,j}$ 的相似性，完成模板匹配過程。可以用下列兩種測度之一來衡量模板 T 和子圖 $S_{i,j}$ 的匹配程度。

$$D(i,j) = \sum_{m=1}^{M} \sum_{n=1}^{N} \left[S_{i,j}(m,n) - T(m,n) \right]^2 \qquad (11.1)$$

$$D(i,j) = \sum_{m=1}^{M} \sum_{n=1}^{N} \left| S_{i,j}(m,n) - T(m,n) \right| \qquad (11.2)$$

相對於式(11.1)，式(11.2) 的計算量少一些，匹配速度較快。當計算的 D 值小於設定閾值時，就認為匹配成功。

上述匹配方法僅限於沒有旋轉的情況，如果模板圖像在被匹配的圖像上有方向變化，則需要對每個匹配點進行逐個角度的旋轉計算。例如，如果以 $5°$ 間隔進行旋轉匹配計算，一圈 $360°$ 就需要對每個點進行 72 次的匹配計算，將非常花費時間。

11.3 運動圖像處理實例

11.3.1 羽毛球技戰術實時圖像檢測 [1]

(1) 技術目標及要點

在羽毛球的比賽和訓練現場，為了根據對手情況及時調整技戰術和指導訓練，教練員需要及時準確地掌握現場的技戰術統計數據。本系統要求對羽毛球比賽現場進行實時圖像採集與分析，確定每個回合中羽毛球的技術類型，並對數據進行統計和保存，實現羽毛球比賽臨場戰術統計的智慧化。

為了便於携帶，本系統使用一個攝影頭和一臺手提電腦，通過對二維序列圖像進行分析，來實現上述目的。主要技術要點如下：

① 運動圖像的實時採集和保存。需要能够現場控制採集的帧率（帧/秒），並且能够把採集到的圖像以連續圖像文件或者視頻文件的形式實時地保存到硬碟上。

② 各帧圖像中運動部分的提取。為了對羽毛球和運動員進行分析，首先需要準確檢測出每帧圖像上的運動區域，從而為以後的匹配連接提供基礎。

③ 序列圖像中運動軌迹的連接。通過對序列圖像上運動區域的重心點進行連接，找出運動軌迹線的起止點，保存每個軌迹的數據。

④ 羽毛球運動軌迹識別及分析。通過對每個軌迹進行分析判斷，從眾多的運動軌迹中識別出羽毛球的運動軌迹。

⑤ 各帧圖像中運動員重心的計算。獲取圖像上球場雙方運動員的重心位置，為羽毛球軌迹的球類判斷提供依據。

⑥ 球場區域的識別。判別出採集到圖像上球場的範圍，給出球場區域的參數，作為羽毛球軌迹的球類判別根據。

⑦ 羽毛球軌迹的球類判斷。根據獲得的羽毛球軌迹、運動員重心、球場參數等數據，對羽毛球軌迹進行分析，確定其所屬的球類，如高球、挑球等。

⑧ 技術統計數據的實時顯示。把統計分析的結果比較詳細直觀地實時顯示出來，供教練員和運動員參考。

⑨ 運動軌迹回放。能够回放分析處理過程，直觀明確地顯示出球的運動軌迹。

(2) 視頻圖像採集

圖像採集設備選用的是 Basler A601f CMOS 照相機。該照相機的主要性能

特徵如下：數據輸出端是 IEEE1394 端口，最大分辨率是 659×493 像素，最大採集幀率是 60 幀/s，圖像類型是灰階圖像。採集和處理設備使用的是手提電腦，CPU 為 Pentium 2.4GHz，記憶體容量為 256MB。運動圖像處理開發平臺採用北京現代富博科技有限公司的二維運動圖像測量系統 MIAS，軟體開發工具是微軟的 Visual C++。

　　檢測對象的參數如下：羽毛球長度：$62 \sim 70mm$；羽毛球頂端直徑：$58 \sim 68mm$；羽毛球球拍托面直徑：$25 \sim 28mm$；球場區域：$13.4m \times 6.1m$；球網高度：1.524m。

　　為了能夠拍攝到羽毛球場地的全景圖像，設定照相機與場地的距離為 5m、與地面的高度為 4 公尺、與地面的角度是 45°左右。

　　本系統採用多線程方法來實現採集、分析和保存的並行運行，以充分利用 CPU 資源。採集線程負責將圖像數據採集到記憶體並顯示在顯示器上，分析線程負責對採集線程採集到的圖像進行圖像處理，保存線程負責把採集線程採集到記憶體中的圖像保存到硬碟上。三個線程工作在三種模式下：預覽模式下只有採集線程工作；實時分析模式下採集線程和分析線程同步進行；實時保存模式下採集線程和保存線程同步進行。

　　設定照相機的採樣頻率為 40 幀/秒，對羽毛球比賽進行了實時採樣、分析和保存。為了使用採集保存的視頻圖像進行算法開發與分析，採集保存了數組視頻圖像，視頻保存的平均幀率是 38 幀/秒，如果使用 CPU 配置較高和記憶體容量較大的電腦將會提高保存的速度。

　　（3）場地標定

　　在進行圖像分析處理之前，需要手動選取圖像上羽毛球場地的幾個特徵點，特徵點的選擇如圖 11.1 所示的 8 個箭頭位置，分別是球網的上下 4 個角的位置和球網下方場地的 4 個交叉點的位置。這些位置資訊參數不僅是判斷羽毛球類型的重要依據，同時也是界定處理範圍、排除場外運動物體干擾的重要條件。圖 11.2 是實際場地標定後的圖像。圖 11.2 上的 8 個數位表示點擊獲取的羽毛球場的 8 個特徵點，白色框線表示根據 8 個特徵點計算得到的羽毛球場的範圍。

　　（4）運動目標提取

　　要追蹤識別羽毛球的運動軌迹，首先要從現場複雜的背景中提取出羽毛球目標，並對羽毛球目標進行定位，這是羽毛球軌迹追蹤分析中的重要一環。採用序列圖像中的前後相鄰兩幅圖像相減來提取當前圖像中的運動目標，然後通過設定閾值對差分圖像進行二值化處理。圖 11.3 是連續的幀 1 和幀 2 及其差分後的二值圖像，二值化閾值設定為 5。二值圖像上的白色像素表示檢測出來的羽毛球和運動員的運動部分。

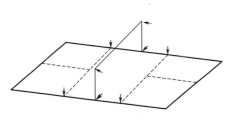

圖 11.1　羽毛球場地特徵點示意圖

圖 11.2　羽毛球場地圖像

  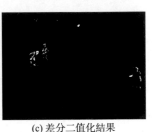

(a) 幀1　　　　　　　　　(b) 幀2　　　　　　　(c) 差分二值化結果

圖 11.3　序列幀及其間差分二值化結果

(5) 軌迹歸類與連接

① 方向數的概念。為了判別羽毛球的飛行方向和類型，引進了方向數的概念。當一個軌迹上的點的坐標在水平方向是增大的時候，定義該軌迹的方向數為「＋」，在該方向上每增加一個軌迹點，方向數增加 1；當一個軌迹上的點的坐標在水平方向是減小的時候，定義該軌迹的方向數為「－」，在該方向上每增加一個軌迹點，方向數減 1；設定軌迹起始的方向數為零，當一個軌迹結束的時候，根據其方向數的正負及大小，即可判斷該軌迹的運行方向和大致長短。

在進行羽毛球類型的分析統計中，需要得到的是雙方運動員各自的統計數據。當判斷出一個軌迹為羽毛球軌迹時，可以通過羽毛球軌迹上結束點處方向數的正負來判斷羽毛球的方向。如果方向數為正，可以斷定羽毛球是從圖像的左邊向右邊運動，從而將該球類數據計入圖像中左邊運動員的數據統計中。如果方向數為負，可以斷定羽毛球是從圖像的右邊向左邊運動，該球類數據應計入圖像中右邊運動員的數據統計中。方向數不僅可以用來判別羽毛球的運動方向，同時，方向數的大小，也是判斷羽毛球軌迹長短的因素之一。

② 目標重心的計算。對於差分後的二值圖像，首先檢測出圖像上每個區域

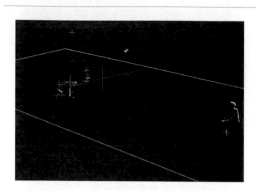

圖 11.4　目標區域重心及球場邊界

的輪廓數據，然後將輪廓像素坐標的平均值作為其重心存入鏈表，用於後續的軌迹匹配使用。

圖 11.4 表示了二值圖像上白色區域重心的計算結果。在球場網線上比較大的「＋」符號表示網線的中心。在左右兩邊運動員之上的兩個較大的「＋」符號分別表示兩邊運動員的重心。每個白色區域塊上的小「＋」表示其各自的重心。運動員的重心是由測量區域中的每個白色區域塊的重心計算得來。為了直觀地看到測量區域的情況，在二值圖像上以白線標示出了測量區域的邊界線。

（6）運動軌迹提取

① 記錄點目標的運動軌迹。假設點目標的運動軌迹為 Tra，記錄 Tra 在每幀圖像上的如下資訊：

- Tra 在當前幀上的點目標 k 的位置 $(cx，cy)$；
- Tra 在當前幀上的點目標 k 與前一幀上的點目標 $k-1$ 的連線與 x 軸之間的夾角 Ang；
- 點目標 k 與 $k-1$ 之間的距離 Len；
- Tra 在當前幀上的方向數 Dir。

② 軌迹匹配連接。以 $Cen_m^i(x, y)$ 表示第 m 幀上的第 i 個白色區域的重心點坐標，將其與第 $m-1$ 幀上的所有白色區域的重心點坐標進行匹配運算。計算出 $Cen_m^i(x, y)$ 與最長軌迹 Tra_{max} 在第 $m-1$ 幀上的點 $Cen_{m-1}^{max}(x, y)$ 的距離 L 和角度 A，如果距離 L 在設定的最小距離 Len_{min} 和最大距離 Len_{max} 之間，角度 A 在設定的最小角度 A_{min} 和最大角度 A_{max} 之間，那麼點 $Cen_m^i(x, y)$ 為最長軌迹 Tra_{max} 上的點，將該點的資訊記入最長軌迹之中，改寫相應的方向數 Dir。如果點 $Cen_m^i(x, y)$ 不能與最長軌迹進行匹配，那麼將該點與第 $m-1$ 幀上的其他軌迹點進行匹配，並將該點的資訊記入與其匹配的軌迹的鏈表之中。如果點 $Cen_m^i(x, y)$ 與第 $m-1$ 幀上的所有軌迹點都不能匹配，那麼將該點作為一個新軌迹的起始點，並將該點的資訊記入一個新的軌迹鏈表之中。

在進行軌迹匹配的過程中，可能出現同一幀上的多個點與同一軌迹滿足匹配條件的情況，這時選擇距離最近的點目標進行連接。如果當第 m 幀上的所有區域的重心點都不能與第 $m-1$ 幀上的點進行連接時，開始分析 m 幀以前所生成

的軌迹中的最長軌迹，判斷其是否是羽毛球的軌迹。

　　圖 11.5 顯示了單幀圖像上重心的分佈情況和多幀重心累加後的圖像。在單幀圖像上判斷羽毛球的重心是困難的，但是將連續圖像序列上重心點叠加之後可以準確地區分出羽毛球的運動軌迹。圖像序列中各個運動區域的運動軌迹是不同的，如運動員和球拍的運動軌迹與羽毛球的運動軌迹在軌迹的長度、拱形度、軌迹上點與點之間的距離、方向數等方面有着明顯的區別。這些軌迹特徵都是從軌迹群中提取羽毛球運動軌迹的重要依據。

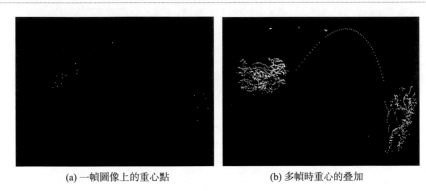

(a) 一幀圖像上的重心點　　　　　　(b) 多幀時重心的叠加

圖 11.5　物體的重心分佈

（7）羽毛球軌迹提取

　　以 $Tra_{\max}$ 表示軌迹群中最長的軌迹記錄，以 λ_1，λ_2，…，λ_m 表示評價一個軌迹是否是羽毛球運動軌迹的全部屬性。這些屬性包括軌迹的長度、軌迹的拱形角度、軌迹的方向數、軌迹上點的個數等。最大軌迹為羽毛球運動軌迹的可信度 $\Omega(Tra_{\max})$ 由下式定義：

$$\Omega(Tra_{\max}) = \sum_i^m \Omega_i(\lambda_i) \tag{11.3}$$

　　如果可信度大於設定的閾值，則認為該軌迹是羽毛球的運動軌迹，進一步分析羽毛球的類型。判斷出羽毛球的軌迹和類型後，消除所有軌迹數據，重新進行追蹤測量。如果軌迹 $Tra_{\max}$ 不是羽毛球的運動軌迹，則保留所有軌迹數據，繼續進行下一幀的連接判斷。當在設定的幀數範圍內沒有檢測出羽毛球軌迹時，清除所有軌迹數據，重新開始追蹤測量。

　　在拍攝羽毛球比賽的圖像時，會出現如下情況：羽毛球被擊打後飛出了照相機的視野範圍，片刻以後又落入了照相機的視野範圍。這時，需要判斷出羽毛球飛出和回落後的運動軌迹是否是同一個軌迹。採用距離來判斷其是否是同一軌迹，當飛出軌迹的終點與回落軌迹的起點之間的距離（間隔幀數）在設定範圍內

時，視為同一軌迹，否則視為不同軌迹。

　　圖 11.6 顯示的是從軌迹群中提取出的羽毛球的運動軌迹。圖 11.6(a) 顯示的是完全在照相機的視野之內的羽毛球運動軌迹。圖 11.6(b) 顯示的是羽毛球飛出照相機視野，然後回落入照相機視野之內的羽毛球運動軌迹。

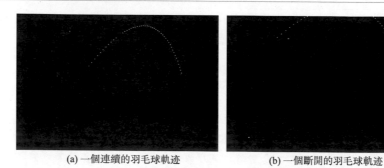

(a) 一個連續的羽毛球軌迹　　　　　　　(b) 一個斷開的羽毛球軌迹

圖 11.6　羽毛球軌迹結果

(8) 羽毛球類型判斷

　　在提取出羽毛球的運動軌迹之後，根據羽毛球球類的定義，來判斷所得到的羽毛球軌迹屬於羽毛球技術類型裡的哪一類。根據羽毛球球類的定義，判斷的羽毛球類型有高球、殺球、吊球、擋球等，判斷的主要依據是球類定義中的技術參數。這些參數包括：羽毛球軌迹的起始點、終止點與球場的相對位置，羽毛球的飛行角度，羽毛球的飛行速度，羽毛球軌迹與運動員的位置，羽毛球軌迹與球網的距離等。

　　根據球類定義中羽毛球的軌迹特點以及羽毛球軌迹與球場的相對位置關係，對使用上述方法提取出的羽毛球運動軌迹進行分析，獲得羽毛球技術類型的統計結果。對選用的四組總幀數接近 10000 幀的視頻序列圖像進行分析處理，把所獲得的統計結果與人工判斷的結果進行了比較，比較結果如表 11.1 所示。第 I 組共 394 幀，第 II 組共 1204 幀，第 III 組共 3108 幀，第 IV 組共 6020 幀。結果顯示，球類判斷的準確率接近 100％。只有第 4 組的挑球出現了一次漏判，出現漏判的原因是該球在照相機視野之內的運動軌迹太短，造成羽毛球的軌迹不是軌迹群中最長的軌迹而被忽略了。

表 11.1　球類的統計結果　　　　　　　　　　　　　　　個

組別	高球		挑球		殺球		擋球		吊球		抽球	
	算法	人工	算法	人工	算法	人工	算法	人工	算法	人工	算法	人工
I			2	2	2	2			1	1	1	1

組別	高球		挑球		殺球		擋球		吊球		抽球	
	算法	人工	算法	人工	算法	人工	算法	人工	算法	人工	算法	人工
Ⅱ	2	2	9	9	3	3	1	1	6	6	1	1
Ⅲ	9	9	9	9	2	2	3	3	8	8	20	20
Ⅳ	6	6	28	29	16	16	6	6	13	13	4	4

11.3.2 蜜蜂舞蹈行為分析[2]

(1) 技術目標及要點

研究表明，蜜蜂搖擺舞的時間長短與蜜源的距離有關，蜜蜂搖擺舞角度與蜜源方向有關。目前研究人員一般是通過手動標記的方法來獲得蜜蜂搖擺舞數據，也有通過圖像追蹤方法來來獲取數據的案例。傳統圖像追蹤的方式，一般是給觀測目標塗上發光材料，輔以光源對發光點進行圖像追蹤測量，這種方法用在微小的蜜蜂身上無疑是件不太容易的事情，而且會影響蜜蜂的行為。

本系統旨在對未標記的多目標蜜蜂進行圖像追蹤與檢測，通過對其運動軌迹進行統計分析，確定蜜蜂搖擺舞的區間，從而獲得蜜蜂搖擺時間和搖擺角度等資訊，為解析蜜蜂搖擺舞所傳遞的資訊提供原始數據。技術要點如下：

① 追蹤目標的選定方法；

② 目標的無標識圖像追蹤方法；

③ 蜜蜂搖擺舞的判斷方法；

④ 蜜蜂搖擺舞時間的計算方法；

⑤ 蜜蜂搖擺舞方向的計算方法。

(2) 試驗裝置及視頻圖像採集

圖 11.7 是本系統的實驗裝置示意圖。實驗用視頻由數位照相機拍攝，圖像的分辨率為 640×480 像素，幀率為 30 幀/秒，視頻以 AVI 格式保存。蜜蜂在竪直平面上爬行，照相機鏡頭光軸垂直於竪直平面進行拍攝。圖像處理採用的 PC 機配置 Pentium(R) Dual-Core 處理器，主頻為 2.6GHz，記憶體為 2.00GB。利用 Microsoft Visual Studio 2010 進行了算法開發。

(3) 蜜蜂運行軌迹追蹤

① 目標蜜蜂的選定。圖像的左上角為原點，水平向右為橫坐標 x 的正方向，垂直向下為縱坐標 y 的正方向。在視頻的首幀上，通過滑鼠手動點擊目標蜜蜂的頭部點 P_s 與尾部點 P_e，將這兩點連線 P_sP_e 的長度記為 d，並以 d 的 1.5 倍為邊長設定蜜蜂的正方形處理區域。掃描 P_sP_e 上各點，查找離點 P_s 最近且

2R-B 值最大的點（R 和 B 分別為目標像素的紅色和藍色分量），定義該點為蜜蜂目標點 P（圖上「＋」位置）。

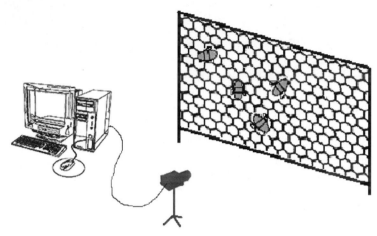

圖 11.7　蜜蜂舞蹈行為分析試驗裝置

　　圖 11.8 為處理視頻的初始幀圖像，從圖中可以看出，蜂巢背景顏色與蜜蜂顏色十分接近。圖 11.9 是 2R-B 灰階圖像，蜜蜂目標被增強了。

圖 11.8　蜂巢原圖像

圖 11.9　2R-B 灰階圖像

　　圖 11.10 為圖 11.9 中矩形框內目標蜜蜂上直線的線剖圖。盡管目標物與背景亮度值無特定規律波動，但整體來說是背景的亮度值小於目標的亮度值，且亮度值最大處 A 一定在目標蜜蜂上，所以將離蜜蜂頭部最近且亮度值最大的點作為蜜蜂目標點 P 是有效的。

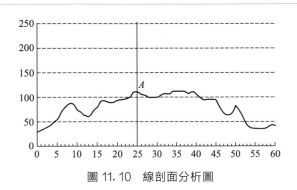

圖 11.10　線剖面分析圖

　　② 目標點追蹤。從第 2 幀圖像開始，通過與前幀圖像的模板匹配，實現目標點的追蹤檢測。以前幀上目標點為中心點，建立 9×9 像素區域的模板。對當前幀進行模板匹配，將匹配區域稱為子圖 $P(n)$ （n 為子圖序號，$0 \leqslant n \leqslant 8$）。具體步驟如下。

　　a. 建立模板。以前一幀上目標點 P 為中心，以圖 11.11 所示的螺旋方式，順時針方向依次讀取其自身及周圍 80 個像素的 R、B 分量值，並分別存放至數組 $R[k]$、$B[k]$ （$0 \leqslant k \leqslant 80$）中。對 $R[]$、$B[]$ 中的值進行如下排序：找到最外層（即 $49 \leqslant k \leqslant 80$，共 32 個點）中 R 分量的最大值，並以該像素為起點，其前一像素為終點，重新按順序排列像素。將新排列像素的 R、B 分量值分別依次存入數組 $SR[]$、$SB[]$ 中，作為匹配用的模板。

　　b. 在當前幀上進行模板匹配。如圖 11.12 所示，0 表示模板目標點 P 在當前幀上的對應位置。在當前幀上，將模板中心依次置於 0～8，獲得相應的子圖 $P(n)$，用步驟 a 的方法得到子圖 $P(n)$ 各像素的 R、B 分量值數組 $R'[]$、$B'[]$，以及重排後的數組 $SR'[]$、$SB'[]$。用式(11.4) 計算每個子圖的匹配度 DF。該值越小說明匹配程度越高。

$$DF = \sum_{k=0}^{80} |SR[k] - SR'[k]| + \sum_{k=0}^{80} |SB[k] - SB'[k]| \qquad (11.4)$$

　　找到匹配度最高也就是 DF 最小（DF_m）的位置 N。若 $N=0$，則停止查找，點 0 即為準目標點，並記錄該子圖和模板的匹配度為 DF_m。若 N 不等於 0，則將模板中心移至點 N 處，以此點為模板中心新的初始位置 0，繼續查找準目標點。

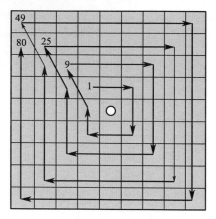

圖 11.11　像素讀取順序

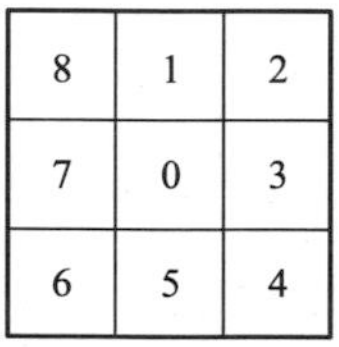

8	1	2
7	0	3
6	5	4

圖 11.12　模板移動順序

c. 確定目標點。若式(11.5) 成立，則認為該準目標點為所追蹤的目標點；否則，認為準目標點不是所追蹤的目標點，需進行下一步的目標查找。

$$DF_{min} < 5AR \tag{11.5}$$

其中，AR 為模板面積，即 $AR = 81$。

d. 目標查找。重復步驟 b 和 c，直到在處理區域內找到滿足式(11.5) 的點或者區域內 DF 最小的點作為目標點。

在目標點追蹤過程中，每幀中目標點的位置都被記錄下來，將目標點的橫、縱坐標分別依次存入數組 $X[\ ]$、$Y[\ ]$ 中。

圖 11.13 表示了模板顏色特徵參數 $R[\ ]$、$B[\ ]$、$SR[\ ]$、$SB[\ ]$ 的一組實例。圖 11.13(a)、(b) 表示原模板各像素的 R 分量數組 $R[\ ]$、B 分量數組 $B[\ ]$，圖中 b 點表示模板最外層（即 $49 \leqslant k \leqslant 80$，共 32 個點）$R$ 分量最大的點，點 a 和 c 分別為原模板的起點與終點。圖 11.13(c)、(d) 表示重排後模板各像素的 R 分量數組 $SR[\ ]$、B 分量數組 $SB[\ ]$，如圖所示，以點 b 為起點按順序重排模板，點 a 拼接在點 c 後面。

本系統以模板最外層中 R 分量的最大值點為起點重新排序模板像素，之後進行一次匹配運算，起到了傳統方法中多次旋轉模板、進行匹配計算的效果，減少了模板旋轉和匹配的計算量，不僅大大縮短了處理時間，而且匹配結果精準。

圖 11.14 為圖 11.8 上目標蜜蜂（虛線方框內）在第 2 幀、第 31 幀、第 56 幀、第 125 幀的追蹤結果圖像。結果表明，上述方法可準確地追蹤目標蜜蜂的運動軌迹。

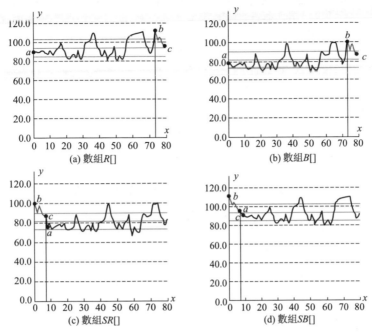

圖 11. 13　模板顏色參數波形圖

x 軸—像素序號；y 軸—像素值

圖 11. 14　目標蜜蜂追蹤結果圖像

（4）蜜蜂舞蹈判斷

　　如圖 11.15 所示，蜜蜂搖擺舞的運動軌跡是 8 字形，點 F 為搖擺起始點，點 E 為搖擺終止點，FE 方向為蜜蜂搖擺舞爬行直線方向，簡稱爬行方向，FE 的垂直方向為搖擺方向，搖擺方向的坐標拐點稱為搖擺特徵點。蜜蜂在一個地點附近反復做幾次同樣的搖擺舞。

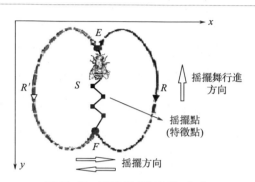

圖 11.15　蜜蜂搖擺舞運行方式

　　將上述蜜蜂目標點在各幀上的 x、y 坐標與其在首幀上的 x、y 坐標之差的絕對值，分別依次存入數組 $D_x[]$ 和 $D_y[]$ 中，即數組 $D_x[]$ 和 $D_y[]$ 分別為蜜蜂運動軌跡上各點與起始點在 x 和 y 方向上的距離。圖 11.16(a)、(b) 分別為數組 $D_x[]$、$D_y[]$ 的波形示意圖，橫坐標表示幀號，縱坐標表示距離值（像素數）。通過分析數組 $D_x[]$ 和 $D_y[]$ 的波形，判斷出蜜蜂搖擺舞區間，從而獲得蜜蜂搖擺時間以及搖擺角度等資訊。

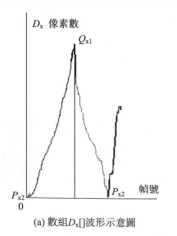

(a) 數組$D_x[]$波形示意圖

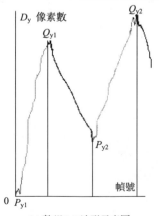

(b) 數組$D_y[]$波形示意圖

圖 11.16　數組 D_x、　D_y 波形示意圖

以 $D_x[\ ]$ 為例，分析過程如下。

設數組 $D_x[\ ]$ 的大小為 M，設定波峰點位置 I_t、波峰值 t、波谷點位置 I_b、波谷值 b 的初值均為 0。

從起始處對數組 $D_x[\ ]$ 進行掃描，比較 $D_x[k]$（$1 \leqslant k \leqslant M$）與 $D_x[k-1]$ 的大小，直至掃描完整個數組。

① 查找波峰。若當前點滿足 $D_x[k] > D_x[k-1]$，則比較 $D_x[k]$ 與 t 的大小，如果 $D_x[k] > t$，則記錄 $I_t = k$，$t = D_x[k]$。

否則，利用式(11.6)進行判斷，若滿足條件，則將當前的 I_t 作為波峰位置，當前的 t 作為波峰值，並令 $b = t$。之後進行步驟②所示的波谷查找，否則繼續重復此步驟直至找到波峰。

$$t - D_x[k] > D \text{ 且 } t - b > D \tag{11.6}$$

式中，$D = d/5.0$，d 為蜜蜂的長度。

② 查找波谷。若當前點滿足 $D_x[k] < D_x[k-1]$，則比較 $D_x[k]$ 與 b 的大小，若 $D_x[k] < b$，則記錄 $I_b = k$，$b = D_x[k]$。

否則，利用式(11.7)進行判斷，若滿足條件，則將當前的 I_b 作為波谷位置，當前的 b 作為波谷值，並令 $t = b$。之後進行步驟①波峰查找，否則繼續重復此步驟直至找到波谷。

$$D_x[k] - b > D \text{ 且 } t - b > D \tag{11.7}$$

當完成對 D_x 的掃描後，數組中各個波峰、波谷點位置均被找到。如圖 11.16 (a) 中所示，確定了 D_x 中的波谷為 P_{x1}、P_{x2}，波峰為 Q_{x1}。

之後，判斷各個區間（相鄰波峰與波谷之間的區域）的爬行方向。記區間的起點（左端）為 I_s，終點（右端）為 I_e。若 $X[I_e] > X[I_s]$，則將此區間方向歸為向右；反之，將其歸為向左。據此，$P_{x1}Q_{x1}$ 區間被歸為向右，$Q_{x1}P_{x2}$ 區間被歸為向左。

對區間內的各點 k 分別與其相鄰點的 y 坐標值進行比較，若其滿足式(11.8) 或式(11.9)，則將 k 視為具有搖擺特徵的點（坐標的拐點），及搖擺特徵點（見圖 11.15），記錄其個數 N（定義為搖擺特徵數）。N 值越大，說明搖擺特徵越明顯。

$$Y[k] < Y[k+1], Y[k] < Y[k-1] \tag{11.8}$$
$$Y[k] > Y[k+1], Y[k] > Y[k-1] \tag{11.9}$$

其中，$I_s \leqslant k < I_e$。

據此，獲得向右區間 $P_{x1}Q_{x1}$ 的特徵參數 N_{R1}，向左區間 $Q_{x1}P_{x2}$ 的特徵參數 N_{L1}。

同理，對數組 $D_y[\ ]$ 進行分析，如圖 11.16(b) 所示，確定數組 $D_y[\ ]$ 的波谷 P_{y1}、P_{y2} 和波峰 Q_{y1}、Q_{y2}，得到向上區間 $P_{y1}Q_{y1}$、$P_{y2}Q_{y2}$ 的特徵參數分別 N_{U1}、N_{U2} 和向下區間 $Q_{y1}P_{y2}$ 的特徵參數為 N_{D1}。

計算向上、向下、向左、向右各區間的搖擺特徵參數的平均值 N_U、N_D、N_L、N_R，找出其中的最大值，其方向即為蜜蜂搖擺舞爬行方向，搖擺方向為爬行方向的垂直方向。

如果搖擺特徵參數大於 20，則認為該段是搖擺區間；否則，視為非搖擺區間。對於搖擺區間，設起始幀和終止幀分別為 DS_s 和 DS_e。

搖擺時間 T 可以由式(11.10) 求得。

$$T=(DS_e-DS_s)/R_f \tag{11.10}$$

式中，R_f 表示視頻文件或實時採集的幀率。

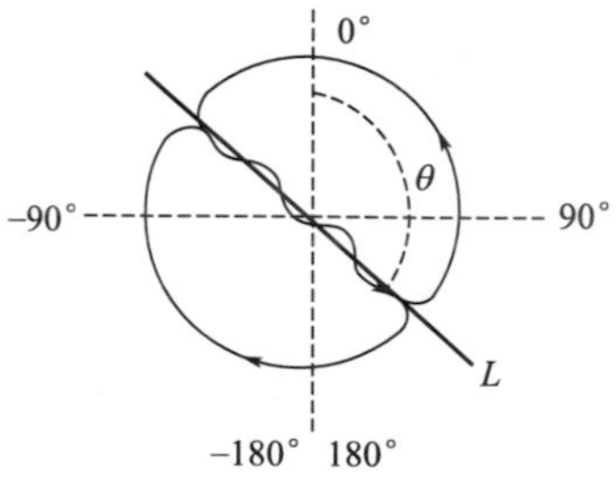

搖擺角度由下述方法求得。分別計算搖擺區間內各點的橫坐標和縱坐標的平均值 X_a 和 Y_a，以點 (X_a, Y_a) 為已知點，採用過已知點 Hough 變換對搖擺區間中的點進行直線擬合，得到的直線記為 L。定義蜜蜂爬行方向為 L 的方向，直線 L 與垂直向上方向之間的夾角為搖擺角度，並規定順時針由垂直向上至豎直向下為 $0\sim$

圖 11.17　搖擺角度

$180°$，逆時針由垂直向上至豎直向下為 $0\sim-180°$，如圖 11.17 所示，θ 為搖擺角度。

對於多次搖擺的蜜蜂，計算每次的搖擺時間和角度，並求得其平均值作為最終參數。

一次可以同時選擇多個目標，分別進行上述處理，實現對多目標蜜蜂運動軌跡的追蹤與分析。

圖 11.18 為圖 11.8 上目標蜜蜂的各幀與初始幀距離 $D_y[\ ]$ 和 $D_x[\ ]$ 的波形圖，橫坐標 x 表示幀號，縱坐標 y 表示各幀上目標點到初始幀目標點的距離（像素數）。

圖 11.18（a）檢測出了 $P_{y1}Q_{y1}$、$P_{y2}Q_{y2}$、$P_{y3}Q_{y3}$、$P_{y4}Q_{y4}$、$P_{y5}Q_{y5}$、$P_{y6}Q_{y6}$ 等 6 個向上區間和 $Q_{y1}P_{y2}$、$Q_{y2}P_{y3}$、$Q_{y3}P_{y4}$、$Q_{y4}P_{y5}$、$Q_{y5}P_{y6}$、$Q_{y6}P_{y7}$ 等 6 個向下區間。圖 11.18(b) 檢測出了 $P_{x1}Q_{x1}$、$P_{x2}Q_{x2}$、$P_{x3}Q_{x3}$、$P_{x4}Q_{x4}$、$P_{x5}Q_{x5}$、$P_{x6}Q_{x6}$ 等 6 個向左區間和 $Q_{x1}P_{x2}$、$Q_{x2}P_{x3}$、$Q_{x3}P_{x4}$、$Q_{x4}P_{x5}$、$Q_{x5}P_{x6}$ 等 5 個向右區間。可以看出，本算法很好地檢測出了距離變化曲線的波峰和波谷。

從圖 11.18 可以判斷蜜蜂的運動方向。例如，$P_{y1}Q_{y1}$ 表示蜜蜂在 y 方向上離開初始位置，$Q_{y1}P_{y2}$ 表示返回初始位置。蜜蜂是否跳舞，需要通過檢測與運行方向相垂直方向上的搖擺特徵數來判斷，也就是說判斷蜜蜂在 y 方向的

$P_{y1}Q_{y1}$ 和 $Q_{y1}P_{y2}$ 區間是否跳舞，需要用與此垂直的 x 方向的搖擺特徵數來判斷。圖 11.19 表示了在 $P_{y1}Q_{y1}$ 區間蜜蜂 x 坐標的變化曲線，橫坐標表示幀號，縱坐標表示目標蜜蜂在圖像上的 x 坐標。可以看出搖擺特徵數（曲線轉折點）為 32。同理，其他離開起始點（向上）方向區間 $P_{y2}Q_{y2}$、$P_{y3}Q_{y3}$、$P_{y4}Q_{y4}$、$P_{y5}Q_{y5}$、$P_{y6}Q_{y6}$ 的搖擺特徵數分別為 28、26、30、19、12，6 個特徵數的平均值為 25，即向上方向的搖擺特徵數 N_U 為 25。

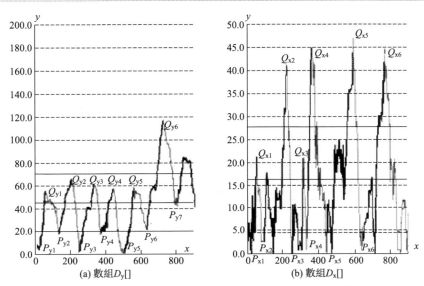

(a) 數組 $D_y[]$ (b) 數組 $D_x[]$

圖 11.18　圖 11.8 目標蜜蜂的各幀與初始幀距離變化曲線
x 軸—幀號；y 軸—距離（像素數）

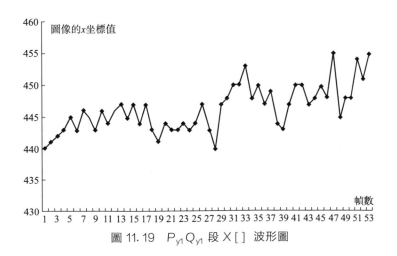

圖 11.19　$P_{y1}Q_{y1}$ 段 X[] 波形圖

同理，測得向下區間 $Q_{y1}P_{y2}$、$Q_{y2}P_{y3}$、$Q_{y3}P_{y4}$、$Q_{y4}P_{y5}$、$Q_{y5}P_{y6}$、$Q_{y6}P_{y7}$ 的搖擺特徵數數分別為 10、15、2、10、8、20，最終的搖擺特徵數 N_D 為其平均數 11。

對於圖 11.18(b)，測得其向左和向右搖擺特徵數分別為 $N_L = 15$ 和 $N_R = 6$。

N_U、N_D、N_L、N_R 中最大的是 $N_U = 25$，表明該蜜蜂是在 y 方向爬行跳舞，在 y 方向上有 $P_{y1}Q_{y1}$、$P_{y2}Q_{y2}$、$P_{y3}Q_{y3}$、$P_{y4}Q_{y4}$ 等 4 個區間的搖擺特徵數大於閾值 20，所以這四個區間為蜜蜂搖擺舞區間。具體的爬行角度由對軌迹坐標的 Hough 變換來獲得。

圖 11.20 表示了對 5 個目標蜜蜂同時進行追蹤分析的結果圖像，總共處理了 1000 幀圖像。5 個目標蜜蜂的行為都被正確地追蹤和解析了，只有圖 11.8 所示的目標蜜蜂（圖 11.20 最右側的軌迹）有搖擺舞行為，其搖擺舞軌迹的顏色不同於爬行軌迹的顏色。

圖 11.20　目標蜜蜂的運動軌迹及搖擺舞資訊

參考文獻

[1] Bingqi Chen, Zhiqiang Wang: A Statistical Method for Technical Data of a Badminton Match based on 2D Seriate Images［J］. Tsinghua Science and Technology.2007,12 (5): 594- 601.

[2] 明曉嬙.蜜蜂搖擺舞的無標識圖像追蹤與分析方法研究 [D].北京：中國農業大學，2013.

第12章

傅裏葉變換 [1]

12.1 頻率的世界

　　本章的主題與到目前為止所介紹的圖像處理方法和視點完全不同。前面介紹了許多圖像處理方法，無論哪一種都是在視覺上容易理解的方法。這是因為那些是利用了圖像的視覺性質。然而，所謂的頻率（frequency）聽起來似乎想要使用與圖像無關的概念來處理圖像。

　　説起頻率會聯想到普通的聲音的世界。因此，讓我們把圖像的頻率用聲音來類推説明。通過圖 12.1 可清楚地看出圖像的低頻（low frequencies）代表大致部分，即總體灰階的平滑區域。圖像的高頻（high frequencies）代表細微部分，即邊緣和噪聲。那麼，用頻率來處理是為了達到什麼目標呢？讓我們還是用聲音作比較來説明吧。聲音的頻率處理應該是我們平常經歷過的，例如，通過立體聲音響設備附帶的音調控制器，把 TREBLE（高音）調低的話將發出很悶的聲音，相反把BASS（低音）調低的話將發出尖利的聲音。圖像也是同樣的，可以進行頻率處理。圖 12.2 為處理實例，去掉高頻成分的話，細微部分就消失了，從而圖像變得模糊不清。相反，如果去掉低頻成分，大致部分就不見了，僅留下邊緣。

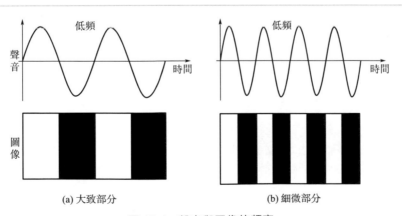

(a) 大致部分　　　　　　　　　　　(b) 細微部分

圖 12.1　聲音與圖像的頻率

(a) 原始圖像

(b) 去掉高頻

(c) 去掉低頻

圖 12.2　基於頻率的處理實例

　　用頻率來處理圖像，首先需要把圖像變換到頻率的世界（頻率域 frequency domain）。這種變換需要使用傅立葉變換（Fourier transform）來完成。傅立葉變換在數學上可是一門專門學科，而且僅頻率處理就可稱得上一個研究領域。

　　本書的宗旨是淺顯易懂地進行解說，盡量以簡單的方式對這些複雜的內容進行說明。首先介紹把一維信號變換到頻率域，接着說明像圖像那樣的二維信號的頻率變換。

12.2　頻率變換

　　頻率變換的基礎是任意波形能够表現為單純的正弦波的和。例如，圖 12.3 (a) 所示的波形能够分解成圖 12.3(b)～(e) 所示的四個具有不同頻率的正弦波。

　　以圖 12.3(d) 所示的波形為例，看圖 12.4，如果用虛線表示大小為 1 通過原點的基本正弦波，實線波能够由幅度（magnitude 或 amplitude）A 與相位

（phase）ϕ 確定。從而圖 12.3(b)～(e) 的四個波形可畫成水平軸為頻率 f、垂直軸為幅度 A 的圖形，以及水平軸為頻率 f、垂直軸為相位 ϕ 的圖形，如圖 12.5 所示。這種反映頻率與幅度、相位之間關係的圖形稱為傅立葉頻譜（Fourier spectrum）。這樣，便把圖 12.3(a) 的波形變換到圖 12.5 的頻率域中了。

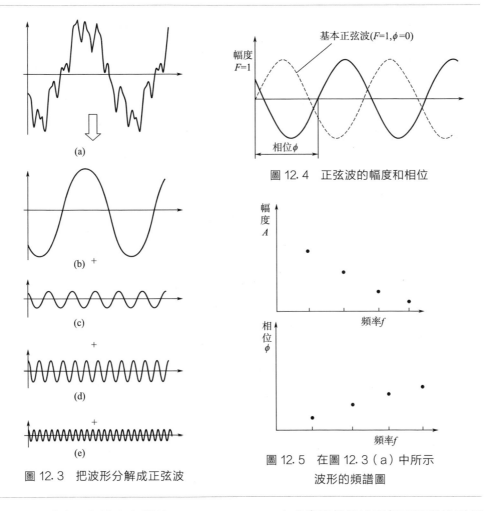

圖 12.4　正弦波的幅度和相位

圖 12.3　把波形分解成正弦波

圖 12.5　在圖 12.3（a）中所示波形的頻譜圖

可以看出，無論在空間域（spatial domain）中多麼複雜的波形都可以變換到頻率域（frequency domain）中。一般在頻率域中也是連續的形式，如圖 12.6 所示。

用公式表示為：

$$f(t) \xrightleftharpoons[\text{逆傅立葉變換}]{\text{傅立葉變換}} A(f), \phi(f) \tag{12.1}$$

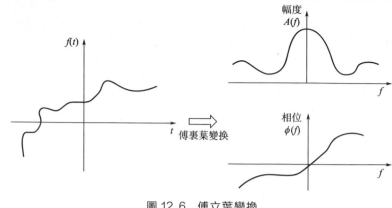

圖 12.6 傅立葉變換

這種變換被稱為傅立葉變換 (Fourier transform)，它屬於正交變換的 (or-thogonal transformation) 一種。

一般在傅立葉變換中為了同時表示幅度 A 和相位 ϕ，可採用復數 (complex number) 形式。復數是由實數部 a 和虛數部 b 兩部分的組合表示的數，即用如下公式表示：

$$a+jb \qquad 其中(j=\sqrt{-1}) \tag{12.2}$$

採用這個公式就能够把幅度和相位這兩個概念用一個復數來處理了。從而，式 (12.1) 的傅立葉變換可以使用復函數 $F(f)$ 或者 $F(\omega)$ 表示為：

$$f(t)\underset{逆傅立葉變換}{\overset{傅立葉變換}{\rightleftharpoons}}F(f)或者 F(\omega) \tag{12.3}$$

從 $f(t)$ 導出 $F(f)$ 或者 $F(\omega)$ 的過程比較複雜，在此不做介紹，其結果如式(12.4) 所示：

$$F(f)=\int_{-\infty}^{\infty}f(t)e^{-j2\pi ft}\,\mathrm{d}t \qquad 傅立葉變換$$

$$f(t)=\int_{-\infty}^{\infty}F(f)e^{j2\pi fx}\,\mathrm{d}x \qquad 逆傅立葉變換$$

$$\tag{12.4}$$

$$F(\omega)=\int_{-\infty}^{\infty}f(t)e^{-j\omega t}\,\mathrm{d}t \qquad 傅立葉變換$$

或者

$$f(t)=\int_{-\infty}^{\infty}F(\omega)e^{j\omega t}\,\mathrm{d}t \qquad 逆傅立葉變換$$

其中，角頻率 $\omega=2\pi f$。這就是所有頻率處理都要用到的非常重要的基礎公式。本書的目的是用電腦來處理數位圖像，並不深入探討這個看上去難解的公式。電腦領域與數學領域的不同在於如下兩點：一點是到目前為止，所涉及的信號 $f(t)$ 為如圖 12.7(a) 所示的連續信號 (模擬信號)，而電腦領域所處理的信號是如圖 12.7(b) 所示的經採樣後的數位信號，另一點是數學上考慮無窮大是

通用的，但是電腦必須進行有限次的運算。考慮了上述限制的傅立葉變換被稱為離散傅立葉變換（discrete Fourier transform，DFT）。

12.3 　離散傅立葉變換

離散傅立葉變換（DFT）可以通過把式(12.4)的傅立葉變換變為離散值來導出。現假定輸入信號為 $x(0)$、$x(1)$、$x(2)$、…、$x(N-1)$ 等共 N 個離散值，那麼變換到頻率域的結果（復數）如

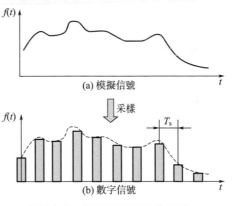

圖 12.7　模擬信號與數位信號

圖 12.8 所示也是 N 個離散值 $X(0)$、$X(1)$、$X(2)$、…、$X(N-1)$。

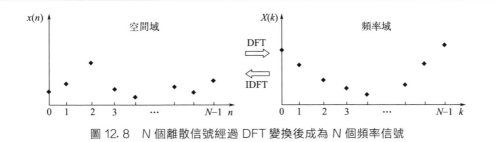

圖 12.8　N 個離散信號經過 DFT 變換後成為 N 個頻率信號

其關係式如下所示：

$$X(k) = \frac{1}{\sqrt{N}} \sum_{n=0}^{N-1} x(n) W^{kn} \quad \text{DFT}$$

$$x(n) = \frac{1}{\sqrt{N}} \sum_{k=0}^{N-1} X(k) W^{-kn} \quad \text{IDFT}$$

$$(12.5)$$

其中，$k = 0, 1, 2, \cdots, N-1$；$n = 0, 1, 2, \cdots, N-1$；$W = \mathrm{e}^{-j\frac{2\pi}{N}}$；IDFT 為逆離散傅立葉變換（Inverse Discrete Fourier Transform）。這就是 DFT 的基本運算公式。積分運算被求和運算所代替，W 被稱為旋轉算子。

在復數領域有歐拉公式，如圖 12.9 和式(12.6) 所示。

$$e^{jt} = \cos t + j \sin t \quad (12.6)$$

旋轉算子可以用歐拉公式置換如下：

$$W^{kn} = e^{-j\frac{2\pi}{N}kn} = \cos\left(\frac{2\pi}{N}kn\right) - j\sin\left(\frac{2\pi}{N}kn\right) \tag{12.7}$$

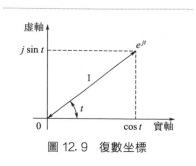

圖 12.9　復數坐標

把式(12.7) 代入式(12.5)，就只有三角函數和求和運算，從而能够用電腦進行計算，但是其計算量相當大。因此人們提出了快速傅立葉變換（Fast Fourier Transform，FFT）的算法，當數據是 2 的正整數次方時，可以節省相當大的計算量。

在進行快速傅立葉變換時，需要把實際信號作為實數部輸入，輸出是復數的實數部（用 a_rl 表示）和虛數部（用 a_im 表示）。如果想要瞭解幅度特性 A （Amplitude Characteristic）和相位特性 ϕ （Phase Characteristic），可進行如下變換：

$$A = \sqrt{a\_rl^2 + a\_im^2}$$
$$\phi = \tan^{-1}\left(\frac{a\_im}{a\_rl}\right) \tag{12.8}$$

這樣所得到的頻率上的 N 個數列都是什麼頻率分量？參見圖 12.10，實際上，最左邊為直流分量，最右邊為採樣頻率分量。另外，還有一個突出的特點就是以採樣頻率的 1/2 處的點為中心，幅度特性左右對稱，相位特性中心點對稱。這說明瞭什麼呢？

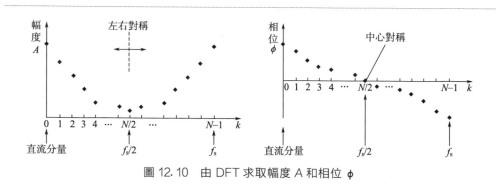

圖 12.10　由 DFT 求取幅度 A 和相位 ϕ

首先讓我們瞭解一下採樣頻率（sampling frequency）和採樣定理（sampling theorem）的概念。參見圖 12.7，由某時間間隔 T 對模擬圖像進行採樣後得到數位圖像，這時稱 $1/T$（Hz）為採樣頻率。根據採樣定理，數位信號最多只能表示採樣頻率的 1/2 頻率的模擬信號。例如，CD 採用 44.1kHz 採樣頻率，理論上只能表示 0～22.05kHz 的聲音信號。因此，當採樣頻率為 f_s 時，模擬信號

用數位信號置換的含義實質上就是只具有 $0 \sim f_{\mathrm{s}}/2$ 之間的值。

12.4 圖像的二維傅立葉變換

從這節開始才進入正題。到目前為止所介紹的所有信號都是一維信號，而由於圖像是平面的，所以它是二維信號，具有水平和垂直兩個方向上的頻率。另外，在圖像的頻譜中常常把頻率平面的中心作為直流分量。

圖 12.11 是當水平頻率為 u、垂直頻率為 v 時與實際圖像對應的情形。另外，同樣二維頻譜的幅度特性是以幅度 A 軸為中心的對稱、相位特性是以原點為中心的點對稱。

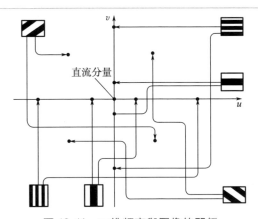

直流分量

圖 12.11 二維頻率與圖像的關係

那麼，二維頻率如何進行計算呢？比較簡單的方法是分別進行水平方向的一維 FFT 和垂直方向的一維 FFT 即可實現，如圖 12.12 所示的處理框圖。

FFT 轉置 FFT 轉置

圖 12.12 二維 FFT 的處理框圖

把幅度特性作為灰階值來圖像化，結果如圖 12.13 所示。圖 12.13(a) 與圖 12.13(b) 比較可見，細節少的圖像上低頻較多，而細節多的圖像上高頻較多。

(a) 細節少的圖像　　　　　　　　　　(b) 細節多的圖像

圖 12.13　圖像的 FFT 示例

12.5　濾波處理

　　濾波器（filter）的作用是使某些東西通過，使某些東西阻斷。頻率域中的濾波器則是使某些頻率通過，使某些頻率阻斷。如圖 12.14 所示，通過設定參數 a 和 b 的值，使 a 以上、b 以下的頻率（斜線表示的頻率）通過，其他的頻率阻斷來進行濾波處理。圖 12.15 是把圖像經 DFT 處理得到頻率成分的高頻分量設置為 0，再進行 IDFT 處理變換回圖像。可見，圖像的高頻分量（細節部分）消失了，從而變模糊了。下面再

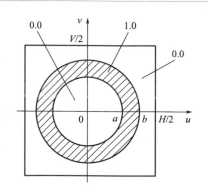

圖 12.14　用於 12.4 中的濾波器形狀

看一下把低頻分量設置為 0，其處理結果如圖 12.16 所示，結果邊緣被提取出來了，這是由於許多高頻分量包含在邊緣中。

原圖像　　　　　　二維頻譜　　　　　　高頻置0　　　　　　低頻圖像

圖 12.15　去除圖像的高頻分量的處理

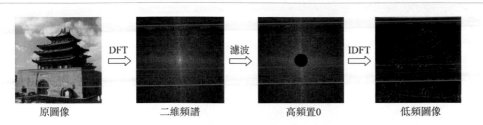

| 原圖像 | 二維頻譜 | 高頻置0 | 低頻圖像 |

圖 12.16　去除圖像的低頻分量的處理

這種濾波處理可以被認為是濾波器的頻率和圖像的頻率相乘的處理，實際上變更這個濾波器的頻率特性可以得到各種各樣的處理。假定輸入圖像為 $f(i,j)$，則圖像的頻率 $F(u,v)$ 變為：

$$F(u,v)=D[f(i,j)] \quad 其中,D[\,]表示 DFT \qquad (12.9)$$

如果濾波器的頻率特性表示為 $S(u,v)$，則處理圖像 $g(i,j)$ 表示為：

$$g(i,j)=D^{-1}[F(u,v)S(u,v)] \quad 其中,D^{-1}[\,]表示 IDFT \qquad (12.10)$$

在此，假定 $S(u,v)$ 經 IDFT 得到 $s(i,j)$，那麼式(12.10) 將變形為：

$$
\begin{aligned}
g(i,j)&=D^{-1}[F(u,v)S(u,v)]\\
&=D^{-1}[F(u,v)]\otimes D^{-1}[S(u,v)]\\
&=f(i,j)\otimes s(i,j)
\end{aligned}
\qquad (12.11)
$$

這個 $\otimes$ 符號被稱為卷積運算 （convolution），實際上到目前為止的圖像處理中曾經出現過多次了。那些利用微分算子進行的微分運算就是卷積運算，例如，拉普拉斯算子。從式(12.11) 可以得到下面非常重要的性質，在圖像上（空間域）的卷積運算與頻率域的乘積運算是完全相同的操作。從這個結果可見，拉普拉斯算子實際上是讓圖像的高頻分量通過的濾波處理，從而增強瞭高頻成分。同樣，平滑化（移動平均法）是讓低頻分量通過的濾波處理。

參考文獻

[1]　陳兵旗.實用數位圖像處理與分析 [M].第　　2版.北京: 中國農業大學出版社，2014.

第13章

小波變換 [1]

13.1 小波變換概述

　　小波分析（wavelet analysis）是 20 世紀 80 年代後期發展起來的一種新的分析方法，是繼傅立葉分析之後純粹數學和應用數學殊途同歸的又一光輝典範。小波變換（wavelet transform）的產生、發展和應用受惠於電腦科學、信號處理、圖像處理、應用數學、地球科學等眾多科學和工程技術應用領域的專家、學者和工程師們的共同努力。在理論上，構成小波變換比較系統框架的主要是數學家 Y. Meyer、地質物理學家 J. Morlet 和理論物理學家 A. Grossman 的貢獻。而 I. Daubechies 和 S. Mallat 在把這一理論引用到工程領域上發揮了極其重要的作用。小波分析現在已成為科學研究和工程技術應用中涉及面極其廣泛的一個熱門話題。不同的領域對小波分析會有不同的看法：

　　① 數學家說，小波是函數空間的一種優美的表示；

　　② 信號處理專家則認為，小波分析是非平穩信號時-頻分析（Time-Frequency Analysis）的新理論；

　　③ 圖像處理專家又認為，小波分析是數位圖像處理的空間-尺度分析（space-scale analysis）和多分辨分析（multiresolu-tion analysis）的有效工具；

　　④ 地球科學和故障診斷的學者卻認為，小波分析是奇性識別的位置-尺度分析（position-scale analysis）的一種新技術；

　　⑤ 微局部分析家又把小波分析看作細微-局部分析的時間-尺度分析（time-scale analysis）的新思路。

　　總之，小波變換具有多分辨率特性，也稱作多尺度特性，可以由粗到精地逐步觀察信號，也可看成是用一組帶通濾波器對信號做濾波。通過適當地選擇尺度因子和平移因子，可得到一個伸縮窗，只要適當選擇基本小波，就可以使小波變換在時域和頻域都具有表徵信號局部特徵的能力，基於多分辨率分析與濾波器組相結合，豐富了小波分析的理論基礎，拓寬了其應用範圍。這一切都說明瞭這樣一個簡單事實，即小波分析已經深深地植根於科學研究和工程技術應用研究的許許多多我們感興趣的領域，一個研究和使用小

波變換理論、小波分析的時代已經到來。

13.2 小波與小波變換

到目前為止，一般信號分析與合成中經常使用第 12 章所介紹的傅立葉變換（Fourier transform）。然而，由於傅立葉基（basis）是採用無限連續且不具有局部性質的三角函數，所以在經過傅立葉變換後的頻率域中時間資訊完全丟失。與其相對，本章將要介紹的小波變換，由於其能夠得到局部性的頻率資訊，從而使得有效地進行時間頻率分析成為可能。

那麼，什麼是小波與小波變換？樂譜可以看作是一個描述二維的時頻空間，如圖 13.1 所示。頻率（音高）從層次的底部向上增加，而時間（節拍）則向右發展；樂章中每一個音符都對應於一個將出現在這首樂曲的演出紀錄中的小波分量（音調猝發）；每一個小波持續寬度都由音符（1/4 音符、半音符等）的類型來編碼，而不是由它們的水平延伸來編碼。假定，要分析一次音樂演出的紀錄，並寫出相應的樂譜，這個過程就可以說是小波變換；同樣，音樂家的一首樂曲的演出錄音就可以看作是一種逆小波變換，因為它是用時頻表示來重構信號的。

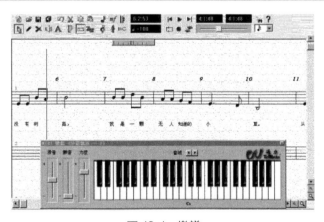

圖 13.1 樂譜

小波（wavelet）意思是「小的波」或者「細的波」，是平均值為 0 的有效有限持續區間的波。具體地說，小波就是空間平方可積函數（square integrable function）$L^2(R)$（R 表示實數）中滿足下述條件的函數或者信號 $\psi(t)$：

$$\int_R |\psi(t)|^2 \mathrm{d}t < \infty \qquad (13.1)$$

$$\int_{R^*} \frac{|\psi(\omega)|^2}{|\omega|}\,d\omega < \infty \qquad\qquad (13.2)$$

這時，$\psi(t)$ 也稱為基小波（basic wavelet）或者母小波（mother wavelet），式(13.2) 稱為容許性條件。

$$\psi_{a,b}(t) = \frac{1}{\sqrt{a}}\psi(\frac{t-b}{a}) \qquad\qquad (13.3)$$

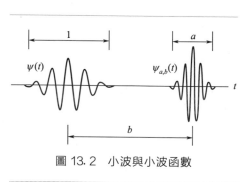

圖 13.2　小波與小波函數

式(13.3) 所示函數為由基小波生成的依賴於參數 (a,b) 的連續小波函數（continuous wavelet transform，CWT），簡稱為小波函數（wavelet function），如圖 13.2 所示，是小波 $\psi(t)$ 在水平方向增加到 a 倍、平移 b 的距離得到的。$1/\sqrt{a}$ 是為了規範化（歸一化）的係數。a 為尺度參數（scale），b 為平移參數（shift）。由於 a 表示小波的時間幅值，所以 $1/a$ 相當於頻率。

對於任意的函數或者信號 $f(t) \in L^2(R)$，其連續小波變換為

$$W(a,b) = \frac{1}{\sqrt{a}}\int_R f(t)\psi^*(\frac{t-b}{a})dt \qquad\qquad (13.4)$$

小波函數一般是復數，其內積中使用復共軛。$W(a,b)$ 相當於傅立葉變換的傅立葉係數，$\psi^*(\cdot)$ 為 $\psi(\cdot)$ 的復共軛，$t=b$ 時表示信號 $f(t)$ 中包含有多少 $\psi_{a,b}(t)$ 的成分。由於小波基不同於傅立葉基，因此小波變換也不同於傅立葉變換，特別是小波變換具有尺度因子 a 和平移因子 b 兩個參數。a 增大，則時窗伸展，頻窗收縮，帶寬變窄，中心頻率降低，而頻率分辨率增高；a 減小，則時窗收縮，頻窗伸展，帶寬變寬，中心頻率昇高，而頻率分辨率降低。這恰恰符合實際問題中高頻信號持續時間短、低頻信號持續時間長的自然規律。

如果小波滿足式(13.5) 所示條件，則其逆變換存在，其表達式如式(13.6) 所示。

$$C_\psi = \int_{-\infty}^{\infty} \frac{|\psi(\omega)|^2}{|\omega|}d\omega < \infty \qquad\qquad (13.5)$$

$$f(t) = \frac{2}{C_\psi}\int_0^\infty \left[\int_{-\infty}^\infty W(a,b)\psi_{a,b}(t)db\right]\frac{da}{a^2} \qquad\qquad (13.6)$$

可見，通過小波基 $\psi_{a,b}(t)$ 就能夠表現信號 $f(t)$。然而，這個表現在信號重構時需要基於 a、b 的無限積分，這是不切實際的。在進行基於數值計算的信號的小波變換以及逆變換時，需要使用離散小波變換。

13.3 離散小波變換

根據運續小波變換的定義可知，在連續變化的尺度 a 和平移 b 下，小波基具有很大的相關性，因此信號的連續小波變換係數的資訊量是冗餘的，有必要將小波基 $\psi_{a,b}(t)$ 的 a、b 限定在一些離散點上取值。一般 a、b 按式(13.7) 取二進分割（binary partition），即可對連續小波離散化：

$$a = 2^j$$
$$b = k2^j \tag{13.7}$$

如 $j=0$，± 1，± 2，…離散化時，相當於小波函數的寬度減少一半，進一步減少一半，或者增加一倍，進一步增加一倍等進行伸縮。另外，由 $k=0$，± 1，± 2，…能夠覆蓋所有的變量領域。

把式(13.7) 代入式(13.3) 得到的小波函數稱為二進小波（dyadic wavelet），即：

$$\psi_{j,k}(t) = \frac{1}{\sqrt{2^j}}\psi(\frac{t-k2^j}{2^j}) = 2^{-\frac{j}{2}}\psi(2^{-j}t-k) \tag{13.8}$$

採用這個公式的小波變換稱為離散小波變換（discrete wavelet transform）。這個公式是 Daubechies 表現法，t 前面的 2^{-j} 相當於傅立葉變換的角頻率，所以 j 值較小的時候為高頻。另一方面，在 Meyer 表現法中，j 的前面沒有負號，所以與 Daubechies 表現法相反，j 值越大則頻率越高。這個 j 被稱為級（level）或分辨率索引。

適當選取式(13.8) 的 ψ 就可以使 $\{\psi_{j,k}\}$ 成為正交係。正交係包括平移正交和放大縮小正交。

13.4 小波族

下面介紹常用的小波族。

（1）哈爾小波（Haar wavelet）

哈爾小波是最早、最簡單的小波，哈爾小波滿足放大縮小的規範正交條件，任何小波的討論都是從哈爾小波開始的。哈爾小波用公式表示如式(13.9) 所示，用圖表示為圖 13.3 所示。

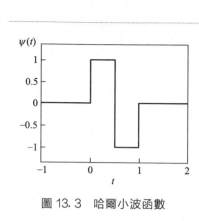

圖 13.3　哈爾小波函數

$$\psi(t)=\begin{cases} 1 & (0\leqslant t<1/2) \\ -1 & (1/2\leqslant t<1) \\ 0 & (\text{other}) \end{cases} \quad (13.9)$$

（2）Daubechies 小波

Ingrid Daubechies 是小波研究的開拓者之一，發明瞭緊支撐正交小波，從而使離散小波分析實用化。Daubechies 族小波可寫成 dbN，在此 N 為階（order），db 為小波名。其中 db1 小波就等同於上述的 Haar 小波。圖 13.4 是 Daubechies 族的其他 9 個成員的小波函數。

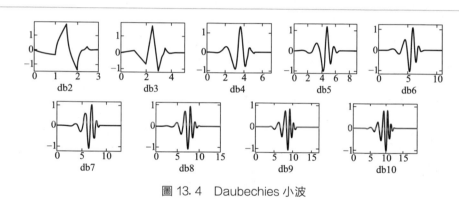

圖 13.4　Daubechies 小波

　　另外，還有雙正交樣條小波（biorthogonal）、Coiflets 小波、Symlets 小波、Morlet 小波、Mexican Hat 小波、Meyer 小波等。

13.5　信號的分解與重構

　　下面使用小波係數（wavelet coefficient），說明信號的分解與重構（decomposition and reconstruction）方法。

　　首先，由被稱為尺度函數的線性組合來近似表示信號。尺度函數的線性組合稱為近似函數（approximated function）。另外，近似的精度被稱為級（level）或分辨率索引，第 0 級是精度最高的近似，級數越大表示越粗略的近似。這一節將要顯示任意第 j 級的近似函數與精度粗一級的第 $j+1$ 級的近似函數的差分就是小波的線性組合。信號最終可以由第 1 級開始到任意級的小波與尺度函數的線

性組合來表示。

　　寬度 1 的矩形脈衝作為尺度函數 $\varphi(t)$，由這個函數的線性組合生成任意信號 $f(t)$ 的近似函數 $f_0(t)$ 如式 (13.10) 所示：

$$f_0(t) = \sum_k s_k \varphi(t-k) \tag{13.10}$$

　　其中：

$$\varphi(t) = \begin{cases} 1 & (0 \leqslant t < 1) \\ 0 & (\text{other}) \end{cases} \tag{13.11}$$

　　係數 s_k 是區間 $[k, k+1]$ 內信號 $f(t)$ 的平均值，由式 (13.12) 給出：

$$s_k = \int_{-\infty}^{\infty} f(t)\varphi^*(t-k)\mathrm{d}t = \int_k^{k+1} f(t)\mathrm{d}t \tag{13.12}$$

　　信號 $f(t)$ 的例子以及其近似函數 f_0 被表示在圖 13.5。如圖 13.6 所示，為生成近似函數所用的寬度 1 的矩形脈衝 $\varphi(t)$，由於其功能是作為觀測信號的尺度，所以被稱為尺度函數（scaling function）。在此，被特別稱為哈爾尺度函數（Haar's scaling function）。

　　與小波相同，考慮尺度函數的整數平移及放大縮小，$\varphi_{j,k}$ 如式 (13.13) 定義：

$$\varphi_{j,k}(t) = 2^{-\frac{j}{2}} \varphi(2^{-j}t - k) \tag{13.13}$$

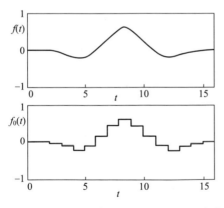

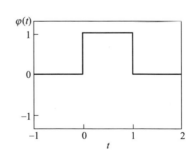

圖 13.5　信號 $f(t)$ 及其近似函數 $f_0(t)$　　圖 13.6　哈爾尺度函數 $\varphi(t)$

　　下面，使用 $\varphi_{j,k}$ 定義第 j 級的近似函數 $f_j(t)$，如式 (13.14) 所示：

$$f_j(t) = \sum_k s_k^{(j)} \varphi_{j,k}(t) \tag{13.14}$$

　　其中：

$$s_k^{(j)} = \int_{-\infty}^{\infty} f(t)\varphi_{j,k}^*(t)\mathrm{d}t \tag{13.15}$$

另外，由於 $\varphi_{j,k}(t)$ 對於平移是規範正交的，所以 $s_k^{(j)}$ 是由第 j 級的近似函數 f_j 和尺度函數 $\varphi_{j,k}$ 的內積求得，用式(13.16) 表示：

$$s_k^{(j)} = \int_{-\infty}^{\infty} f_j(t) \varphi_{j,k}^*(t) \mathrm{d}t \tag{13.16}$$

這個 $s_k^{(j)}$ 被稱為尺度係數（scaling coefficient）。在圖 13.7 中表示了信號 $f(t)$ 和其近似函數 $f_0(t)$ 和 $f_1(t)$。

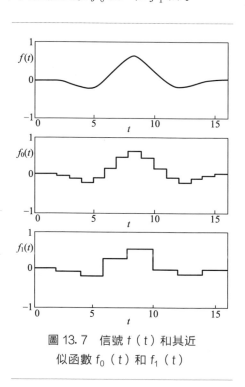

圖 13.7　信號 $f(t)$ 和其近似函數 $f_0(t)$ 和 $f_1(t)$

比較 $f_0(t)$ 和 $f_1(t)$，很明顯 $f_1(t)$ 的信號是更加粗略近似。$f_1(t)$ 在式(13.13) 中是 $j=1$ 的情況，t 前面的係數為 2^{-1}，該係數是 $j=0$ 時的一半。這個係數相當於傅立葉變換的角頻率，所以尺度函數 φ 的寬度成為 $j=0$ 時的 2 倍。因此，$f_1(t)$ 的情況是想用更寬的矩形信號來近似表示信號 $f(t)$，這時由於無法表示細緻的資訊，造成了信號分辨率下降。

由於用 f_1 近似表示（或逼近）f_0 時有資訊脫落，所以只有用被脫落的資訊 $g_1(t)$ 來彌補 $f_1(t)$，才能够使 $f_0(t)$ 復原。即：

$$f_0(t) = f_1(t) + g_1(t) \tag{13.17}$$

$g_1(t)$ 是從圖 13.7 的 f_0 減去 f_1 所得的差值，如圖 13.8 所示。

函數 $g_1(t)$ 被稱為第 1 級的小波成分（wavelet component）。

由圖 13.8 可知，左右寬度 1 的區間是正負對稱而上下振動的，因此 $g_1(t)$ 的構成要素一定是以下所示的函數：

$$\psi\left(\frac{t}{2}\right) = \begin{cases} 1 & (0 \leqslant t < 1) \\ -1 & (1 \leqslant t < 2) \\ 0 & (\text{other}) \end{cases} \tag{13.18}$$

可見，這個 $\psi(t)$ 只能是上節中式(13.9) 所示哈爾小波。這個哈爾小波可按照上兩節所述的那樣通過式(13.8) 的放大縮小和平移來生成函數族 $\psi_{j,k}$。

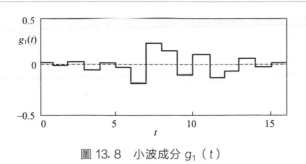

圖 13.8　小波成分 $g_1(t)$

在第 1 級（$j=1$）時，由 $\psi_{j,k}$ 的線性組合按下式表示 $g_1(t)$：

$$g_1(t) = \sum_k w_k^{(1)} \psi_{1,k}(t) \tag{13.19}$$

其中，$w_k^{(1)}$ 是第 1 級（$j=1$）的小波係數。

綜上所述，第 0 級的近似函數可以分解為第 1 級的尺度函數的線性組合 $f_1(t)$ 與第 1 級小波的線性組合 $g_1(t)$，如式(13.20) 所示：

$$\begin{aligned} f_0(t) &= f_1(t) + g_1(t) \\ &= \sum_k s_k^{(1)} \varphi_{1,k}(t) + \sum_k w_k^{(1)} \psi_{1,k}(t) \end{aligned} \tag{13.20}$$

把這個關係擴展到第 j 級一般的情況。即從第 j 級的近似函數 f_j 來生成精度高一級的第 $j-1$ 級的近似函數 f_{j-1} 時，只需求第 j 級的近似函數 $f_j(t)$ 與小波成分 $g_j(t)$ 的和即可：

$$f_{j-1}(t) = f_j(t) + g_j(t) \tag{13.21}$$

其中：

$$\begin{aligned} f_j(t) &= \sum_k s_k^{(j)} \varphi_{j,k}(t) \\ g_j(t) &= \sum_k w_k^{(j)} \psi_{j,k}(t) \end{aligned} \tag{13.22}$$

下面考慮把第 0 級的近似函數 $f_0(t)$ 用精度一直降到第 J 級的近似函數來表示。在式（13.21）中代入 $j=1，2，\cdots，J$ 得：

$$\begin{aligned} f_0(t) &= f_1(t) + g_1(t) \\ f_1(t) &= f_2(t) + g_2(t) \\ &\cdots \\ f_{J-1}(t) &= f_J(t) + g_J(t) \end{aligned} \tag{13.23}$$

在上式中把最下的 $f_{J-1}(t)$ 代入鄰接的上式中所得到的式子，再代入其鄰接的上式中，不斷重復迭代上述操作直到 $f_0(t)$ 為止，可見 $f_0(t)$ 可以用 $f_J(t)$ 和 $g_j(t)$ 集合的和表示，如式(13.24) 所示：

$$f_0(t) = g_1(t) + g_2(t) + \cdots + g_J(t) + f_J(t)$$

$$= \sum_{j=1}^{J} g_j(t) + f_J(t)$$

(13.24)

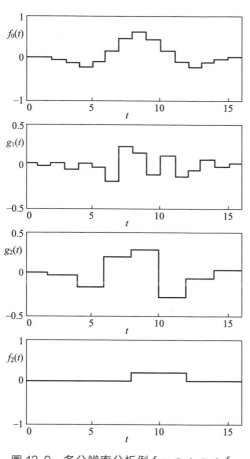

圖 13.9　多分辨率分析例 $f_0 = g_1 + g_2 + f_2$

這個公式的含義是：在把信號 $f_0(t)$ 用第 J 級的近似函數 $f_J(t)$ 來粗略近似地表示時，如果把粗略近似所失去的成分順次附加上去的話，就可以恢復 $f_0(t)$。也就是，信號 $f_0(t)$ 能夠表現為任意粗略級的近似函數 $f_J(t)$ 和第 0 級到第 J 級的小波成分的和。因此可以説，信號 $f_0(t)$ 能夠用從第 1 級到第 J 級的 J 個分辨率，即多分辨率的小波來表示。這種信號分析被稱為多分辨率分析（multiresolution analysis）。

　　圖 13.9 表示了 $J = 2$ 時的多分辨率分析的例子。在這個例子中 $f_0 = g_1 + g_2 + f_2$ 的關係成立。這樣，f_2 是呈矩形的形狀，可是如果加大 J 的話，矩形的寬度還將拉伸得比 f_2 更寬。因此，信號中含有直流成分（平均值非 0）時，有必要把這個直流成分用 f_J 來表示，與直流重合的振動部分用小波來表示。因為平均值為 0 的小波的線性組合，平均值還是 0，所以用有限個小波是無法表示直流成分的。

　　到目前為止，通過哈爾小波的例子表明瞭只要確定了尺度函數，依公式(13.17) 就可以導出小波，即 $g_1(t) = f_0(t) - f_1(t)$。那麼，讓我們把這個關係擴展到哈爾小波以外的小波。問題是，是否無論什麼函數都可得到尺度函數，再從這個尺度函數導出小波來呢？根據多分辨率解析的定義，答案是否定的。構成多分辨率分析的必要條件是，第 j 級的尺度函數 $\varphi_{j,k}$ 能夠用精度高一級的第 $j-1$ 級的尺度函數 $\varphi_{j-1,k}$ 來展開。如果用數學表示，如式(13.25) 所示：

$$\varphi_{j,k}(t) = \sum_n p_n \varphi_{j-1,2k+n}(t) \qquad (13.25)$$
$$= \sum_n p_{n-2k} \varphi_{j-1,n}(t)$$

其中，序列 p_n 為展開係數。上面最後的式子是把前面式子的 n 置換成了 $n-2k$。

由上式可知，兩邊的 φ 是 j 的函數，但 p_n 不依賴於 j。也就是説，在展開中利用了與 j 的級數無關的相同序列 p_n。可以説，序列 p_n 是連接第 j 級尺度函數 $\varphi_{j,k}(t)$ 與精度高一級的第 $j-1$ 級尺度函數 $\varphi_{j-1,k}(t)$ 的固有序列。

然而，根據多分辨率分析的定義，與尺度函數相同，第 j 級的小波 $\psi_{j,k}$ 也必須能夠用第 $j-1$ 級尺度函數 $\varphi_{j-1,k}$ 展開。從而，與尺度函數的情況相同，下面的數學表達式成立：

$$\psi_{j,k}(t) = \sum_n q_{n-2k} \varphi_{j-1,n}(t) \qquad (13.26)$$

其中，序列 q_n 是展開係數。這種情況也可以説序列 q_n 是連接第 j 級小波 $\psi_{j,k}(t)$ 與精度高一級的第 $j-1$ 級尺度函數 $\varphi_{j-1,k}(t)$ 的固有序列。由於式(13.25) 和式(13.26) 表示了 j 和 $j-1$ 兩級尺度函數的關係，以及尺度函數和小波的關係，所以被稱為雙尺度關係（two-scale relation）。

由此可見，尺度函數是多分辨率分析所必需的。在滿足了雙尺度關係式(13.25) 的條件以後，再根據另一個雙尺度關係式(13.26)，就可以求得對應於這個尺度函數的小波。

對於 Daubechies 這樣的正交小波，由於函數本身及其尺度函數的形狀複雜，用已知的函數難以表現。為此，Mallat 在 1989 年提出了用離散序列表示正交小波及其尺度函數的方法。在 Daubechies 小波中採用自然數 N 來賦予小波特徵。表示 Daubechies 小波的尺度函數的序列 p_k 在表 13.1 給出。表示小波的序列 q_k，是將 p_k 在時間軸方向上反轉後，再將其係數符號反轉得到的，即：

$$q_k = (-1)^k p_{-k} \qquad (13.27)$$

表 13.1　Daubechies 序列 p_k

$N=2$	$N=3$	$N=4$
		0.23037781330889
		0.71484657055291
	0.33267055295008	0.63088076792986
	0.80689150931109	−0.02798376941686
0.48296291314453	0.45987750211849	−0.18703481171909
0.83651630373780	−0.13501102001025	0.03084138183556
0.22414386804201	−0.08544127388203	0.03288301166689
−0.12940952255126	0.03522629188571	−0.01059740178507

續表

$N=6$	$N=8$	$N=10$
		0.02667005790055
		0.18817680007763
	0.05441584224311	0.52720118893158
	0.31287159091432	0.68845903945344
0.11154074335011	0.67563073629732	0.28117234366057
0.49462389039845	0.58535468365422	$-$0.24984642432716
0.75113390802110	$-$0.01582910525638	$-$0.19594627437729
0.31525035170920	$-$0.28401554296158	0.12736934033575
$-$0.22626469396544	0.00047248457391	0.09305736460355
$-$0.12976686756727	0.12874742662049	$-$0.07139414716635
0.09750160558732	$-$0.01736930100181	$-$0.02945753682184
0.02752286553031	$-$0.04408825393080	0.03321267405936
$-$0.03158203931749	0.01398102791740	0.00360655356699
0.00055384220116	0.00874609404741	$-$0.01073317548330
0.00477725751095	$-$0.00487035299345	0.00139535174707
$-$0.00107730108531	$-$0.00039174037338	0.00199240529519
	0.00067544940645	$-$0.00068585669496
	$-$0.00011747678412	$-$0.00011646685513
		0.00009358867032
		$-$0.00001326420289

　　圖 13.10 表示了 $N=3$ 的 Daubechies 小波及其尺度函數。比較圖 13.10 和上面的表 13.1 中的 $N=3$ 項會發現，表中的 p_k 僅定義了 6 個數值，而圖却表示了一個相當複雜的函數形狀。雖然本書並不討論為什麽僅 $2N$ 個數值却能够表現如此複雜的函數這個問題，但是通過重復迭代計算，從 $2N$ 個數值開始是可以順次求取精度高的函數的。在下節中將説明從 $2N$ 個離散序列直接求取展開係數的方法。

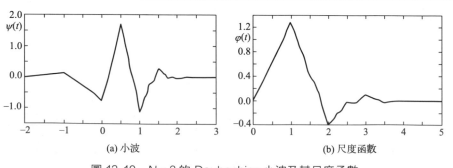

(a) 小波　　　　　　　　　　(b) 尺度函數

圖 13.10　N= 3 的 Daubechies 小波及其尺度函數

13.6 圖像處理中的小波變換

13.6.1 二維離散小波變換

由上面的討論可知，由 Daubechies 小波所代表的正交小波及其尺度函數可以用離散序列表示。在這一節中，介紹 Mallat 發現的利用這個離散序列來求取小波展開係數的方法。

如 13.3 節所述，連續信號 $f(t)$ 的第 0 級的近似函數 $f_0(t)$ 按照式（13.28）由第 0 級的尺度函數展開：

$$f(t) \approx f_0(t) = \sum_k s_k^{(0)} \varphi(t-k) \tag{13.28}$$

其中：

$$s_k^{(0)} = \int_{-\infty}^{\infty} f(t) \varphi_{0,k}^*(t) dt \tag{13.29}$$

然而，在 Daubechies 小波中，雖然 $2N$ 個離散序列被給出，但是由於尺度函數 $\varphi_{0,k}(t)$ 沒有被給出，所以存在用上式不能計算 $s_k^{(0)}$ 的問題。

為了克服這個問題，由 Mallat 提出的方法是，把對信號採樣得到序列 $f(n)$ 看作 $s_k^{(0)}$。Mallat 發現由於 $\varphi_{0,k}$ 在矩形或三角形的視窗上改變 k、平移時間軸，所以對於某 k 值，$s_k^{(0)}$ 給出從視窗能夠看到的範圍的信號中間值。這個信號的中間值相當於 $f(k)$。這意味着 $\varphi_{0,k}$ 是像 $\delta_k(t)$ 那樣的德爾塔函數（δFunction）。Mallat 認為 $\varphi_{0,k}(t)$ 具有基於德爾塔函數 $\delta_k(t)$ 重構相同的作用。在圖像處理的應用方面 $f(n)$ 看作 $s_k^{(0)}$ 被證明實用上是沒有問題的。

作為一個例子，由數值計算所求得的 Daubechies 尺度係數 $s_n^{(0)}$（$N=2$）與 $f(n)$ 比較結果，如圖 13.11 所示，$f(n)$ 和 $s_k^{(0)}$ 幾乎沒有什麼區別。

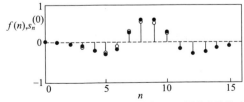

其中，白點表示信號采樣值 $f(n)$，黑點表示基于數值計算的Daubechies的第0級的尺度系數($N=2$)

圖 13.11　信號採樣值 $f(n)$ 與 Daubechies 尺度係數 $s_n^{(0)}$（$N=2$）的比較

得到了 $s_k^{(0)}$ 以後，就可以基於 $s_k^{(0)}$ 求第 0 級以外的尺度係數 $s_k^{(j)}$ 及小波係數 $w_k^{(j)}$。

通過式(13.30) 能夠從第 0 級的尺度係數 $s_k^{(0)}$，依次求取高級數（低分辨率）的尺度係數。

$$s_k^{(j)} = \sum_n p_{n-2k}^* s_n^{(j-1)} \tag{13.30}$$

通過使用式(13.31)，能夠從第 0 級的尺度係數 $s_k^{(0)}$，依次求取高級數（低分辨率）的小波係數。

$$w_k^{(j)} = \sum_n q_{n-2k}^* s_n^{(j-1)} \tag{13.31}$$

下面對使用離散小波的二維圖像數據的小波變換進行說明。圖像數據作為二維的離散數據給出，用 $f(m, n)$ 表示。與二維離散傅立葉變換的情況相同，首先進行水平方向上的離散小波變換，對其係數再進行垂直方向上的小波變換。把圖像數據 $f(m, n)$ 看作第 0 級的尺度係數 $s_{m,n}^{(0)}$。

首先，進行水平方向上的離散小波變換。

$$s_{m,n}^{(j+1,x)} = \sum_k p_{k-2m}^* s_{k,n}^{(j)}$$
$$w_{m,n}^{(j+1,x)} = \sum_k q_{k-2m}^* s_{k,n}^{(j)} \tag{13.32}$$

其中，$s_{m,n}^{(j+1,x)}$ 及 $w_{m,n}^{(j+1,x)}$ 分別表示水平方向的尺度係數及小波係數。$j=0$ 時如圖 13.12 所示。

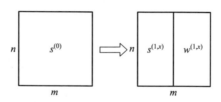

圖 13.12　$s_{m,n}^{(0)}$ 的分解

接着，分別對係數進行垂直方向的離散小波變換。

$$s_{m,n}^{(j+1)} = \sum_l p_{l-2n}^* s_{m,l}^{(j+1,x)}$$
$$w_{m,n}^{(j+1,h)} = \sum_l q_{l-2n}^* s_{m,l}^{(j+1,x)}$$
$$w_{m,n}^{(j+1,v)} = \sum_l p_{l-2n}^* w_{m,l}^{(j+1,x)}$$
$$w_{m,n}^{(j+1,d)} = \sum_l q_{l-2n}^* w_{m,l}^{(j+1,x)} \tag{13.33}$$

其中，$w_{m,n}^{(j+1,h)}$ 表示在水平方向上使尺度函數起作用、垂直方向上使小波起作用的係數，$w_{m,n}^{(j+1,v)}$ 表示在水平方向上使小波起作用、垂直方向上使尺度函數起作用的係數，另外，$w_{m,n}^{(j+1,d)}$ 表示在水平和垂直方向上全都使小波起作用的係數。$j-0$ 時如圖 13.13 所示。

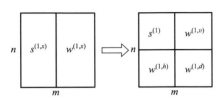

圖 13.13　$s_{m,n}^{(1,x)}$ 及 $w_{m,n}^{(1,x)}$ 的分解

綜合式(13.32) 和式(13.33) 得：

$$s_{m,n}^{(j+1)} = \sum_l \sum_k p_{k-2m}^* p_{l-2n}^* s_{k,l}^{(j)}$$

$$w_{m,n}^{(j+1,h)} = \sum_l \sum_k p_{k-2m}^* q_{l-2n}^* s_{k,l}^{(j)}$$

$$w_{m,n}^{(j+1,v)} = \sum_l \sum_k q_{k-2m}^* p_{l-2n}^* s_{k,l}^{(j)}$$

$$w_{m,n}^{(j+1,d)} = \sum_l \sum_k q_{k-2m}^* q_{l-2n}^* s_{k,l}^{(j)}$$

(13.34)

上式中僅對 $s_{m,n}^{(j+1)}$ 再進一步分解成 4 個成分，通過不斷重復迭代這一過程，進行多分辨率分解。

這個重構與一維的情況相同，按下式進行：

$$s_{m,n}^{(j)} = \sum_k \sum_l \big[p_{m-2k} p_{n-2l} s_{k,l}^{(j+1)} + p_{m-2k} q_{n-2l} w_{k,l}^{(j+1,h)}$$
$$+ q_{m-2k} p_{n-2l} w_{k,l}^{(j+1,v)} + q_{m-2k} q_{n-2l} w_{k,l}^{(j+1,d)} \big]$$

(13.35)

13.6.2　圖像的小波變換編程

圖 13.14(b) 表示對原始圖像信號分解（即第 1 級小波分解）後的 4 個成分（或稱為 4 個子圖像），由圖可見，$w^{(1,v)}$ 表現垂直方向上的高頻成分，$w^{(1,h)}$ 表現水平方向上的高頻成分，$w^{(1,d)}$ 表現對角線方向上的高頻成分。另外，$s^{(1)}$ 表現對 $s^{(0)}$ 平均化的低頻成分。對 $s^{(1)}$ 再進一步分解成 4 個成分（即第 2 級小波分解）的結果如圖 13.14(c) 所示。

  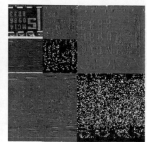

(a) 原始圖像　　　　　　　(b) 1級小波分解　　　　　　(c) 2級小波分解

圖 13.14　圖像的小波變換示例

　　可見，在圖像分解過程中，總的數據量既沒有增加也沒有減少。但是，一個圖像經過小波變換後，得到一系列不同分辨率的子圖像，即表示低頻成分的子圖像及表現不同方向上高頻成分的子圖像。高頻成分的子圖像上大部分數值都接近於 0，越是高頻這種現象越明顯。所以，對於一幅圖像來說，包含圖像的主要資訊是低頻成分，而高頻成分僅包含細節資訊。因此，一個最簡單的圖像壓縮方法是保存低頻成分而去掉高頻成分。

　　圖 13.15 表示了小波分解和壓縮的例子。圖 13.15(b) 表示對圖 13.15(a) 所示的原始圖像進行 1 級小波分解後的結果，圖 13.15(c) 表示只利用 1 級分解後的低頻成分（左上角的子圖像）進行圖像恢復的結果，圖 13.15(d) 表示了對圖 13.15(b) 中的低頻成分的子圖像再進行 2 級小波分解後的結果，最後對 2 級分解後的低頻成分（左上角的子圖像）進行恢復後的圖像被表示在圖 13.15(e)。

(a) 原始圖像　　　　　　　　　　(b) 第1級小波分解

 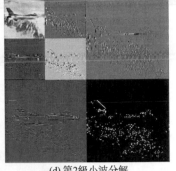

(c) 第1級低頻恢復圖像　　　　　(d) 第2級小波分解

(e) 第2級低頻恢復圖像

圖 13.15　小波壓縮實例

　　可見，保留低頻成分的壓縮方法雖然簡單，但是在圖像壓縮後沒有細節資訊，影響圖像效果。在互聯網上傳輸圖像可以使用這種方法，首先傳送低分辨率（高級數）的圖像，然後再傳送分辨率高一級的圖像，直到最高分辨率的圖像。這樣能够産生漸進的效果，首先呈現圖像的大體輪廓，然後再逐漸更細緻地呈現圖像，如同圖像越來越近，越來越清晰。

　　小波圖像壓縮的另一種方法是利用小波樹，在此不作介紹，感興趣的讀者請參閱其他書籍。

參考文獻

[1]　陳兵旗. 實用數位圖像處理與分析［M］.　　　第 2 版. 北京: 中國農業大學出版社，2014.

第14章

模式識別 [1]

14.1 模式識別與圖像識別的概念

模式識別（pattern recognition）就是當能夠把認識對象分類成幾個概念時，將被觀測的模式與這些概念中的一類進行對應的處理。模式分類可以認為是模式識別的前處理或者一部分。我們在生活中時時刻刻都在進行模式識別。環顧四周，我們能認出周圍的物體是桌子還是椅子，能認出對面的人是張三還是李四；聽到聲音，我們能區分出是汽車駛過還是玻璃破碎，是貓叫還是人語，是誰在說話，說的是什麼內容；聞到氣味，我們能知道是炸帶魚還是臭豆腐。我們所具有的這些模式識別的能力看起來極為平常，誰也不會對此感到驚訝。但是在電腦出現之後，當人們企圖用電腦來實現人所具備的模式識別能力時，它的難度才逐步為人們所認識。

什麼是模式呢？廣義地說，存在於時間和空間中可觀測的事物，如果我們可以區別它們是否相同或是否相近，都可以稱之為模式。

對模式的理解要注意以下幾點：

➤ 模式並不是指事物本身，而是指我們從事物獲得的資訊。模式往往表現為具有時間或空間分佈的資訊。

➤ 當使用電腦進行模式識別時，在電腦中具有時空分佈的資訊表現為數組。

➤ 數組中元素的序號可以對應時間與空間，也可以對應其他的標識。例如，在醫生根據各項化驗指標判斷疾病種類的模式識別過程中，各種化驗項目並不對應實際的時間和空間。因此，對於上面所說的時間與空間應作更廣義、更抽象的理解。

人們為了掌握客觀事物，把事物按相似的程度組成類別。模式識別的作用和目的就在於面對某一具體事物時將其正確地歸入某一類別。例如，從不同角度看人臉，視網膜上的成像不同，但我們可以識別出這個人是誰，把所有不同角度的像都歸入某個人這一類。如果給每個類命名，並且用特定的符號來表示這個名字，那麼模式識別可以看成是從具有時間或空間分佈的資訊向該符號所作的映射。

通常，我們把通過對具體的個別事物進行觀測所得到的具有時間或空間分佈的資訊稱為樣本，而把樣本所屬的類別或同一類別中樣本的總體稱為類。

圖像識別是模式識別的一個分支，特指模式識別的對象是圖像，具體地說，它可以是物體的照片、影像、手寫字符、遙感圖像、超聲波信號、CT 影像、MRI 影像、射電照片等。

圖像識別所研究的領域十分廣泛，機械工件的識別、分類；從遙感圖像中辨別森林、湖泊、城市和軍事設施；根據氣象衛星觀測數據判斷和預報天氣；根據超聲圖像、CT 圖像或核磁共振圖像檢查人的身體狀況；在工廠中自動分揀產品；在機場等地根據人臉照片進行安全檢查等。上述這些都是圖像識別研究的課題，雖然種類繁多，但其關鍵問題主要是分類。

14.2 圖像識別系統的組成

圖像識別系統主要由 4 部分組成：圖像數據獲取、預處理、特徵提取和選擇、分類決策，如圖 14.1 所示。

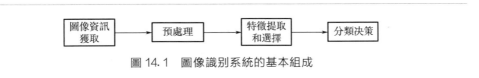

圖 14.1 圖像識別系統的基本組成

下面簡單地對這幾個部分加以說明。

➤ 圖像資訊獲取：通過測量、採樣和量化，可以用矩陣表示二維圖像。

➤ 預處理：預處理的目的是去除噪聲，加強有用的資訊，並對測量儀器或其他因素所造成的退化現象進行復原。

➤ 特徵提取和選擇：由圖像所獲得的數據量是相當大的。例如，一個文字圖像可以有幾千個數據，一個衛星遙感數據的數據量就更大了。為了有效地實現分類識別，就要對原始數據進行變換，得到最能反映分類本質的特徵，這就是特徵提取和選擇的過程。一般我們把原始數據組成的空間叫測量空間，把分類識別賴以進行的空間叫特徵空間，通過變換，可以把在維數較高的測量空間中表示的樣本變為在維數較低的特徵空間中表示的樣本。在特徵空間中的樣本往往可以表示為一個向量，即特徵空間中的一個點。

➤ 分類決策：分類決策就是在特徵空間中用統計方法把被識別對象歸為某一類別。主要有兩種方法：一種是有監督分類（supervised classification），也就是把輸入對象特性及其所屬類別都加以說明，通過機器來學習，然後對於一個新

的輸入，分析它的特性，判別它屬於哪一類。另一種是無監督分類（unsuper-vised classification），也稱聚類（clustering），即只知道輸入對象特性，而不知道其所屬類別，電腦根據某種判據自動地將特性相同的歸為一類。

➤ 分類決策與特徵提取和選擇之間沒有精確的分解點。一個理想的特徵提取器可以使分類器的工作變得很簡單，而一個全能的分類器，將無求於特徵提取器。一般來說，特徵提取比分類更依賴於被識別的對象。

14.3　圖像識別與圖像處理和圖像理解的關係

從圖 14.2 可以看出，圖像識別的首要任務是獲取圖像，但無論使用哪種採集方式，都會在採集過程中引入各種干擾。因此，為了提高圖像識別的效果，在特徵提取之前，先要對採集到的圖像進行預處理，用第 3 章的方法做色彩校正，用第 5 章的方法濾去干擾、噪聲、對圖像進行增強，用第 6 章做幾何校正等。有時，還需要對圖像進行變換（如第 12 章的頻率變換、第 13 章的小波變換等），以便於電腦分析。當然，為了在圖像中找到我們想分析的目標，還需要用第 3 章的方法對圖像進行分割，即目標定位和分離。如果採集到的圖像是已退化了的，還需要對退化了的圖像進行復原處理，以便改進圖像的保真度。在實際應用中，由於圖像的資訊量非常大，在傳送和儲存時，還要對圖像進行壓縮。因此，圖像處理部分包括圖像編碼、圖像增強、圖像壓縮、圖像復原、圖像分割等內容。圖像處理的目的有兩個：一是判斷圖像中有無需要的資訊，二是將需要的資訊分割出來。

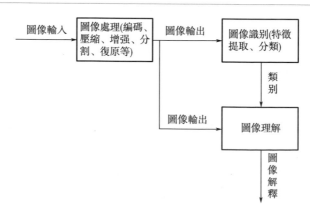

圖 14.2　圖像處理、圖像識別和圖像理解的示意圖

圖像識別是對上述處理後的圖像進行分類，確定類別名稱。它包括特徵提取

和分類兩個過程。關於特徵提取的內容，請參見本書的第 3 章。這裡需要注意的是，圖像分割不一定完全在圖像處理時進行，有時一邊進行分割，一邊進行識別。所以，圖像處理和圖像識別可以相互交叉進行。

圖像處理及圖像識別的最終目的在於對圖像作描述和解釋，以便最終理解它是什麼圖像，即圖像理解。所以，圖像理解是在圖像處理及圖像識別的基礎上，根據分類結果做結構句法分析，描述和解釋圖像。因此它是圖像處理、圖像識別和結構分析的總稱。

14.4 圖像識別方法

圖像識別方法很多，主要有以下 4 類方法：模板匹配（template matching）、統計識別（statistical classification）、句法/結構識別（syntactic or structural classification）、神經網路方法（neural network）。這 4 類方法的簡要描述見表 14.1。

表 14.1　圖像識別的常用方法

方法	表征	識別方式	典型判據
模板匹配	樣本、像素、曲線	相關係數、距離度量	分類錯誤
統計識別	特徵	分類器	分類錯誤
句法/結構識別	構造語言	規則、語法	可接受錯誤
神經網路	樣本、像素、特徵	網路函數	最小均方根誤差

14.4.1 模板匹配方法

模板匹配是最早且比較簡單的圖像識別方法，它基本上是一種統計識別方法。匹配是一個通用的操作，用於定義模板與輸入樣本間的相似程度，常用相關係數表示。使用模板匹配方法時，首先通過訓練樣本集建立起各個模板，然後將待識別的樣本和各個模板進行匹配運算，得到結果。當然，在定義模板及相似性函數時要考慮到實體的姿態及比例問題。這種方法在很多場合效果不錯，其主要缺點是由於視角變化可能導致匹配錯誤。

14.4.2 統計模式識別

如果一幅圖像經過特徵提取，得到一個 m 維的特徵向量，那麼這個樣本就可以看作是 m 維特徵空間中的一個點。模式識別的目標就是選擇合適的特徵，使得不同類的樣本佔據 m 維特徵空間中的不同區域，同類樣本在 m 維特徵空間

中盡可能緊湊。在給定訓練集以後，通過訓練在特徵空間中確定分割邊界，將不同類樣本分到不同的類別中。在統計決策理論中，分割邊界是由每個類的概率密度分佈函數來決定的，每個類的概率密度分佈函數必須預先知道或者通過學習獲得。學習分為參數化和非參數化，前者已知概率密度分佈函數形式，需要估計其表徵參數。而後者未知概率密度分佈函數形式，要求我們直接推斷概率密度分佈函數。

統計識別方法分為幾何分類法和概率統計分類法。

(1) 幾何分類法

在統計分類法中，樣本被看作特徵空間中的一個點。判斷輸入樣本屬於哪個類別，可以通過樣本點落入特徵空間哪個區域來判斷。可分為距離法、線性可分和非線性可分。

a. 距離法

這是最簡單和最直觀的幾何分類方法。下面以最近鄰法為例介紹一下這類方法。假設有 c 個類別 ω_1，ω_2，$\cdots$，ω_c 的模式識別問題，每類有樣本 N_i 個，$i=1$，2，$\cdots$，c。我們可以規定 ω_i 類的判別函數為

$$g_i(x) = \min_k \| x - x_i^k \| \quad k = 1, 2, \cdots, N_i \tag{14.1}$$

其中，x_i^k 的角標 i 表示 ω_i 類，k 表示 ω_i 類 N_i 樣本中的第 k 個。按照上式，決策規則可以寫為：

若 $g_j(x) = \min_i g_i(x)$，$i=1$，2，$\cdots$，c，則決策為 $x \in \omega_j$。

其直觀解釋為：對未知樣本 x，我們只要比較 x 與 $N = \sum_{i=1}^{c} N_i$ 個已知樣本之間的歐氏距離，就可決策 x 與離它最近的樣本同類。

K-近鄰法是最近鄰法的一個推廣。K-近鄰法就是取未知樣本 x 的 k 個近鄰，看這 k 個近鄰中多數屬於哪一類，就把 x 歸為哪一類。具體說就是在 N 個已知樣本中找出離 x 最近的 k 的樣本，若 k_1，k_2，$\cdots$，k_c 分別是 k 個近鄰中屬於 ω_1，ω_2，$\cdots$，ω_c 類的樣本，則我們可以定義判別函數為

$$g_i(x) = k_i, \quad i = 1, 2, \cdots, c \tag{14.2}$$

決策規則為：

若 $g_j(x) = \max_i k_i$，則決策 $x \in \omega_j$。

下面舉例說明 K-近鄰法的處理過程及處理結果。圖 14.3 是將第 6 章的圖 6.1 進行 30 以上亮度值提取、3 次中值濾波後獲得的二值圖像。

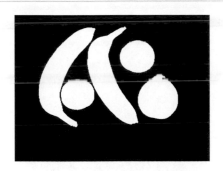

(a) 分類前　　　　　(b) 分類後

圖 14.3　圖 6.1 的二值圖像　　　　圖 14.4　圖 14.3 的圓形度特徵參數

對圖 14.3 的二值圖像，利用第 6 章的方法進行特徵測量，測得的特徵數據包括圓形度、面積、周長和圓心坐標。例如，測得的圓形度的特徵參數如圖 14.4(a) 所示，對這些特徵數據利用 K-近鄰法程序進行分類，數據分類結果如圖 14.4(b) 所示，根據數據分類結果，對不同類的圖像分別用不同的灰階值表示，如圖 14.5 所示，其中圓形度較大的 0 類的橘子和梨用較明亮的灰階值表示，圓形度較小的 1 類的兩個香蕉用較暗的灰階值表示。

也可以用測得的周長、面積以及中心坐標進行分類。選擇不同的參數，分類的結果不盡相同，對於不同的圖像，有些參數可能不能獲得很好的分類效果。圖 14.6 是模式識別的 Visual C＋＋視窗界面，為了方便使用，與第 6 章特徵提取的參數測量和顯示功能集合在了一起，其中的「顯示參數」和「模式識別」鍵在執行過「參數測量」後才能使用。

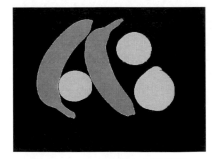

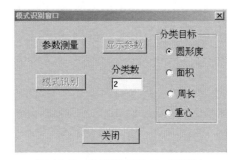

圖 14.5　K—近鄰法分類圓形
　　　　度後的圖像

圖 14.6　參數測量及 K—近鄰法
　　　　分類的視窗界面

b. 線性可分

線性可分實際上是尋找線性判別函數。下面以 2 類問題為例進行說明。假定

判別函數 $g(x)$ 是 x 的線性函數

$$g(x) = w^T x + \omega_0 \tag{14.3}$$

式中 x 是 d 維特徵向量，w 稱為權向量，分別表示為

$$x = \begin{bmatrix} x_1 \\ x_2 \\ \vdots \\ x_d \end{bmatrix} \quad w = \begin{bmatrix} w_1 \\ w_2 \\ \vdots \\ w_d \end{bmatrix} \tag{14.4}$$

ω_0 是個常數，稱為閾值。

決策規則為：

$$g(x) = g_1(x) - g_2(x) \tag{14.5}$$

若

$$\begin{cases} g(x) > 0, & \text{則決策 } x \in \omega_1 \\ g(x) < 0, & \text{則決策 } x \in \omega_2 \\ g(x) = 0, & \text{則可將 } x \text{ 任意分類} \end{cases}$$

方程 $g(x)$ 定義了一個決策面，它把歸類於 ω_1 類的點與歸類於 ω_2 類的點分割開來，當 $g(x)$ 為線性函數時，這個決策面是一個超平面。

設計線性分類器，就是利用訓練樣本集建立線性判別函數式，式中未知的只有權向量 w 和閾值 ω_0。這樣，設計線性分類器問題就轉化為利用訓練樣本集尋找準則函數的極值點 w^* 和 ω_0^* 的問題。這屬於最優化技術，這裡不再詳細講解。

c. 非線性可分

在實際中，很多的模式識別問題並不是線性可分的，對於這類問題，最常用的方法就是通過某種映射，把非線性可分特徵空間變換成線性可分特徵空間，再用線性分類器來分類。下面以支撐向量機為例說明。

支撐向量機的基本思想可以概括為：首先通過非線性變換將特徵空間變換到一個更高維數的空間，然後在這個新空間中求取最優線性分類面，而這種非線性變換是通過定義適當的內積函數實現的。採用不同的內積函數將導致不同的支撐向量機算法，內積函數形式主要有三類：

➤ 多項式形式的內積函數

$$K(x, x_i) = [(x \cdot x_i) + 1]^q \tag{14.6}$$

這時得到的支撐向量機是一個 q 階多項式分類器。

➤ 核函數型內積

$$K(x, x_i) = \exp\left\{ -\frac{|x - x_i|^2}{\sigma^2} \right\} \tag{14.7}$$

得到的支撐向量機是一種徑向基函數分類器。

> s 型函數做內積

$$K(x,x_i)=\tanh[v(x\cdot x_i)+c] \tag{14.8}$$

得到的支撐向量機是一個兩層的感知器神經網路。

(2) 概率統計分類法

前面提到的幾何分類法是在模式幾何可分的前提下進行的，但這樣的條件並不經常能得到滿足。模式分佈常常不是幾何可分的，即在同一個區域中可能出現不同的模式，這時分類需要使用概率統計分類法。概率統計分類法主要討論 3 個方面的問題：爭取最優的統計決策、密度分佈形式已知時的參數估計、密度分佈形式未知（或太複雜）時的參數估計。這裡我們不再詳細講解。

14.4.3 新的模式識別方法

模式識別的發展已有幾十年的歷史，並且提出了許多理論。這些理論和方法都是建立在統計理論的基礎來尋找能夠將兩類樣本劃分開來的決策規則。在這些理論中，模式識別實際上就是模式分類。

我們知道，人類在認識事物時側重於「認識」，只有在細小之處才重視「區別」。例如，人類在認識牛、羊、馬、狗等動物時，實際上是對每種動物的所有個體所共有的特徵的認識，而不是找尋不同種類的動物相互之間的差異性。因此，我們可以看出模式識別的重點不僅僅應該在「區別」上，而且也應該在「認識」上。傳統模式識別只注意「區別」，而沒重視「認識」的概念。與傳統模式識別不同，王守覺院士於 2002 年提出了仿生模式識別（biomimetic pattern recognition，BPR）理論。它是從「認識」模式的角度出發進行模式識別，而不像傳統模式識別那樣從「劃分」的角度出發進行模式識別。因為這種方式更接近於人類的認識，所以這一新的模式識別方法被稱為「仿生模式識別」。

仿生模式識別與傳統模式識別不同，它是從對一類樣本的認識出發來尋找同類樣本間的相似性。仿生模式識別引入了同類樣本間某些普遍存在的規律，並從對同類樣本在特徵空間中分佈的認識的角度出發，來尋找對同類樣本在特徵空間中分佈區域的最優覆蓋。這使得仿生模式識別完全不同於傳統模式識別，表 14.2 中列出了仿生模式識別與傳統模式識別之間的一些主要區別。

表 14.2 仿生模式識別與傳統模式識別之間的區別

傳統模式識別	仿生模式識別
多類樣本之間的最優劃分過程	一類樣本的認識過程
一類樣本與有限類已知樣本的區分	一類樣本與無限多類未知樣本的區分

續表

傳統模式識別	仿生模式識別
基於不同類樣本間的差異性	基於同類樣本間的相似性
尋找不同類間的最優分界面	尋找同類樣本的最優覆蓋

　　在現實世界中，如果兩個同類樣本不完全相同，則這個差別一定是一個漸變過程。即我們一定可以找到一個漸變的序列，這個序列從這兩個同源樣本中的一個變到另外一個，並且這個序列中的所有樣本都屬於同一類。這個關於同源的樣本間的連續性的規律，我們稱之為同源連續性原理（the principle of homology-continuity，PHC）。數學描述如下：在特徵空間 R^N 中，設 A 類所有樣本點形成的集合為 A，任取兩個樣本 $\vec{x}$, $\vec{y} \in A$ 且 $\vec{x} \neq \vec{y}$，若給定 $\varepsilon > 0$ 則一定存在集合 B 滿足

$$B = \{\vec{x}_1 = \vec{x}, \vec{x}_2, \cdots, \vec{x}_{n-1}, \vec{x}_n = \vec{y} \mid$$
$$d(\vec{x}_m, \vec{x}_{m+1}) < \varepsilon, \forall m \in [1, n-1], m \in N\} \subset A \tag{14.9}$$

　　其中，$d(\vec{x}_m, \vec{x}_{m+1})$ 為樣本 $\vec{x}_m$ 與 $\vec{x}_{m+1}$ 間的距離。

　　同源連續性原理就是仿生模式識別中用來作為樣本點分佈的「先驗知識」。因而，仿生模式識別把分析特徵空間中訓練樣本點之間的關係作為基點，而同源連續性原理則為此提供了可能性。傳統模式識別中假定「可用的資訊都包含在訓練集中」，卻恰恰忽略了同源樣本間存在連續性這一重要規律。傳統模式識別中把不同類樣本在特徵空間中的最佳劃分作為目標，而仿生模式識別則以一類樣本在特徵空間分佈的最佳覆蓋作為目標。圖 14.7 是仿生模式識別、傳統 BP 網路及傳統經向基函數（RBF）網路模式識別在二維空間中的示意圖。

　　由同源連續性原理可知，任何一類事物（如 A 類）在特徵空間 R^N 中的映射（必須是連續映射）的「像」一定是一個連續的區域，記為 P。考慮到隨機干擾的影響，所有位於集合 P 附近的樣本也應該屬於 A 類。我們記樣本 $\vec{x}$ 與集合 P 之間的距離為：

$$d(\vec{x}, P) = \min_{\vec{y} \in P} d(\vec{x}, \vec{y}) \tag{14.10}$$

　　這樣，對 A 類樣本在特徵空間中分佈的最佳覆蓋 P_A 為：

$$P_A = \{\vec{x} \mid d(\vec{x}, P) \leq k\} \tag{14.11}$$

　　其中，k 為選定的距離常數。在 R^N 空間中，這個最優覆蓋是一個 N 維複雜形體，它將整個空間分為兩部分，其中一部分屬於 A 類，另一部分則不屬於 A 類。但是在實際中不可能採集到 A 類的所有樣本，所以這個最優覆蓋 P_A 實際上是不能夠構造出來的。我們可以採用許多較為簡單的覆蓋單元的組合來近似這個最優覆蓋 P_A。在這種情況下，採用仿生模式識別來判斷某一個樣本是否屬於這一類，實際上就是判斷這個樣本是否至少屬於這些較為簡單的覆蓋單元中的

一個。

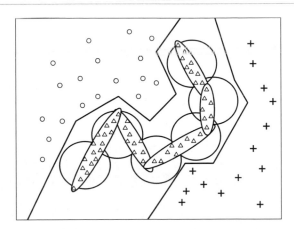

圖 14.7　仿生模式識別、傳統 BP 網路及傳統徑向基函數（RBF）網路模式識別示意圖

注：三角形為要識別的樣本，圓圈和十字形為與三角形不同類的兩類樣本，

折線為傳統 BP 網路模式識別的劃分方式，大圓為 RBF 網路的劃分方式，

細長橢圓形構成的曲線代表仿生模式識別的" 認識" 方式。

14.5　人臉圖像識別系統

下面以人臉圖像為例講解一下如何進行模式識別。本例選用了英國劍橋大學的 ORL 人臉庫（http：//www. cam-orl. co. uk/facedatabase. html）。庫中共有 40 個人，每個人有 10 幅圖像。所有的照片都是單色背景下的正面頭像。每幅照片均為 92×112 個像素的灰階圖像。圖 14.8 所示為庫中部分圖像。

（1）預處理

① 確定人臉所在位置。

② 將傾斜人臉轉正。

③ 定出眼睛精確位置，以左眼作為 A'（x'_a，y'_a）點，右眼作為 B'（x'_b，y'_b）點。

④ 以 P 點作為中心，對圖像按 $|x'_a - y'_a|$：30 的比例進行縮放，變成 255×255 的圖像，進而按 3×3 對該圖進行馬賽克處理，得到 85×85 的人臉圖，其中 P 點坐標由下式確定：

$$x_p = \frac{3}{2}(x'_a - x'_b) - 1$$

$$y_p = 3y'_a + 2|x'_a - x'_b - 1| \tag{14.12}$$

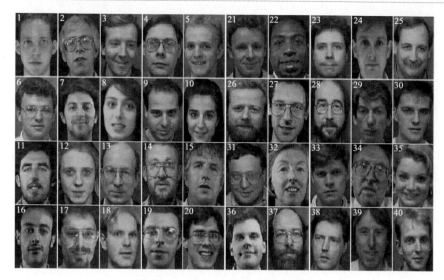

圖 14. 8 ORL 人臉庫中部分圖像

⑤ 以縮放後得到的 85×85 的人臉圖中的兩只眼睛所在點 $A(x_a, y_a)$、$B(x_b, y_b)$ 為基點確定 C、D 和 E 點,其公式如下:

$$x_c = \frac{1}{2}(x_a + x_b); y_c = y_a + 25$$

$$x_d = x_c; y_d = y_a + 40 \tag{14.13}$$

$$x_e = x_c; y_e = y_a$$

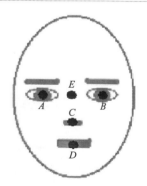

圖 14. 9 特徵提取方法示意圖

由此得到如圖 14.9 所示的 A、B、C、D 和 E 五點。

⑥ 以圖 14.9 中所示的 A、B、C、D 和 E 五點作為基點,進行特徵提取,得到一個 512 維的特徵向量代表該人臉。

⑦ 用差分處理減少環境光影響。

(2) 人臉識別模型

因為人臉從左至右(或從右到左)轉過去的變化過程是一個連續變化的過

程，那麼其映射到特徵空間中的特徵點的變化也必然是連續的。我們假定人臉只在左右方向上有變動，所以自由變量只有一個，其特徵點組成的集合應該呈一維流形分佈，某類人臉在特徵空間中的覆蓋形狀應是一個與曲線段同胚的一維流形與 512 維超球的拓撲乘積，由此構成了該類型樣本的封閉子空間。假設該曲線段為 A，超球半徑為 R，則該類型樣本子空間 P_a 為

$$P_a = \{x \mid \min[\rho(x,y)] < R, y \in A, x \in R^{512}\} \tag{14.14}$$

假設每個人臉採集的訓練樣本數為 K，訓練樣本集 S 表示如下：

$$S = \{x \mid x = s_1, s_2, s_3, \cdots, s_K\} \tag{14.15}$$

其中的樣本 s_1, s_2, s_3, $\cdots$, s_K 是順序旋轉不同的角度採集的。

為了用神經網路中有限的神經元實現對子空間 P_a 的覆蓋，我們可以用若干直線段逼近曲線段 A，形成折線段 B，然後用 512 維半徑為 R 的超球與 B 的拓撲乘積來近似地覆蓋 P_a，得到的 P_b，P_b 即為實際得到的該類型樣本的子空間。由於訓練樣本共有 K 個，所以可以用 $K-1$ 個線段逼近 A，每個直線段用 $B_i (i=1, 2, \cdots, K-1)$ 表示，則有：

$$B_i = \{x \mid x = \alpha s_i + (1-\alpha)s_{i+1}, \alpha \in [0, 1], s_i \in S, x \in R^{512}\}$$
$$B = \bigcup_{i=1}^{K-1} B_i \tag{14.16}$$

則每個神經元覆蓋的範圍為：

$$P_i = \{x \mid \min[\rho(x,y)] \leqslant R, y \in B_i, x \in R^{512}\} \tag{14.17}$$

為了實現對 P_i 的覆蓋，採用了下面所示的神經元結構：

$$y_i = f[\Phi(s_i, s_{i+1}, x)] \tag{14.18}$$

式中 s_i, s_{i+1} 為第 i 和 $i+1$ 個訓練樣本特徵向量；x 為輸入向量，即待識別的樣本特徵向量；y_i 為第 i 個神經元的輸出。Φ 為由多權值向量神經元決定的計算函數（多個向量輸入，一個標量輸出），其表達式為：

$$\Phi(s_i, s_{i+1}, x) = \min[\rho(x,y)], y \in \{z \mid z = \alpha s_i + (1-\alpha)s_{i+1}, \alpha \in [0,1]\} \tag{14.19}$$

f 為非線性轉移函數，採用下列階躍函數：

$$f(x) = \begin{cases} 1 & \text{當 } x \leqslant R \\ 0 & \text{當 } x > R \end{cases} \tag{14.20}$$

全部 $K-1$ 個神經元覆蓋形成的樣本子空間為：

$$P_b = \bigcup_{i=1}^{K-1} P_i \tag{14.21}$$

（3）樣本訓練

因為仿生模式識別的特點是基於本類型樣本自身的關係確定自身的樣本子空間，所以其訓練過程只需要本類型的樣本即可，而增加新的樣本類型時，也不需

要對已訓練好的各類型樣本進行重新訓練。對於某種（某特定人的人臉）類型樣本，其訓練過程如下：

• 對每副人臉進行特徵提取得到 K 個特徵向量。

• 從第一個特徵向量與第二個特徵向量組成的曲線段開始，在 512 維空間訓練覆蓋該段範圍的神經元，直到完成所有 $K-1$ 個線段對應的 $K-1$ 個神經元的訓練。

• 儲存 $K-1$ 個神經元的參數，完成對該類型樣本的訓練。

(4) 樣本識別

每種類型的人臉特徵子空間由 $K-1$ 個神經元組成，該神經元結構如下〔其各項參數意義同式(14.18) 的敘述〕：

$$y_i = f[\Phi(s_i, s_{i+1}, x)] \tag{14.22}$$

則該類型判別函數為：

$$F_m(x) = F(\sum_{i=1}^{K-1} y_i) \tag{14.23}$$

其中，m 為該類型的標識號，F 為階躍函數，如下式：

$$F(x) = \begin{cases} 1, 當\ x > 0 \\ 0, 當\ x \leqslant 0 \end{cases} \tag{14.24}$$

所以，當 $F_m(x)$ 輸出為 1 時，樣本 x 屬於類型 m，否則就不屬於類型 m。

參考文獻

---

[1]　陳兵旗. 實用數位圖像處理與分析〔M〕.　　第 2 版. 北京: 中國農業大學出版社, 2014.

第15章

神經網絡 [1]

15.1 人工神經網路

自古以來，關於人類智慧本源的奧秘，一直吸引着無數哲學家和自然科學家的研究熱情。生物學家、神經學家經過長期不懈的努力，通過對人腦的觀察和認識，認為人腦的智慧活動離不開腦的物質基礎，包括它的實體結構和其中所發生的各種生物、化學、電學作用，並因此建立了神經網路理論和神經系統結構理論，而神經網路理論又是此後神經傳導理論和大腦功能學說的基礎。在這些理論基礎之上，科學家們認為，可以從仿製人腦神經系統的結構和功能出發，研究人類智慧活動和認識現象。另一方面，19 世紀之前，無論是以歐氏幾何和微積分為代表的經典數學，還是以牛頓力學為代表的經典物理學，從總體上說，這些經典科學都是線性科學。然而，客觀世界是如此紛繁複雜，非線性情況隨處可見，人腦神經系統更是如此。複雜性和非線性是連接在一起的，因此，對非線性科學的研究也是我們認識複雜系統的關鍵。為了更好地認識客觀世界，我們必須對非線性科學進行研究。人工神經網路作為一種非線性的、與大腦智慧相似的網路模型，就這樣應運而生了。所以，人工神經網路的創立不是偶然的，而是 20 世紀初科學技術充分發展的産物。

人工神經網路是一種模仿人類神經網路行為特徵的分佈式並行資訊處理算法結構的動力學模型。它用接受多路輸入刺激，按加權求和超過一定閾值時産生「興奮」輸出的組件，來模仿人類神經元的工作方式，並通過這些神經元組件相互連接的結構和反映關聯強度的權係數，使其「集體行為」具有各種複雜的資訊處理功能。特別是這種宏觀上具有魯棒、容錯、抗干擾、適應性、自學習等靈活而強有力功能的形成，不是由於元組件性能不斷改進，而是通過複雜的互聯關係得以實現，因而人工神經網路是一種聯接機制模型，具有複雜系統的許多重要特徵。

人工神經網路的實質反映了輸入轉化為輸出的一種數學表達式，這種數學關係是由網路的結構確定的，網路的結構必須根據具體問題進行設計和訓練。而正因為神經網路的這些特點，使之在模式識別技術中得到了廣泛的應用。所謂模

式，從廣義上說，就是事物的某種特性類屬，如：圖像、文字、聲吶信號、動植物種類形態等資訊。模式識別就是將所研究客體的特性類屬映射成「類別號」，以實現對客體特定類別的識別。人工神經網路特別適宜解算這類問題，形成了新的模式資訊處理技術。這方面的主要應用有：圖形符號、符號、手寫體及語音識別，雷達及聲吶等目標的識別，機器人視覺、聽覺，各種最近相鄰模式聚類及識別分類等。

15.1.1　人工神經網路的生物學基礎

人工神經網路（artificial neural network，ANN）是根據人們對生物神經網路的研究成果設計出來的，它由一系列的神經元及其相應的連接構成，具有良好的數學描述，不僅可以用適當的電子線路來實現，更可以方便地用電腦程序加以模擬。

人的大腦含有 10^{11} 個生物神經元，它們通過 10^{15} 個連接被連成一個系統。每個神經元具有獨立的接受、處理和傳遞電化學（electrochemical）信號的能力。這種傳遞經由構成大腦通信系統的神經通路所完成，如圖 15.1 所示。

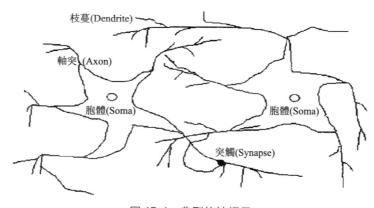

圖 15.1　典型的神經元

在這個系統中，每一個神經元都通過突觸與系統中很多其他的神經元相聯繫。研究認為，同一個神經元通過由其伸出的枝蔓發出的信號是相同的，而這個信號可能對接受它的不同神經元有不同的效果，這一效果主要由相應的突觸決定。突觸的「連接強度」越大，接收的信號就越強；反之，突觸的「連接強度」越小，接收的信號就越弱。突觸的「連接強度」可以隨着系統受到的訓練而改變。

總結起來，生物神經系統共有如下幾個特點：

① 神經元及其連接；

② 神經元之間的連接強度是可以隨訓練而改變的；

③ 信號可以是起刺激作用的，也可以是起抑制作用的；

④ 一個神經元接收的信號的累計效果決定該神經元的狀態；

⑤ 神經元之間的連接強度決定信號傳遞的強弱；

⑥ 每個神經元可以有一個「閾值」。

15.1.2 人工神經元

從上述可知，神經元是構成神經網路的最基本的單元。因此，要想構造一個人工神經網路模型，首要任務是構造人工神經元模型（如圖 15.2 所示）。而且我們希望，這個模型不僅是簡單容易實現的數學模型，它還應該具有上節所介紹的生物神經元的六個特徵。

每個神經元都由一個細胞體、一個連接其他神經元的軸突和一些向外伸出的其他較短分支——樹突組成。軸突的功能是將本神經元的輸出信號（興奮）傳遞給別的神經元。其末端的許多神經末梢使得興奮可以同時傳送給多個神經元。樹突的功能是接受來自其他神經元的興奮。神經元細胞體將接受到的所有信號進行簡單地處理（如：加權求和，即對所有的輸入信號

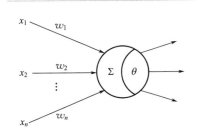

圖 15.2　不帶激活函數的神經元
x_1，x_2，$\cdots$，x_n 是來自其他人工
神經元的資訊，把它們作為該人
工神經元的輸入 w_1，w_2，$\cdots$，w_n
依次為它們對應的連接權值。

都加以考慮且對每個信號的重視程度體現在權值上有所不同）後由軸突輸出。神經元的樹突與另外的神經元的神經末梢相連的部分稱為突觸。

15.1.3 人工神經元的學習

通過向環境學習獲取知識並改進自身性能是人工神經元的一個重要特點。按環境所提供資訊的多少，網路的學習方式可分為以下三種。

① 監督學習：這種學習方式需要外界存在一個「教師」，它可對一組給定輸入提供應有的輸出結果（正確答案）。學習系統可以根據已知輸出與實際輸出之間的差值（誤差信號）來調節系統參數。

② 非監督學習：不存在外部「教師」，學習系統完全按照環境所提供數據的某些統計規律來調節自身參數或結構（這是一種自組織過程）。

③ 再勵學習：這種學習介於上述兩種情況之間，外部環境對系統輸出結果只給出評價（獎或懲），而不是給出正確答案，學習系統通過強化那些受獎勵的動作來改善自身的性能。

學習算法也可分為 3 種：

① 誤差糾正學習：它的最終目的是使某一基於誤差信號的目標函數達到最小，一是網路中每一輸出單元的實際輸出在某種統計意義上最逼近應有輸出。一旦選定了目標函數形式，誤差糾正學習就成為一個典型的最優化問題。最常用的目標函數是均方誤差判據。

② 海伯（Hebb）學習：1949 年，加拿大心理學家 Hebb 提出了 Hebb 學習規則，他設想在學習過程中有關的突觸發生變化，導致突觸連接的增強和傳遞效能的提高。Hebb 學習規則成為連接學習的基礎。他提出的學習規則可歸結為「當某一突觸兩端的神經元的激活同步時，該連接的強度應增強，反之則應減弱」。

③ 競爭學習：在競爭學習時，網路多個輸出單元相互競爭，最後達到只有一個最強激活者。

15.1.4　人工神經元的激活函數

人工神經元模型是由心理學家 Mcculloch 和數理邏輯學家 Pitts 合作提出的 M-P 模型（如圖 15.3 所示），他們將人工神經元的基本模型和激活函數合在一起構成人工神經元，也可以稱之為處理單元（PE）。

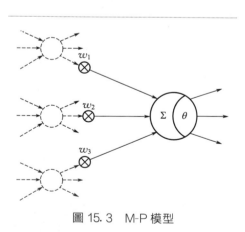

圖 15.3　M-P 模型

激發函數

$$y = f\left(\sum_{\iota=0}^{n-1} \omega_\iota \chi_\iota - \theta\right) \quad (15.1)$$

f 稱為激發函數或作用函數，該輸出為 1 或 0 取決於其輸入之和大於或小於內部閾值 θ。令

$$\sigma = \sum_{\iota=0}^{n-1} \omega_\iota \chi_\iota - \theta \quad (15.2)$$

f 函數的定義如下：

$$y = f(\sigma) = \begin{cases} 1, \sigma > 0 \\ 0, \sigma < 0 \end{cases} \quad (15.3)$$

即 $\sigma > 0$ 時，該神經元被激活，進入興奮狀態，$f(\sigma) = 1$；當 $\sigma < 0$ 時，該神經元被抑制，$f(\sigma) = 0$。激勵函數具有非線性特性。常用的非線性激發函數有階躍型、分段線性型、Sigmoid 型（S 型）和雙曲正切型等，如圖 15.4 所示。

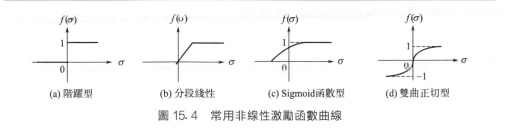

圖 15.4　常用非線性激勵函數曲線

① 階躍函數：

$$f(\chi)=\begin{cases}1,\chi\geqslant 0\\0,\chi\leqslant 0\end{cases}\text{或}\ f(\chi)=\begin{cases}1,\chi\geqslant 0\\-1,\chi\leqslant 0\end{cases} \tag{15.4}$$

② Sigmoid（S 型）函數：

$$f(\chi)=\frac{1}{(1+e^{-\chi})} \tag{15.5}$$

③ 雙曲正切函數：

$$f(\chi)=\tanh(\chi)=\frac{(e^{\chi}-e^{-\chi})}{(e^{\chi}+e^{-\chi})} \tag{15.6}$$

④ 高斯型函數：

$$f(x)=\exp\left(-\frac{1}{2\sigma_i^2}\sum_j(x_j-w_{ji})^2\right) \tag{15.7}$$

其中，階躍函數多用於離散型的神經網路，S 型函數常用於連續型的神經網路，而高斯型函數則用於徑向基神經網路（radial basis function NN）。

15.1.5　人工神經網路的特點

人工神經網路是由大量的神經元廣泛互連而成的系統，它的這一結構特點決定着人工神經網路具有高速資訊處理的能力。雖然每個神經元的運算功能十分簡單，且信號傳輸速率也較低（大約 100 次/s），但由於各神經元之間的極度並行互連功能，最終使得一個普通人的大腦在約 1s 內就能完成現行電腦至少需要數十億次處理步驟才能完成的任務。

人工神經網路的知識儲存容量很大。在神經網路中，知識與資訊的儲存表現為神經元之間分佈式的物理聯繫。它分散地表示和儲存於整個網路內的各神經元及其連線上。每個神經元及其連線只表示一部分資訊，而不是一個完整具體的概念。只有通過各神經元的分佈式綜合效果才能表達出特定的概念和知識。

由於人工神經網路中神經元個數衆多以及整個網路儲存資訊容量的巨大，使得它具有很強的不確定性資訊處理能力。即使輸入資訊不完全、不準確或模糊不

清，神經網路仍然能够聯想思維存在於記憶中的事物的完整圖像。只要輸入的模式接近於訓練樣本，系統就能給出正確的推理結論。正是因為人工神經網路的結構特點和其資訊儲存的分佈式特點，使得它相對於其他的判斷識別系統，如專家系統等，具有另一個顯著的優點：健壯性。生物神經網路不會因為個別神經元的損失而失去對原有模式的記憶。最有力的證明是，當一個人的大腦因意外事故受輕微損傷之後，並不會失去原有事物的全部記憶。人工神經網路也有類似的情況。因某些原因，無論是網路的硬體實現還是軟體實現中的某個或某些神經元失效，整個網路仍然能繼續工作。

人工神經網路同現行的電腦不同，是一種非線性的處理單元。只有當神經元對所有的輸入信號的綜合處理結果超過某一閾值後才輸出一個信號。因此，神經網路是一種具有高度非線性的超大規模連續時間動力學系統。它突破了傳統的以線性處理為基礎的數位電子電腦的局限，標誌着人們智慧資訊處理能力和模擬人腦智慧行為能力的一大飛躍。神經網路的上述功能和特點，使其應用前途一片光明。

15.2 BP 神經網路

15.2.1 BP 神經網路簡介

BP 神經網路（back-propagation neural network），又稱誤差逆傳播神經網路，或多層前饋神經網路。它是單向傳播的多層前向神經網路，第一層是輸入節點，最後一層是輸出節點，其間有一層或多層隱含層節點，隱層中的神經元均採用 Sigmoid 型變換函數，輸出層的神經元採用純線性變換函數。圖 15.5 為三層前饋神經網路的拓撲結構。這種神經網路模型的特點是：各層神經元僅與相鄰層神經元之間有連

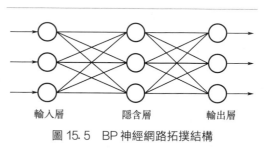

輸入層　　　　　隱含層　　　　　輸出層

圖 15.5　BP 神經網路拓撲結構

接，各層內神經元之間無任何連接，各層神經元之間無反饋連接。

BP 神經網路的輸入與輸出關係是一個高度非線性映射關係，如果輸入結點數為 n，輸出結點數為 m，則網路是從 n 維歐氏空間到 m 維歐氏空間的映射（1989 年 Robert Hecht-Nielsen 證明瞭對於閉區間內的任一連續函數都可以用一

個含隱層的 BP 網路來逼近，因而一個三層的 BP 網可以完成任意的 n 維到 m 維的映照）。

關於 BP 網路已經證明瞭存在下面兩個基本定理：

定理 1（Kolmogrov 定理）：給定任一連續函數 f：$[0,1]^n \to R^m$，f 可以用一個三層前向神經網路實現，第一層，即輸入層有 n 個神經元；中間層有 $2n+1$ 個神經元；第三層，即輸出層有 m 個神經元。

定理 2：給定任意 $\varepsilon > 0$，對於任意的 L2 型連續函數 f：$[0,1]^n \to R^m$，存在一個三層 BP 網路，它可以在任意 ε 平方誤差精度內逼近 f。

通過定理 1、2 可知，BP 神經網路具有以任意精度逼近任意非線性連續函數的特性。在確定了 BP 網路的結構後，利用輸入輸出樣本集對其進行訓練，也即對網路的權值和閾值進行學習和調整，以使網路實現給定的輸入輸出映射關係。

增大網路的層數可以降低誤差、提高精度，但是增大網路層數的同時使網路結構變得複雜，網路權值的數目急劇增大，從而使網路的訓練時間增大。精度的提高也可以通過調整隱層中的結點數目來實現，訓練結果也更容易觀察調整，所以通常優先考慮採用較少隱層的網路結構。

BP 網路經常採用一個隱層的結構，網路訓練能否收斂以及精度的提高，可以通過調整隱層的神經元個數的方法實現，這種方法與採用多個隱層的網路相比，學習時間和計算量都要減小許多。然而在具體問題中，採用多少個隱層、多少個隱層結點的問題，理論上並沒有明確的規定和方法可供使用。近年來，已有很多針對 BP 神經網路結構優化問題的研究，這是網路的拓撲結構設計中非常重要的問題。網路中隱層結點過少，則學習過程可能不收斂；但是隱層結點數過多，則會出現長時間不收斂的現象，還會由於過擬合，造成網路的容錯、泛化能力的下降。每個應用問題都需要適合它自己的網路結構，在一組給定的性能準則下的神經網路的結構優化問題是很複雜的。

BP 神經網路的最終性能不僅由網路結構決定，還與初始點、訓練數據的學習順序等有關，因而選擇網路的拓撲結構是否具有最佳的網路性能，是一個具有一定隨機性的問題。隱層單元數的選擇在神經網路的應用中一直是一個複雜的問題，事實上，ANN 的應用往往轉化為如何確定網路的結構參數和求取各個連接權值。隱層單元數過少可能訓練不出網路或者網路不夠「強壯」，不能識別以前沒有看見過的樣本，容錯性差；但隱層單元數過多，又會使學習時間過長，誤差也不一定最佳，因此存在一個如何確定合適的隱層單元數的問題。在具體設計時，比較實際的做法是通過對不同神經元數進行訓練對比，然後適當地加上一點餘量。經過訓練的 BP 網路，對於不是樣本集中的輸入也能給出合適的輸出，這種性質稱為泛化（generalization）功能。從函數擬合的角度看，這說明 BP 網路具有插值功能。

15.2.2 BP 神經網路的訓練學習

假設 BP 網路每層有 N 個處理單元，則隱含層第 i 個神經元所接收的輸入為：

$$net_i = x_1 w_{1i} + x_2 w_{2i} + \cdots + x_n w_{ni} \tag{15.8}$$

式中，x_i 表示輸入層第 i 個神經元所接收的輸入樣本，w_{ni} 表示輸入層第 i 個神經元與隱含層第 n 個神經元之間的連接權值。

激勵函數通常選用 Sigmoid 函數（圖 15.6）或雙曲正切函數，可以體現出生物神經元的非線性特性，而且滿足 BP 算法所要求的激勵函數可導條件，則輸出為：

$$o = f(net) = \frac{1}{1 + e^{-net}} \tag{15.9}$$

式中，net 表示神經元的輸入，o 表示神經元的輸出。

$$f'(net) = -\frac{1}{(1 + e^{-net})^2}(-e^{-net}) = o - o^2 = o(1-o) \tag{15.10}$$

（1）BP 神經網路學習過程

① 向前傳播階段。

a. 從樣本集中取一個樣本 (x_p, y_p)，將 x_p 輸入網路；

b. 計算相應的實際輸出 o_p：

$$o_p = f_l(\cdots(f_2(f_1(x_p w_1)w_2)\cdots)w_l) \tag{15.11}$$

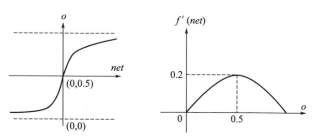

圖 15.6 Sigmoid 函數

② 向後傳播階段——誤差傳播階段。

a. 計算實際輸出 o_p 與相應的理想輸出 y_p 的差；

b. 按極小化誤差的方式調整權矩陣；

c. 網路關於第 p 個樣本的誤差測度：

$$Ep = \frac{1}{2} \sum_{j=1}^{m} (y_{pj} - o_{pj})^2 \tag{15.12}$$

其中，y_{pj} 表示對第 p 個樣本第 j 維的期望輸出。o_{pj} 表示對第 p 個樣本第

j 維的實際輸出。

d. 網路關於整個樣本集的誤差測度：

$$E = \sum_p Ep \qquad (15.13)$$

以下介紹 δ 學習規則，其實質是利用梯度最速下降法，使權值沿誤差函數的負梯度方向改變。若權值 w_{ji} 的變化量記為 Δw_{ji}，則：

$$\Delta w_{ji} \propto -\frac{\partial E_p}{\partial w_{ji}} \qquad (15.14)$$

因為：

$$\frac{\partial E_p}{\partial w_{ji}} = \frac{\partial E_p}{\partial \alpha_{pji}} \times \frac{\partial \alpha_{pji}}{\partial w_{ji}} = \frac{\partial E_p}{\partial \alpha_{pji}} o_{pj} = -\delta_{pj} o_{pj} \qquad (15.15)$$

令：

$$\delta_{pj} = \frac{\partial E_p}{\partial \alpha_{pji}} \qquad (15.16)$$

於是：

$$w_{ji} = \eta \delta_{pj} o_{pj}, \eta > 0 \qquad (15.17)$$

這就是常說的 δ 學習規則。

(2) 誤差傳播分析

① 輸出層權的調整（圖 15.7）。

$$w_{pq} = w_{pq} + \Delta w_{pq} \qquad (15.18)$$

式中，w_{pq} 表示輸出層第 q 個神經元與隱含層第 p 個神經元之間的連接權值。

$$
\begin{aligned}
\Delta w_{pq} &= \alpha \delta_q o_p \\
&= \alpha f'_n(net_q)(y_q - o_q) o_p \\
&= \alpha o_q(1 - o_q)(y_q - o_q) o_p
\end{aligned}
$$
$$(15.19)$$

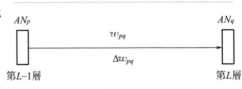

圖 15.7　輸出層權值調節

② 隱含層權值的調整（圖 15.8）。

$$v_{hp} = v_{hp} + \Delta v_{hp} \qquad (15.20)$$

式中，v_{hp} 表示第 $k-2$ 層第 h 個神經元與第 $k-1$ 層第 p 個神經元之間的連接權值。

$$
\begin{aligned}
\Delta v_{hp} &= \alpha \delta p_{k-1} o_{hk-2} \\
&= \alpha f'_{k-1}(net_p)(w_{p1}\delta_{1k} + w_{p2}\delta_{2k} + \cdots + w_{pm}\delta_{mk}) oh_{k-2} \\
&= \alpha o_{pk-1}(1 - o_{pk-1})(w_{p1}\delta_{1k} + w_{p2}\delta_{2k} + \cdots + w_{pm}\delta_{mk}) oh_{k-2}
\end{aligned}
$$
$$(15.21)$$

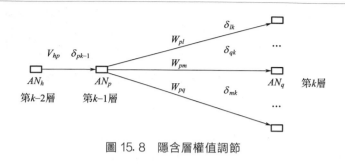

圖 15.8　隱含層權值調節

15.2.3　改進型 BP 神經網路

輸出層和隱含層間連接權重的調整量取決於 3 個因素：α、d_l^k 和 y_j^k，隱含層和輸入層間的權重調整量也取決於 3 個因素：β、e_j^k 和 x_i^k。很明顯，調整量與校正誤差成正比，也與隱含層的輸出值或輸入信號值成正比。即神經元的激活值越高，則它在這次學習過程中就越活躍，與其相連的權值調整幅度也大。但閾值的調整在形式上只與校正誤差成正比。學習係數 α 和 β 越大，學習速度越快，但可能引起學習過程的振盪。

利用 BP 網路進行目標值預測時，常會發現所謂的「過擬合」現象，即經過訓練的 BP 網路與學習樣本擬合很好，而對不參加學習的樣本的預報值則有較大的偏差。當學習樣本集的大小與網路的複雜程度比較不夠大時，「過擬合」往往比較嚴重。這應在神經網路模型的應用中予以注意。

BP 算法的缺點：

① 收斂速度慢，需要成千上萬次的迭代，而且隨着訓練樣例維數的增加，網路性能會變差；

② 網路中隱結點個數的選取尚無理論上的指導；

③ 從數學角度看，BP 算法是一種梯度最速下降法，這就可能出現局部極小的問題。

當出現局部極小時，表面上看誤差符合要求，但這時所得到的解並不一定是問題的真正解，所以 BP 算法是不完備的，因此出現了許多的改進算法，例如，用響應式變步長加速 BP 算法改善收斂速度，用模擬退火 (simulated annealing，SA) 改進 BP 算法以避免局部極小值問題等。

BP 神經網路模型在進行神經網路的訓練時，為了防止網路陷入局部極小值，採用了附加動量法。附加動量法使網路在修正其權值時，不僅考慮誤差在梯度上的作用，而且考慮在誤差曲面上變化趨勢的影響。其作用如同一個低通濾波器，

它允許網路忽略網路上的微小變化特性。在沒有附加動量時，網路可能陷入淺的局部極小值，利用附加動量的作用則有可能滑過這些極小值。附加動量法降低了網路對於誤差曲面局部細節的敏感性，可以有效地抑制網路陷於局部極小。該方法是在反向傳播法的基礎上在每一個權值的變化上加上一項正比於前次權值變化量的值，並根據反向傳播法來產生新的權值變化。帶有附加動量因子的權值調節公式為：

$$\Delta w_{ij}(k+1) = (1-mc)\eta\delta_i x_j + mc\Delta w_{ij}k \tag{15.22}$$

其中，k 為訓練次數；Δw 為權值的增量；η 為學習速度；δ 為誤差；x 為網路輸入；mc 為動量因子，一般取 0.9 左右。

BP 網路的資訊分散儲存於相鄰層次神經元的連接權上。網路的進化訓練過程，也就是網路對樣本數據的學習中不斷調整聯接權值的過程。在 BP 算法中，我們試圖調整一個神經網路的權值，使得訓練集的實際輸出能與目標輸出盡可能地靠近。當輸入輸出之間是非線性關係，而且訓練樣本充足的情況下，該算法非常有效。但在實踐中，基於梯度的 BP 算法暴露了自身的弱點，那就是收斂速度慢、全局搜索能力差等問題。因此，學習規則、學習速率的調整和改進，也是 BP 網路設計的一個重要方面。

對於一個特定的問題，要選擇適當的學習速率比較困難。因為小的學習速率會導致較長的訓練時間，而大的學習速率可能導致系統的不穩定。並且，對訓練開始初期功效較好的學習速率，不見得對後來的訓練合適。為瞭解決這個問題，在網路訓練中採用自動調整學習速率法，即響應式學習速率法。響應式學習速率法的準則是：檢查權值的修正值是否真正降低了誤差函數，如果確實如此，則説明所選取的學習速率值小了，可以對其增加一個量；若不是這樣，而產生了過調，那麼就應該減小學習速率的值。下面給出了一種響應式學習速率的調整公式。

$$\eta(k+1) = \begin{cases} 1.05\eta(k), SSE(k+1) < SSE(k) \\ 0.7\eta(k), SSE(k+1) > 1.04SSE(k) \end{cases} \tag{15.23}$$

$$SSE = \sum_{i=1}^{n}(y_i - y'_i)^2 \tag{15.24}$$

其中，η 為學習速度；k 為訓練次數；SSE 為誤差函數；y_i 為學習樣本的輸出值；y'_i 為網路訓練後 y_i 的實際輸出值；n 為學習樣本的個數。

15.3 BP 神經網路在數位字符識別中的應用

數位字符識別在現代日常生活的應用越來越廣泛，比如，車輛牌照自動識別系統、聯機手寫識別系統、辦公自動化等。隨着辦公自動化的發展，印刷體數位

字符識別技術已經越來越受到人們的重視。印刷體數位字符識別在不同領域有着廣泛的應用。若利用機器來識別銀行的簽字，那麼，它就能在相同的時間內做更多的工作，既節省了時間，又節約了人力物力資源，提高工作效率，有效地降低了成本。隨着我國社會經濟、公路運輸的高速發展，以及汽車擁有量的急劇增加。採用先進、高效、準確的智慧交通管理系統迫在眉睫。車輛監控和管理的自動化、智慧化在交通系統中具有十分重要的意義。車輛自動識別系統能廣泛應用於公路和橋梁收費站、城市交通監控系統、港口、機場和停車場等車牌認證的實際交通系統中，以提高交通系統的車輛監控和管理的自動化程度。汽車牌照自動識別是智慧交通管理系統中的關鍵技術之一，而汽車牌照的識別又主要是數位字符的識別，採用機器視覺技術進行車牌識別已經得到普及。利用 BP 神經網路來實現數位字符識別，是常用方法之一。在神經網路的實際應用中，80％～90％的人工神經網路模型是採用 BP 網路或其變化形式。

15.3.1 BP 神經網路數位字符識別系統原理

一般神經網路數位字符識別系統由預處理、特徵提取和神經網路分類器組成。預處理就是將原始數據中的無用資訊刪除，去除噪聲等干擾因素，一般採用梯度銳化、平滑、二值化、字符分割和幅度歸一化等方法對原始數據圖像進行預處理，以提取有用資訊。神經網路數位字符識別系統中的特徵提取部分不一定存在，這樣就分為兩大類：①有特徵提取部分：這一類系統實際上是傳統方法與神經網路方法技術的結合，這種方法可以充分利用人的經驗來獲取模式特徵以及神經網路分類能力來識別字符。特徵提取必須能反映整個字符的特徵，但它的抗干擾能力不如第②類。②無特徵提取部分：省去特徵提取，整個字符直接作為神經網路的輸入（有人稱此種方式是使用字符網格特徵），在這種方式下，系統的神經網路結構的複雜度大大增加了，輸入模式維數的增加導致了網路規模的龐大。此外，神經網路結構需要完全自己消除模式變形的影響，但是網路的抗干擾性能好，識別率高。

BP 神經網路模型的輸入就是數位字符的特徵向量，神經網路模型的輸出節點是字符數。10 個數位字符，輸出層就有 10 個神經元，每個神經元代表一個數位。隱層數要選好，每層神經元數要合適。然後要選擇適當的學習算法，這樣才會有很好的識別效果。

在學習階段應該用大量的樣本進行訓練學習，通過樣本的大量學習對神經網路的各層網路的連接權值進行修正，使其對樣本有正確的識別結果，這就像人記數位一樣，網路中的神經元就像是人腦細胞，連接權值的改變就像是人腦細胞的相互作用的改變，神經網路在樣本學習中就像人記數位一樣，學習樣本時的網路

權值調整就相當於人記住各個數位的形象，網路權值就是網路記住的內容，網路
學習階段就像人由不認識數位到認識數位反復學習的過程。神經網路是由特徵向
量的整體來記憶數位的，只要大多數特徵符合學習過的樣本就可識別為同一字
符，所以當樣本存在較大噪聲時神經網路模型仍可正確識別。在數位字符識別階
段，只要將輸入進行預處理後的特徵向量作為神經網路模型的輸入，經過網路的
計算，模型的輸出就是識別結果。可以利用這一原理建立網路模型用以進行數位
字符的識別。

15.3.2　網路模型的建立

首先，設計訓練一個神經網路能夠識別 10 數位，意味着每當給訓練過的網
路一個表示某一數位的輸入時，網路能夠正確地在輸出端指出該數位，那麼很顯
然，該網路記憶住了所有 10 個數位。神經網路的訓練應當是有監督地訓練出輸
入端的 10 組分別表示數位 0 到 9 的數組，能夠對應出輸出端 1 到 10 的具體的位
置。因此必須先將每個數位的點陣圖進行數位化處理，以便構造輸入樣本。經過
灰階圖像二值化、梯度銳化、傾斜調整、噪聲濾波、圖像分割、尺寸標準歸一化
等處理後，每個訓練樣本數位字符被轉化成一個 8×16 矩陣的布爾值表示，例如
數位 0 可以用 0，1 矩陣表示為：

$$
\text{Letter0} = \begin{bmatrix}
0 & 0 & 1 & 1 & 1 & 1 & 1 & 0 \\
0 & 0 & 1 & 0 & 0 & 0 & 1 & 0 \\
0 & 0 & 1 & 0 & 0 & 0 & 1 & 0 \\
0 & 0 & 1 & 0 & 0 & 0 & 1 & 0 \\
0 & 0 & 1 & 0 & 0 & 0 & 1 & 0 \\
0 & 0 & 1 & 0 & 0 & 0 & 1 & 0 \\
0 & 0 & 1 & 0 & 0 & 0 & 1 & 0 \\
0 & 0 & 1 & 0 & 0 & 0 & 1 & 0 \\
0 & 0 & 1 & 0 & 0 & 0 & 1 & 0 \\
0 & 0 & 1 & 0 & 0 & 0 & 1 & 0 \\
0 & 0 & 1 & 0 & 0 & 0 & 1 & 0 \\
0 & 0 & 1 & 0 & 0 & 0 & 1 & 0 \\
0 & 0 & 1 & 0 & 0 & 0 & 1 & 0 \\
0 & 0 & 1 & 0 & 0 & 0 & 1 & 0 \\
0 & 0 & 1 & 0 & 0 & 0 & 1 & 0 \\
0 & 0 & 1 & 1 & 1 & 1 & 1 & 0
\end{bmatrix}
$$

此外，網路還必須具有容錯能力。因為在實際情況下，網路不可能接受到一

個理想的布爾向量作為輸入。對噪聲進行數位化處理以後，當噪聲均值為 0，標準差小於等於 0.2 時，系統能夠做到正確識別輸入向量，這就是網路的容錯能力。

對於辨識數位的要求，神經網路被設計成兩層 BP 網路，具有 $8 \times 16 = 128$ 個輸入端，輸出層有 10 個神經元。訓練網路就是要使其輸出向量正確代表數位向量。但是，由於噪聲信號的存在，網路可能會產生不精確的輸出，而通過競爭傳遞函數訓練後，就能夠保證正確識別帶有噪聲的數位向量。網路模型的建立步驟如下。

初始化：首先生成輸入樣本數據和輸出向量，然後建立一個兩層神經網路。

網路訓練：為了使產生的網路對輸入向量有一定的容錯能力，最好的辦法就是既使用理想信號，又使用帶有噪聲的信號對網路進行訓練。訓練的目的是獲得一個好的權值數據，使得它能夠辨認足夠多的從來沒有學習過的樣本。即採用一部分樣本輸入到 BP 網路中，經過多次調整形成一個權值文件。

訓練的基本流程如下所述。

① 將輸入層和隱含層之間的連接權值 w_{ij}，隱含層與輸出層的連接權 v_{il}，閾值 θ_j 賦予 $[0,1]$ 之間的隨機值；並指定學習係數 α、β 以及神經元的激勵函數。

② 將含有 $n \times n$ 個像素數據的圖像作為網路的輸入模式 $X_k = (x_{1k}, x_{2k}, \cdots x_{nn})$ 提供給網路，隨機產生輸出模式對 $Z_k = (z_{1k}, z_{2k}, \cdots, x_{nn})$。

③ 用網路的設置計算隱含層各神經元的輸出 y_j：

$$\begin{cases} s_j = \sum_{i=1}^{n} w_{ij} x_i - \theta_j \\ y_j = f(s_j) \end{cases} \tag{15.25}$$

④ 用網路的設置計算輸出層神經元的響應 C_l：

$$\begin{cases} u_l = \sum_{j=1}^{p} v_{jl} y_j - \gamma_l \\ C_l = f(u_l) \end{cases} \tag{15.26}$$

⑤ 利用給定的輸出數據計算輸出層神經元的一般化誤差 d_l^k：

$$d_t^k = (z_l^k - C_l^k) f'(u_l) \tag{15.27}$$

⑥ 計算隱含層各神經元的一般化誤差 e_j^k：

$$e_j^k = \left(\sum_{l=1}^{q} v_{jl} d_l^k \right) f'(s_j^k) \tag{15.28}$$

⑦ 利用輸出層神經元的一般化誤差 d_l^k、隱含層各神經元輸出 y_j，修正隱含

層與輸出層的連接權重 v_{jl} 和神經元閾值 γ_l：

$$\begin{cases} \Delta v_{jl} = \alpha d_l^k y_j^k\,, (0<\alpha<1) \\ \Delta \gamma_l = -\alpha d_l^k \end{cases} \qquad (15.29)$$

⑧ 利用隱含層神經元的一般化誤差 e_j^k、輸入層各神經元輸入 X^k，修正輸入層與隱含層的連接權重 w_{ij} 和神經元閾值 θ_j：

$$\begin{cases} \Delta w_{ij} = \beta e_j^k x_i^k\,, (0<\beta<1) \\ \Delta \theta_j = -\beta e_j^k \end{cases} \qquad (15.30)$$

⑨ 隨機選取另一個輸入－輸出數據組，返回③進行學習；重復利用全部數據組進行學習。這時網路利用樣本集完成一次學習過程。

⑩ 重復下一次學習過程，直至網路全局誤差小於設定值，或學習次數達到設定次數為止。

⑪ 對經過訓練的網路進行性能測試，檢查其是否符合要求。

上述步驟中的③、④是正向傳播過程，⑤～⑧是誤差逆向傳播過程，在反復的訓練和修正中，神經網路最後收斂到能正確反映客觀過程的權重因子數值。應用理想的輸入信號對網路進行訓練，直到其均方差達到精度為止。

15.3.3　數位字符識別演示

對於一幅要識別的圖像，需要進行彩色轉灰階、二值分割、去噪處理、傾斜調整、文字分割、文字寬度調整、文字規整排列、提取特徵向量、BP 網路訓練、讀取各層結點數目、文字識別等處理過程。實際應用過程中，對規格為如圖 15.9 所示的數位圖像進行訓練，來驗證 BP 神經網路在圖像文字識別中的應用。

0123456789 *0123456789* **0123456789** 0123456789

圖 15.9　訓練樣本

（1）網路訓練

以下是網路訓練的具體操作步驟。

第一步：首先將圖 15.9 讀入系統。

第二步：打開 2 值化視窗，低閾值設定為 200，選擇「以上」，進行 2 值化處理，如圖 15.10 所示。

第三步：關閉 2 值化處理視窗，中值濾波 3 次，對圖像進行去噪處理。

第四步：打開「基於 BP 神經網路的文字識別」視窗，如圖 15.11 所示。

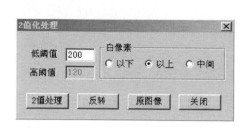

圖 15.10　2 值化處理視窗

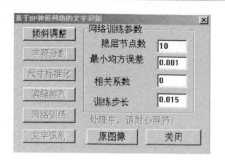

圖 15.11　文字識別視窗

　　第五步：執行「傾斜調整」，調整文字的傾斜度。執行後，「字符分割」鍵有效。

　　第六步：執行「字符分割」，分割每個字符。執行後，「尺寸標準化」鍵有效。

　　第七步：執行「尺寸標準化」，生成標準尺寸的字符。執行後，「緊縮排列」鍵有效。本系統將標準化尺寸固定為高 8 像素、寬 16 像素。

　　第八步：執行「緊縮排列」，將標準化後的字符順序排列。執行後，「網路訓練」和「文字識別」鍵有效。圖 15.12 是經過以上各步處理後得到的文字樣本圖像。

01234567890123456789**0123456789**0123456789

圖 15.12　預處理過後的訓練樣本

　　第九步：執行「網路訓練」，在內部生成一個存放權值的文件，用於以後的文字識別。「網路訓練」需要一定的時間，執行期間需要耐心等待。

　　經過以上各步，將獲得一個存放權值的文件，在以後的文字識別中將沒有必要再進行訓練。如果對訓練結果不滿意，可以在改變網路訓練參數或者改變訓練圖像後，重新進行訓練。

　　由於預處理後所得的對象是 8×16 像素的字符，因此，輸入端採用 128 個神經元，每個輸入神經元分別代表所處理圖像的一個像素值。輸出層採用 10 個神經元，分別對應 16 個數位。隱含層和輸出層的神經元傳遞函數均應用 Sigmoid，這是因為該函數輸出量在 [0, 1] 區間內，恰好滿足輸出為布爾值的要求。神經網路的參數設定如圖 15.11 所示，隱層節點數為 10 個，最小均方誤差為 0.001，訓練步長為 0.015。神經網路訓練的過程就是要使其輸出向量正確代表數位

向量。

（2）文字識別

圖 15.13 是要識別的文字圖像，該圖像是彩色圖像。以下介紹對該圖像進行文字識別的具體步驟。

圖 15.13　測試樣本

第一步：讀入圖像，將彩色圖像轉化為灰階圖像。

第二步～第八步：與「網路訓練」的第二步～第八步完全相同。圖 15.14 是經過以上各步處理後的測試樣本圖像。

第九步：執行「文字識別」命令，輸出圖 15.15 的識別結果。注意，該輸出結果是比較理想的識別結果。一般情況下，識別的準確率在 80％以上。

20040420

圖 15.14　預處理過後的測試樣本

圖 15.15　識別結果

參考文獻

[1]　陳兵旗 . 實用數位圖像處理與分析［M］.　　第 2 版 . 北京：中國農業大學出版社，2014.

第16章

深度學習

16.1 深度學習的發展歷程

2012 年 6 月，《紐約時報》披露了 Google Brain 項目，吸引了公眾的廣泛關注。這個項目是由著名的斯坦福大學的機器學習教授 Andrew Ng 和在大規模電腦系統方面的世界頂尖專家 JeffDean 共同主導，用 16000 個 CPU Core 的並行計算平臺，訓練一種稱為「深度神經網路」（deep neural networks，DNN）的機器學習模型，在語音識別和圖像識別等領域獲得了巨大的成功。該機器學習模型內部共有 10 億個節點。盡管如此，這一網路也不能跟具有 150 多億個神經元的人類神經網路相提並論的。

2012 年 11 月，微軟在中國天津的一次活動上公開演示了一個全自動的同聲傳譯系統，講演者用英文演講，後臺的電腦一氣呵成自動完成語音識別、英中機器翻譯和中文語音合成，效果非常流暢。據報導，後面支撐的關鍵技術也是 DNN，或者深度學習（deep learning，DL）。

2013 年 1 月，在百度年會上，創始人兼 CEO 李彥宏高調宣佈要成立百度研究院，其中第一個成立的就是「深度學習研究所」（institute of deep learning，IDL）。

為什麼擁有大數據的互聯網公司爭相投入大量資源研發深度學習技術。什麼是深度學習？為什麼有深度學習？它是怎麼來的？又能幹什麼呢？目前存在哪些困難呢？本節就上述問題進行説明。

機器學習（machine learning）是一門專門研究電腦怎樣模擬或實現人類的學習行為，以獲取新的知識或技能，重新組織已有的知識結構使之不斷改善自身的性能的學科。[1] 機器能否像人類一樣能具有學習能力呢？1959 年美國的塞繆爾（Samuel）設計了一個下棋程序，這個程序具有學習能力，它可以在不斷地對弈中改善自己的棋藝。4 年後，這個程序戰勝了設計者本人。又過了 3 年，這個程序戰勝了美國一個保持 8 年之久的冠軍。這個程序向人們展示了機器學習的能力，提出了許多令人深思的社會問題與哲學問題。例如，圖像識別、語音識別、自然語言理解、天氣預測、基因表達、內容推薦等。目前我們通過機器學習

去解決這些問題的思路都是這樣的（以視覺感知為例子）：從開始的通過傳感器（攝影頭）來獲得數據；然後經過預處理、特徵提取、特徵選擇，再到推理、預測或者識別；最後一個部分，也就是機器學習的部分，絕大部分的工作是在這方面做的，也存在很多的研究。而中間的三部分，概括起來就是特徵表達。良好的特徵表達對最終算法的準確性起了非常關鍵的作用，而且系統主要的計算和測試工作都耗在這一大部分。手工選取特徵非常費力，能不能選取好，很大程度上靠經驗和運氣。深度學習就是通過學習一些特徵，然後實現自動選取特徵的目的。它的一個別名 unsupervised feature learning，意思就是不要人參與特徵的選取過程。

機器學習是一門專門研究電腦怎樣模擬或實現人類的學習行為的學科。人的視覺機理如下，從原始信號攝入開始，接着做初步處理（大腦皮層某些細胞發現邊緣和方向），然後抽象（大腦判定，眼前的物體的形狀，例如是圓形的），然後進一步抽象（大腦進一步判定該物體是具體的什麼物體，例如是只氣球）。

總的來說，人的視覺系統的資訊處理是分級的。高層的特徵是低層特徵的組合，從低層到高層的特徵表示越來越抽象，越來越能表現語義或者意圖。而抽象層面越高，存在的可能猜測就越少，就越利於分類。例如，單詞集合和句子的對應是多對一的，句子和語義的對應又是多對一的，語義和意圖的對應還是多對一的，這是個層級體系。Deep learning 的 deep 就是表示這種分層體系。那 deep learning 是如何借鑒這個過程的呢？畢竟是歸於電腦來處理，面對的一個問題就是怎麼對這個過程建模？

特徵是機器學習系統的原材料，對最終模型的影響是毋庸置疑的。如果數據被很好地表達成了特徵，通常線性模型就能達到滿意的精度。那對於特徵，我們需要考慮什麼呢？

學習算法在一個什麼粒度上的特徵表示，才有可能發揮作用？就一個圖像來說，像素級的特徵根本沒有價值。例如，一輛汽車的照片，從像素級別，根本得不到任何資訊，其無法進行汽車和非汽車的區分。而如果特徵是一個具有結構性（或者說有含義）的時候，比如是否具有車燈、是否具有輪胎，就很容易把汽車和非汽車區分開，學習算法才能發揮作用。複雜圖形往往由一些基本結構組成。不僅圖像存在這個規律，聲音也存在。

小塊的圖形可以由基本邊緣構成，更結構化、更複雜、具有概念性的圖形，就需要更高層次的特徵表示。深度學習就是找到表述各個層次特徵的小塊，逐步將其組合成上一層次的特徵。那麼，每一層該有多少個特徵呢？特徵越多，給出的參考資訊就越多，準確性會得到提升。但是特徵多，意味着計算複雜、探索的空間大，可以用來訓練的數據在每個特徵上就會稀疏，會帶來各種問題，並不一定特徵越多越好。還有，多少層才合適呢？用什麼架構來建模呢？怎麼進行非監

督訓練？這些需要有個整體的設計。

16.2　深度學習的基本思想

假設有一個系統 S，它有 n 層（S_1，$\cdots$，S_n），它的輸入是 I，輸出是 O，形象地表示為：$I \rightarrow S_1 \rightarrow S_2 \rightarrow \cdots \rightarrow S_n \rightarrow O$，如果輸出 O 等於輸入 I，即輸入 I 經過這個系統變化之後沒有任何的資訊損失，保持了不變，這意味着輸入 I 經過每一層 S_i 都沒有任何的資訊損失，即在任何一層 S_i，它都是原有資訊（即輸入 I）的另外一種表示。深度學習需要自動地學習特徵，假設有一堆輸入 I（如一堆圖像或者文本），設計了一個系統 S（有 n 層），通過調整系統中參數，使得它的輸出仍然是輸入 I，那麼就可以自動地獲取到輸入 I 的一系列層次特徵，即 S_1，$\cdots$，S_n。對於深度學習來說，其思想就是設計多個層，每一層的輸出都是下一層的輸入，通過這種方式，實現對輸入資訊的分級表達。

上面假設輸出嚴格等於輸入，這實際上是不可能的，資訊處理不會增加資訊，大部分處理會丟失資訊。可以略微地放鬆這個限制，例如，只要使得輸入與輸出的差別盡可能小即可，這個放鬆會導致另外一類不同的深度學習方法。

16.3　淺層學習和深度學習

（1）淺層學習是機器學習的第一次浪潮

前面介紹的 BP 神經網路，發明於 20 世紀 80 年代末期，帶來的機器學習熱潮，一直持續到今天。人們發現，利用 BP 算法可以讓一個人工神經網路模型從大量訓練樣本中學習統計規律，從而對未知事件做預測。這種基於統計的機器學習方法比起過去基於人工規則的系統，在很多方面顯出優越性。這個時候的人工神經網路，雖也被稱作多層感知機（multi-layer perceptron），但實際是只含有一個隱層節點的淺層模型，因此也被稱為淺層學習（shallow learning）。

20 世紀 90 年代，各種各樣的淺層機器學習模型相繼被提出，例如，支撐向量機（support vector machines，SVM）、Boosting、最大熵方法（logistic regression，LR）等。這些模型的結構基本上可以看成帶有一個隱層節點（如 SVM、Boosting），或沒有隱層節點（如 LR）。這些模型無論是在理論分析還是應用中都獲得了巨大的成功。相比之下，由於理論分析的難度大，訓練方法又需要很多經驗和技巧，這個時期淺層人工神經網路反而相對沉寂。

（2）深度學習是機器學習的第二次浪潮

2006 年，加拿大多倫多大學教授、機器學習領域的泰斗 Geoffrey Hinton 和他的學生 Ruslan Salakhutdinov 在《科學》上發表了一篇文章，開啓了深度學習在學術界和工業界的浪潮。這篇文章有兩個主要觀點：①多隱層的人工神經網路具有優異的特徵學習能力，學習得到的特徵對數據有更本質的刻畫，從而有利於可視化或分類；②深度神經網路在訓練上的難度，可以通過「逐層初始化」（layer-wise pre-training）來有效克服，在這篇文章中，逐層初始化是通過無監督學習實現的。

當前多數分類、回歸等學習方法為淺層結構算法，其局限性在於有限樣本和計算單元情況下對複雜函數的表示能力有限，針對複雜分類問題其泛化能力受到一定制約。深度學習可通過學習一種深層非線性網路結構，實現複雜函數逼近，表征輸入數據分佈式表示，並展現了強大的從少數樣本集中學習數據集本質特徵的能力。也就是說，多層的好處是可以用較少的參數表示複雜的函數。

深度學習的實質是通過構建具有很多隱層的機器學習模型和海量的訓練數據，來學習更有用的特徵，從而最終提昇分類或預測的準確性。因此，「深度模型」是手段，「特徵學習」是目的。區別於傳統的淺層學習，深度學習的不同在於：①強調了模型結構的深度，通常有 5 層、6 層，甚至 10 多層的隱層節點；②明確突出了特徵學習的重要性，也就是說，通過逐層特徵變換，將樣本在原空間的特徵表示變換到一個新特徵空間，從而使分類或預測更加容易。與人工規則構造特徵的方法相比，利用大數據來學習特徵，更能夠刻畫數據的豐富內在資訊。

16.4　深度學習與神經網路

深度學習是機器學習研究中的一個新的領域，其動機在於建立、模擬人腦進行分析學習的神經網路，它模仿人腦的機制來解釋數據，例如，圖像、聲音和文本。深度學習是無監督學習的一種。

深度學習的概念源於人工神經網路的研究。含多隱層的多層感知器就是一種深度學習結構。深度學習通過組合低層特徵，形成更加抽象的高層表示屬性類別或特徵，以發現數據的分佈式特徵表示。深度學習是機器學習的一個分支，簡單可以理解為神經網路的發展。大約二、三十年前，神經網路曾經是 ML 領域特別火熱的一個方向，但是後來確慢慢淡出了，原因包括以下兩個方面：

① 比較容易過擬合，參數比較難調整（tune），而且需要很多訓練（trick）。
② 訓練速度比較慢，在層次比較少（≤3）的情況下效果並不比其他方法

更優。

　　所以中間有 20 多年的時間，神經網路被關注很少，這段時間基本上是 SVM 和 boosting 算法的天下。但是，一位痴心的老先生 Hinton，他堅持了下來，並最終和其他人（Bengio、Yann. lecun 等）一起提出了一個實際可行的深度學習框架。

　　深度學習與傳統的神經網路之間既有相同的地方也有很多不同之處。相同之處在於深度學習採用了與神經網路相似的分層結構，系統由包括輸入層、隱層（多層）、輸出層組成的多層網路，只有相鄰層節點之間有連接，同一層以及跨層節點之間相互無連接，每一層可以看作是一個邏輯回歸（logistic regression）模型；這種分層結構，是比較接近人類大腦的結構的。

　　為了克服神經網路訓練中的問題，DL 採用了與神經網路很不同的訓練機制。傳統神經網路中，採用的是反向傳播（back propagation）的方式進行，簡單來講就是採用迭代的算法來訓練整個網路，隨機設定初值，計算當前網路的輸出，然後根據當前輸出和標記（label）之間的差去改變前面各層的參數，直到收斂（整體是一個梯度下降法）。而深度學習整體上是一個逐層（layer-wise）訓練機制。這樣做的原因是因為，如果採用反向傳播機制，對於一個深層網路（7 層以上），殘差傳播到最前面的層已經變得太小，會出現所謂的梯度擴散（gradient diffusion）。

16.5　深度學習訓練過程

　　如果對所有層同時訓練，複雜度會很高。如果每次訓練一層，偏差就會逐層傳遞。這會面臨跟上面監督學習中相反的問題，因為深度網路的神經元和參數太多，會嚴重欠擬合。

　　2006 年，Hinton 提出了在非監督數據上建立多層神經網路的一個有效方法，簡單地說可分為兩步：

　　① 首先逐層構建單層神經元，這樣每次都是訓練一個單層網路。

　　② 當所有層訓練完後，使用 wake-sleep 算法進行調優。

　　將除最頂層的其他層間的權重變為雙向的，這樣最頂層仍然是一個單層神經網路，而其他層則變為了圖模型。向上的權重用於「認知」，向下的權重用於「生成」。然後使用 wake-sleep 算法調整所有的權重。讓認知和生成達成一致，也就是保證生成的最頂層表示能夠儘可能正確地復原底層的結點。比如，頂層的一個結點表示人臉，那麼所有人臉的圖像應該激活這個結點，並且這個結果向下生成的圖像應該能夠表現為一個大概的人臉圖像。wake-sleep 算法分為醒

（wake）和睡（sleep）兩個部分。

① Wake 階段：認知過程，通過外界的特徵和向上的權重（認知權重）產生每一層的抽象表示（結點狀態），並且使用梯度下降修改層間的下行權重（生成權重）。也就是「如果現實跟我想象的不一樣，改變我的權重使得我想象的東西就是這樣的」。

② Sleep 階段：生成過程，通過頂層表示（醒時學得的概念）和向下權重，生成底層的狀態，同時修改層間向上的權重。也就是「如果夢中的景象不是我腦中的相應概念，改變我的認知權重使得這種景象在我看來就是這個概念」。

深度學習具體訓練過程如下：

① 使用自下而上的非監督學習。從底層開始，一層一層地往頂層訓練。採用無標定數據（有標定數據也可）分層訓練各層參數，這一步可以看作是一個無監督訓練過程，是和傳統神經網路區別最大的部分。這個過程可以看作是特徵學習（feature learning）過程。首先用無標定數據訓練第一層，訓練時先學習第一層的參數（這一層可以看作是得到一個使得輸出和輸入差別最小的三層神經網路的隱層），由於模型容量（capacity）的限制以及稀疏性約束，使得得到的模型能夠學習到數據本身的結構，從而得到比輸入更具有表示能力的特徵；在學習得到第 $n-1$ 層後，將 $n-1$ 層的輸出作為第 n 層的輸入，訓練第 n 層，由此分別得到各層的參數。

② 自頂向下的監督學習。通過帶標籤的數據去訓練，誤差自頂向下傳輸，對網路進行微調。基於第一步得到的各層參數進一步調整整個多層模型的參數，這一步是一個有監督訓練過程。第一步類似神經網路的隨機初始化初值過程，由於深度學習的第一步不是隨機初始化，而是通過學習輸入數據的結構得到的，因而這個初值更接近全局最優，從而能夠取得更好的效果。所以，深度學習的效果好壞，很大程度上歸功於第一步的特徵學習過程。

16.6　深度學習的常用方法

16.6.1　自動編碼器

深度學習最簡單的一種方法是利用人工神經網路的特點，人工神經網路（ANN）本身就是具有層次結構的系統，如果給定一個神經網路，我們假設其輸出與輸入是相同的，然後訓練調整其參數，得到每一層中的權重。自然就得到了輸入 I 的幾種不同表示（每一層代表一種表示），這些表示就是特

徵。自動編碼器（auto encoder）就是一種盡可能復現輸入信號的神經網路。為了實現這種復現，自動編碼器就必須捕捉可以代表輸入數據的最重要的因素，找到可以代表原資訊的主要成分。

具體過程簡單說明如下。

（1）給定無標籤數據，用非監督學習特徵

在之前的神經網路中，如圖 16.1(a) 所示，輸入的樣本是有標籤的，即（輸入，目標），這樣根據當前輸出和目標（標籤）之間的差去改變前面各層的參數，直到收斂。但現在只有無標籤數據，也就是右邊的圖。那麼這個誤差怎麼得到呢？

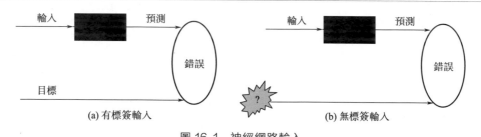

圖 16.1　神經網路輸入

如圖 16.2 所示，輸入經編碼器後，就會得到一個編碼，這個編碼也就是輸入的一個表示，那麼怎麼知道這個編碼表示的就是輸入呢？再加一個解碼器，這時候解碼器就會輸出一個資訊，那麼如果輸出的這個資訊和一開始的輸入信號是很像的（理想情況下就是一樣的），那很明顯，就有理由相信這個編碼是靠譜的。所以，就通過調整編碼器和解碼器的參數，使得重構誤差最小，這時候就得到了輸入信號的第一個表示了，也就是編碼了。因為是無標籤數據，所以誤差的來源就是直接重構後與原輸入相比得到。

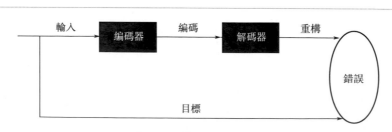

圖 16.2　編碼器與解碼器

（2）通過編碼器產生特徵，然後逐層訓練下一層

上面得到了第一層的編碼，根據重構誤差最小說明這個編碼就是原輸入信號

的良好表達，或者說它和原信號是一模一樣的（表達不一樣，反映的是一個東西）。第二層和第一層的訓練方式一樣，將第一層輸出的編碼當成第二層的輸入信號，同樣最小化重構誤差，就會得到第二層的參數，並且得到第二層輸入的編碼，也就是原輸入資訊的第二個表達。其他層如法炮製就行了（訓練這一層，前面層的參數都是固定的，並且他們的解碼器已經沒用了，都不需要了）。圖 16.3 為逐層訓練模型。

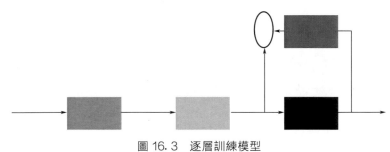

圖 16.3　逐層訓練模型

（3）有監督微調

經過上面的方法，可以得到很多層。至於需要多少層（或者深度需要多少，目前沒有一個科學的評價方法）需要自己試驗。每一層都會得到原始輸入的不同的表達。當然，越抽象越好，就像人的視覺系統一樣。

到這裡，這個 auto encoder 還不能用來分類數據，因為它還沒有學習如何去連結一個輸入和一個類。它只是學會瞭如何去重構或者復現它的輸入而已。或者說，它只是學習獲得了一個可以良好代表輸入的特徵，這個特徵可以最大程度代表原輸入信號。為了實現分類，可以在 auto encoder 最頂的編碼層添加一個分類器（例如，羅杰斯特回歸、SVM 等），然後通過標準的多層神經網路的監督訓練方法（梯度卜降法）去訓練。也就是說，這時候，需要將最後層的特徵編碼輸入到最後的分類器，通過有標籤樣本，通過監督學習進行微調，這也分兩種，一個是只調整分類器，如圖 16.4 的黑色部分。

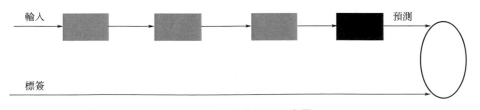

圖 16.4　調整分類器示意圖

另一種是如圖 16.5 所示，通過有標籤樣本，微調整個系統。如果有足夠多的數據，這種方法最好，可以端對端學習（end-to-end learning）。

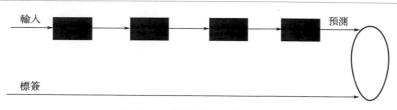

圖 16.5　微調整個系統示意圖

一旦監督訓練完成，這個網路就可以用來分類了。神經網路的最頂層可以作為一個線性分類器，然後可以用一個更好性能的分類器去取代它。在研究中可以發現，如果在原有的特徵中加入這些自動學習得到的特徵可以大大提高精確度。Auto encoder 存在一些變體，這裡簡要介紹以下兩個。

（1）稀疏自動編碼器。可以繼續加上一些約束條件得到新的 deep learning 方法，例如，如果在 auto encoder 的基礎上加上 L1 的 regularity 限制（L1 主要是約束每一層中的節點中大部分都要為 0，只有少數不為 0，這就是 sparse 名字的來源），就可以得到稀疏自動編碼器（sparse autoencoder）法。其實就是限制每次得到的表達編碼盡量稀疏。因為稀疏的表達往往比其他的表達要有效。人腦好像也是這樣的，某個輸入只是刺激某些神經元，其他的大部分的神經元是受到抑制的。

（2）降噪自動編碼器。降噪自動編碼器（denoising auto encoders，DA）是在自動編碼器的基礎上，訓練數據加入噪聲，所以自動編碼器必須學習去除這種噪聲而獲得真正的沒有被噪聲污染過的輸入。因此，這就迫使編碼器去學習輸入信號的更加魯棒的表達，這也是它的泛化能力比一般編碼器強的原因。DA 可以通過梯度下降算法來訓練。

16.6.2　稀疏編碼

如果把輸出必須和輸入相等的限制放鬆，同時利用線性代數中基的概念，即：

$$O = a_1\Phi_1 + a_2\Phi_2 + \cdots + a_n\Phi_n \tag{16.1}$$

其中，Φ_i 是基，a_i 是係數。

由此可以得到這樣一個優化問題：$\min |I-O|$，其中 I 表示輸入，O 表示輸出。通過求解這個最優化式子，可以求得係數 a_i 和基 Φ_i。

如果在上述式子上加上 L1 的 regularity 限制，得到：

$$\text{Min}|I-O|+u(|a_1|+|a_2|+\cdots+|a_n|) \qquad (16.2)$$

這種方法被稱為稀疏編碼（sparse coding）。通俗地說，就是將一個信號表示為一組基的線性組合，而且要求只需要較少的幾個基就可以將信號表示出來。「稀疏性」定義為：只有很少的幾個非零元素或只有很少的幾個遠大於零的元素。要求係數 a_i 是稀疏的意思就是說，對於一組輸入向量，只有盡可能少的幾個係數遠大於零。選擇使用具有稀疏性的分量來表示輸入數據，是因為絕大多數的感官數據，比如自然圖像，可以被表示成少量基本元素的疊加，在圖像中這些基本元素可以是面或者線。人腦有大量的神經元，但對於某些圖像或者邊緣只有很少的神經元興奮，其他都處於抑制狀態。

稀疏編碼算法是一種無監督學習方法，它用來尋找一組「超完備」基向量來更高效地表示樣本數據。雖然形如主成分分析技術（PCA）能方便地找到一組「完備」基向量，但是這裡想要做的是找到一組「超完備」基向量來表示輸入向量（也就是說，基向量的個數比輸入向量的維數要大）。超完備基的好處是它們能更有效地找出隱含在輸入數據內部的結構與模式。然而，對於超完備基來說，係數 a_i 不再由輸入向量唯一確定。因此，在稀疏編碼算法中，另加了一個評判標準「稀疏性」來解決因超完備而導致的退化（degeneracy）問題。比如，在圖像的特徵提取（feature extraction）的最底層，要生成邊緣檢測器（edge detector），這裡的工作就是從原圖像中隨機（randomly）選取一些小塊（patch），通過這些小塊生成能夠描述他們的「基」，然後給定一個測試小塊（test patch）。之所以生成邊緣檢測器是因為不同方向的邊緣就能夠描述出整幅圖像，所以不同方向的邊緣自然就是圖像的基了。稀疏編碼分為兩個部分：

① 訓練（training）階段：給定一系列的樣本圖片 $[x_1,x_2,\cdots]$，通過學習得到一組基 $[\Phi_1,\Phi_2,\cdots]$，也就是字典。

稀疏編碼是聚類算法（k-means）的變體，其訓練過程也差不多，就是一個重復迭代的過程。其基本的思想如下：如果要優化的目標函數包含兩個變量，如 $L(W,B)$，那麼可以先固定 W，調整 B 使得 L 最小，然後再固定 B，調整 W 使 L 最小，這樣迭代交替，不斷將 L 推向最小值。按上面方法，交替更改 a 和 Φ 使得下面這個目標函數最小。

$$\min_{a,\phi}\sum_{i=1}^{m}\left\|x_i-\sum_{j=1}^{k}a_{i,j}\phi_j\right\|^2+\lambda\sum_{i=1}^{m}\sum_{j=1}^{k}|a_{i,j}| \qquad (16.3)$$

每次迭代分兩步：

a. 固定字典 $\Phi[k]$，然後調整 $a[k]$，使得上式，即目標函數最小，即解 LASSO（least absolute shrinkage and selectionator operator）問題。

b. 然後固定住 $a[k]$，調整 $\Phi[k]$，使得上式，即目標函數最小，即解凸

QP（quadratic programming，凸二次規劃）問題。

不斷迭代，直至收斂。這樣就可以得到一組可以良好表示這一系列 x 的基，也就是字典。

② 編碼（coding）階段：給定一個新的圖片 x，由上面得到的字典，通過解一個 LASSO 問題得到稀疏向量 a。這個稀疏向量就是這個輸入向量 x 的一個稀疏表達了，如式(16.4) 所示。

$$\min_{a} \sum_{i=1}^{m} \left\| x_i - \sum_{j=1}^{k} a_{i,j} \phi_j \right\|^2 + \lambda \sum_{i=1}^{m} \sum_{j=1}^{k} | a_{i,j} | \tag{16.4}$$

如圖 16.6 所示。

 ≈0.8× +0.3× +0.5×

Represent x_i as: $a_i = [0,0,\cdots,0,0.8,0,\cdots,0,0.3,0,\cdots,0,0.5,\cdots]$

圖 16.6　編碼示例

16.6.3　限制波爾茲曼機

假設有一個二層圖，如圖 16.7 所示，每一層的節點之間沒有鏈接，一層是可視層，即輸入數據層 (v)，另一層是隱藏層 (h)，如果假設所有的節點都是隨機二值變量節點（只能取 0 或者 1 值），同時假設全概率分佈 $p(v,h)$ 滿足 Boltzmann 分佈，我們稱這個模型是限制波爾茲曼機（restricted Boltzmann machine，RBM）。

由於該模型是二層圖，所以在已知 v 的情況下，所有的隱藏節點之間是條件獨立的（因為節點之間不存在連接），即 $p(h \mid v) = p(h_1 \mid v) \cdots p(h_n \mid v)$。同理，在已知隱藏層 h 的情況下，所有的可視節點都是條件獨立的。同時又由於所有的 v 和 h 滿足 Boltzmann 分佈，因此，當輸入 v 的時候，通過 $p(h \mid v)$ 可以得到隱藏層 h，而得到隱藏層 h 之後，通過 $p(v \mid h)$ 又能得到可視層。如果通過調整參數，可以使從隱藏層得到的可

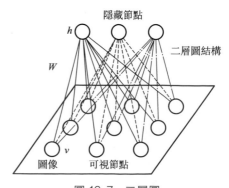

圖 16.7　二層圖

視層 v_1 與原來的可視層 v 一樣，那麼得到的隱藏層就是可視層另外一種表達，因此隱藏層可以作為可視層輸入數據的特徵，所以它就是一種 deep learning 方法。

如何訓練，也就是可視層節點和隱節點間的權值怎麼確定？需要做一些數學分析，也就是建立模型。

聯合組態（joint configuration）的能量可以表示為式(16.5)。

$$E(v,h;\theta)=-\sum_{ij}W_{ij}v_ih_j-\sum_i b_iv_i-\sum_j a_jh_j$$
$$\theta=\{W,a,b\} \text{ 模型參數} \tag{16.5}$$

而某個組態的聯合概率分佈可以通過 Boltzmann 分佈（和這個組態的能量）來確定，見式(16.6)。

$$P_\theta(v,h)=\frac{1}{Z(\theta)}\exp[-E(v,h;\theta)]=\underbrace{\frac{1}{Z(\theta)}}\prod_{ij}\underbrace{e^{W_{ij}v_ih_j}}\prod_i e^{b_iv_i}\prod_j e^{a_jh_j}$$

$$Z(\theta)=\sum_{h,v}\exp[-E(v,h;\theta)] \qquad \text{配分函數 勢函數}$$
$$\tag{16.6}$$

因為隱藏節點之間是條件獨立的（因為節點之間不存在連接），即：

$$P(h|v)=\prod_j P(h_j|v) \tag{16.7}$$

可以比較容易［對上式進行因子分解（factorizes）］得到在給定可視層 v 的基礎上，隱層第 j 個節點為 1 或者為 0 的概率：

$$P(h_j=1|v)=\frac{1}{1+\exp(-\sum_i W_{ij}v_i-a_j)} \tag{16.8}$$

同理，在給定隱層 h 的基礎上，可視層第 i 個節點為 1 或者為 0 的概率也可以容易得到：

$$P(v|h)=\prod_i P(v_i|h)P(v_i=1|h)=\frac{1}{1+\exp(-\sum_j W_{ij}h_j-b_i)} \tag{16.9}$$

給定一個滿足獨立同分佈的樣本集：$D=\{v^{(1)},v^{(2)},\cdots,v^{(N)}\}$，需要學習參數 $\theta=\{W,a,b\}$。

最大化以下對數似然函數（最大似然估計：對於某個概率模型，需要選擇一個參數，讓當前的觀測樣本的概率最大）：

$$L(\theta)=\frac{1}{N}\sum_{n=1}^N \log P_\theta[v^{(n)}]-\frac{\lambda}{N}\|W\|_F^2 \tag{16.10}$$

也就是對最大對數似然函數求導，就可以得到 L 最大時對應的參數 W 了，如式(16.11)。

$$\frac{\partial L(\theta)}{\partial W_{ij}}=E_{P_{data}}[v_ih_j]-E_{P_\theta}[v_ih_j]-\frac{2\lambda}{N}W_{ij} \tag{16.11}$$

如果把隱藏層的層數增加，就可以得到深度波爾茨曼機（deep Boltzmann machine，DBM）；如果在靠近可視層的部分使用貝葉斯信念網路（即有向圖模型，這裡依然限制層中節點之間沒有連接），而在最遠離可視層的部分使用限制波爾茨曼機（restricted Boltzmann machine），可以得到深度信念網（deep belief net，DBN），如圖 16.8 所示。

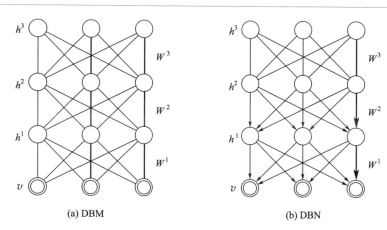

(a) DBM　　　　　　　　　(b) DBN

圖 16.8　DBM 與 DBN

16.6.4　深信度網路

如圖 16.9 所示，深信度網路（deep belief networks，DBNs）是一個概率生成模型，與傳統的判別模型的神經網路相對，生成模型是建立一個觀察數據和標籤之間的聯合分佈，對 P（Observation｜Label）和 P（Label｜Observation）都做了評估，而判別模型僅僅評估了後者而已，也就是 P（Label｜Observation）。對於在深度神經網路應用傳統的 BP 算法的時候，DBNs 遇到了以下問題：

① 需要為訓練提供一個有標籤的樣本集；

② 學習過程較慢；

③ 不適當的參數選擇會導致學習收斂於局部最優解。

DBNs 由多個限制玻爾茲曼機層組成，一個典型的神經網路類型如圖 16.10 所示。這些網路被「限制」為一個可視層和一個隱層，層間存在連接，但層內的單元間不存在連接。隱層單元被訓練去捕捉在可視層表現出來的高階數據的相關性。

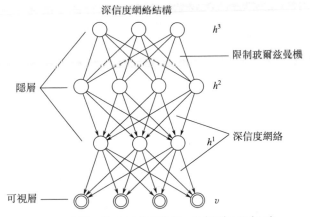

$$P(v,h^1,h^2,...,h^l)=P(v|h^1)P(h^1|h^2)...P(h^{l-2}|h^{l-1})P(h^{l-1},h^l)$$

圖 16.9　DBNs 模型

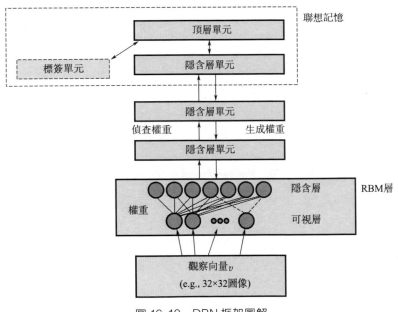

圖 16.10　DBN 框架圖解

　　首先，先不考慮最頂構成一個聯想記憶（associative memory）的兩層，一個 DBN 的連接是通過自頂向下的生成權值來指導確定的，RBMs 就像一個建築塊一樣，相比傳統和深度分層的 sigmoid 信念網路，它能易於連接權值的學習。

　　開始，通過一個非監督貪婪逐層方法去預訓練獲得生成模型的權值，非監督貪婪逐層方法被 Hinton 證明是有效的，並被其稱為對比分歧（contrastive divergence)。在這個訓練階段，在可視層會產生一個向量 v，通過它將值傳遞到隱層。反過來，可視層的輸入會被隨機的選擇，以嘗試去重構原始的輸入信號。最後，這些新的可視的神經元激活單元將前向傳遞重構隱層激活單元，獲得 h。這些後退和前進的步驟就是常用的吉布斯（Gibbs）採樣，而隱層激活單元和可視層輸入之間的相關性差別就作為權值更新的主要依據。

這樣訓練時間會顯著地減少，因為只需要單個步驟就可以接近最大似然學習。增加進網路的每一層都會改進訓練數據的對數概率，可以理解為越來越接近能量的真實表達。這個有意義的拓展和無標籤數據的使用，是任何一個深度學習應用的決定性的因素。

在最高兩層，權值被連接到一起，這樣更低層的輸出將會提供一個參考的線索或者關聯給頂層，這樣頂層就會將其聯繫到它的記憶內容。而最後想得到的就是判別性能。

在預訓練後，DBN 可以通過利用帶標籤數據用 BP 算法去對判別性能做調整。在這裡，一個標籤集將被附加到頂層（推廣聯想記憶），通過一個自下向上的，學習到的識別權值獲得一個網路的分類面。這個性能會比單純的 BP 算法訓練的網路好。這可以很直觀地解釋，DBNs 的 BP 算法只需要對權值參數空間進行一個局部的搜索，這相比前向神經網路來說，訓練是要快的，而且收斂的時間也少。

DBNs 的靈活性使得它的拓展比較容易。一個拓展就是卷積 DBNs（convolutional deep belief networks，CDBNs）。DBNs 並沒有考慮到圖像的二維結構資訊，因為輸入是簡單地將一個圖像矩陣進行一維向量化。而 CDBNs 考慮到了這個問題，它利用鄰域像素的空域關係，通過一個稱為卷積 RBMs 的模型區達到生成模型的變換不變性，而且可以容易地變換到高維圖像。DBNs 並沒有明確地處理對觀察變量的時間聯繫的學習上，雖然目前已經有這方面的研究，例如，堆疊時間 RBMs，以此為推廣，有序列學習的顳葉卷積機（dubbed temporal convolution machines），這種序列學習的應用，給語音信號處理問題帶來了一個讓人激動的未來研究方向。

目前，和 DBNs 有關的研究包括堆疊自動編碼器，它是通過用堆疊自動編碼器來替換傳統 DBNs 裡面的 RBMs。這就使得可以通過同樣的規則來訓練產生深度多層神經網路架構，但它缺少層的參數化的嚴格要求。與 DBNs 不同，自動編碼器使用判別模型，這樣這個結構就很難採樣輸入採樣空間，這就使得網路更難捕捉它的內部表達。但是，降噪自動編碼器卻能很好地避免這個問題，並且比傳統的 DBNs 更優。它通過在訓練過程添加隨機的污染並堆疊產生場泛化性能。訓練單一的降噪自動編碼器的過程和 RBMs 訓練生成模型的過程一樣。

16.6.5　卷積神經網路

卷積神經網路（convolutional neural networks，CNN）是人工神經網路的一種，已成為當前語音分析和圖像識別領域的研究熱點。它的權值共享網路結構使之更類似於生物神經網路，降低了網路模型的複雜度，減少了權值的數量。該優點在網路的輸入是多維圖像時表現得更為明顯，使圖像可以直接作為網路的輸入，避免了傳統識別算法中複雜的特徵提取和數據重建過程。卷積網路是為識別二維形狀而特殊設計的一個多層感知器，這種網路結構對平移、比例縮放、傾斜或者共他形式的變形具有高度不變性。

CNNs 是受早期的延時神經網路（TDNN）的影響。延時神經網路通過在時間維度上共享權值降低學習複雜度，適用於語音和時間序列信號的處理。

CNNs 是第一個真正成功訓練多層網路結構的學習算法。它利用空間關係減少需要學習的參數數目以提高一般前向 BP 算法的訓練性能。CNNs 作為一個深度學習架構提出是為了最小化數據的預處理要求。在 CNN 中，圖像的一小部分（局部感受區域）作為層級結構的最底層的輸入，資訊再依次傳輸到不同的層，每層通過一個數位濾波器去獲得觀測數據的最顯著的特徵。這個方法能夠獲取對平移、縮放和旋轉不變的觀測數據的顯著特徵，因為圖像的局部感受區域允許神經元或者處理單元可以訪問到最基礎的特徵，例如，定向邊緣或者角點。

（1）卷積神經網路的歷史

1962 年 Hubel 和 Wiesel 通過對貓視覺皮層細胞的研究，提出了感受野（receptive field）的概念，1984 年日本學者 Fukushima 基於感受野概念提出的神經認知機（neocognitron）可以看作是卷積神經網路的第一個實現網路，也是感受野概念在人工神經網路領域的首次應用。神經認知機將一個視覺模式分解成許多子模式（特徵），然後進入分層遞階式相連的特徵平面進行處理，它試圖將視覺系統模型化，使其能夠在即使物體有位移或輕微變形的時候，也能完成識別。

通常神經認知機包含兩類神經元，即承擔特徵抽取的 S-元和抗變形的 C-元。S-元中涉及兩個重要參數，即感受野與閾值參數，前者確定輸入連接的數目，後者則控制對特徵子模式的反應程度。許多學者一直致力於提高神經認知機性能的研究，在傳統的神經認知機中，每個 S-元的感光區中由 C-元帶來的視覺模糊量呈正態分佈。如果感光區的邊緣所產生的模糊效果要比中央來得大，S-元將會接受這種非正態模糊所導致的更大的變形容忍性。一般希望得到的是訓練模式與變形刺激模式在感受野的邊緣與其中心所產生的效果之間的差異變得越來越大。為了有效地形成這種非正態模糊，Fukushima 提出了帶雙 C-元層的改進型神經認知機。

Van Ooyen 和 Niehuis 為提高神經認知機的區別能力引入了一個新的參數。事實上，該參數作為一種抑制信號，抑制了神經元對重復激勵特徵的激勵。多數神經網路在權值中記憶訓練資訊。根據 Hebb 學習規則，某種特徵訓練的次數越多，在以後的識別過程中就越容易被檢測。也有學者將進化計算理論與神經認知機結合，通過減弱對重復性激勵特徵的訓練學習，而使得網路注意那些不同的特徵以助於提高區分能力。上述都是神經認知機的發展過程，而卷積神經網路可看作是神經認知機的推廣形式，神經認知機是卷積神經網路的一種特例。

（2）卷積神經網路的網路結構

如圖 16.11 所示，卷積神經網路是一個多層的神經網路，每層由多個二維平面組成，而每個平面由多個獨立神經元組成。

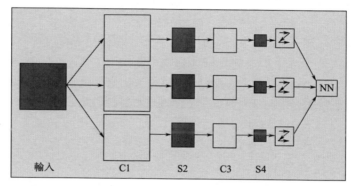

圖 16.11　卷積神經網路的概念示圖

輸入圖像通過和三個可訓練的濾波器和可加偏置進行卷積，濾波過程如圖 16.11 所示，卷積後在 C1 層產生三個特徵映射圖，然後特徵映射圖中每組的四個像素再進行求和，加權值，加偏置，通過一個 Sigmoid 函數得到三個 S2 層的特徵映射圖。這些映射圖再進過濾波得到 C3 層。這個層級結構再和 S2 一樣產生 S4。最終，這些像素值被光柵化，並連接成一個向量輸入到傳統的神經網路，得到輸出。

一般地，C 層為特徵提取層，每個神經元的輸入與前一層的局部感受野相連，並提取該局部的特徵，一旦該局部特徵被提取後，它與其他特徵間的位置關係也隨之確定下來；S 層是特徵映射層，網路的每個計算層由多個特徵映射組成，每個特徵映射為一個平面，平面上所有神經元的權值相等。特徵映射結構採用影響函數核小的 Sigmoid 函數作為卷積網路的激活函數，使得特徵映射具有位移不變性。

此外，由於一個映射面上的神經元共享權值，因而減少了網路自由參數的個

數，降低了網路參數選擇的複雜度。卷積神經網路中的每一個特徵提取層（C層）都緊跟着一個用來求局部平均與二次提取的計算層（S層），這種特有的兩次特徵提取結構使網路在識別時對輸入樣本有較高的畸變容忍能力。

（3）關於參數減少與權值共享

上面提到，CNN 的一個重要特性就在於通過感受野和權值共享減少了神經網路需要訓練的參數的個數。如圖 16.12(a) 所示，如果有 1000×1000 像素的圖像，有 1 百萬個隱層神經元，那麼它們全連接的話（每個隱層神經元都連接圖像的每一個像素點），就有 $1000 \times 1000 \times 1000000 = 10^{12}$ 個連接，也就是 10^{12} 個權值參數。然而圖像的空間聯繫是局部的，就像人是通過一個局部的感受野去感受外界圖像一樣，每一個神經元都不需要對全局圖像做感受，每個神經元只感受局部的圖像區域，然後在更高層，將這些感受不同局部的神經元綜合起來就可以得到全局的資訊了。這樣就可以減少連接的數目，也就是減少神經網路需要訓練的權值參數的個數。如圖 16.12(b) 所示，假如局部感受野是 10×10，隱層每個感受野只需要和這 10×10 的局部圖像相連接，所以 1 百萬個隱層神經元就只有一億個連接，即 10^8 個參數。比原來減少了四個 0（數量級），這樣訓練起來就沒那麼費力了，但還是感覺很多。

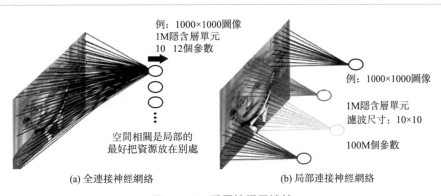

例：1000×1000圖像
1M隱含層單元
10 12個參數

空間相關是局部的
最好把資源放在別處

例：1000×1000圖像
1M隱含層單元
濾波尺寸：10×10
100M個參數

(a) 全連接神經網絡　　　　　(b) 局部連接神經網絡

圖 16.12　隱層神經元連接

隱含層的每一個神經元都連接 10×10 個圖像區域，也就是說每一個神經元存在 $10 \times 10 = 100$ 個連接權值參數。如果每個神經元這 100 個參數是相同的，也就是說每個神經元用的是同一個卷積核去卷積圖像，這樣就只有 100 個參數了。不管隱層的神經元個數有多少，兩層間的連接只有 100 個參數，這就是權值共享，也是卷積神經網路的重要特徵。

假如一種濾波器，也就是一種卷積核，提出圖像的一種特徵，如果需要提取多種特徵，就加多種濾波器，每種濾波器的參數不一樣，表示它提出輸入圖像的

不同特徵，例如，不同的邊緣。這樣每種濾波器去卷積圖像就得到對圖像的不同特徵的放映，稱之為特徵匹配（feature map）。所以 100 種卷積核就有 100 個特徵匹配，這 100 個特徵匹配就組成了一層神經元。

隱層的神經元個數與輸入圖像的大小、濾波器的大小及濾波器在圖像中的滑動步長都有關。例如，輸入圖像是 1000×1000 像素，而濾波器大小是 10×10，假設濾波器沒有重疊，也就是步長為 10，這樣隱層的神經元個數就是 $(1000 \times 1000)/(10 \times 10) = 100 \times 100$ 個神經元了，假設步長是 8，也就是卷積核會重疊兩個像素，那麼神經元個數就不同了。這只是一種濾波器，也就是一個特徵匹配的神經元個數，如果 100 個特徵匹配就是 100 倍了。由此可見，圖像越大，神經元個數和需要訓練的權值參數個數的貧富差距就越大。

總之，卷積網路的核心思想是，將局部感受野、權值共享（或者權值複製）以及時間或空間亞採樣這三種結構思想結合起來獲得了某種程度的位移、尺度、形變不變性。

16.7　基於卷積神經網路的手寫體字識別

上節介紹了 CNN 的基本原理，本節介紹 CNN 在手寫字識別方面的應用。CNN 的權值共享網路結構使之更類似於生物神經網路，降低了網路模型的複雜度，減少了權值的數量。在網路的輸入是多維圖像使 NN 的優點表現得更為明顯，使圖像可以直接作為網路的輸入，避免了傳統識別算法中複雜的特徵提取和數據重建過程。CNN 在二維圖像處理上有眾多優勢，如網路能自行抽取圖像特徵，包括顏色、紋理、形狀及圖像的拓撲結構，特別是在識別位移、縮放及其他形式扭曲不變性的應用上，具有良好的魯棒性和運算效率等。CNN 的泛化能力要顯著優於其他方法，卷積神經網路已被應用於模式分類、物體檢測和物體識別等方面。

16.7.1　手寫字識別的卷積神經網路結構

前面介紹過 CNN 通常至少有兩個非線性可訓練的卷積層，兩個非線性的固定卷積層（pooling layer 或降採樣層）和一個全連接層，一共至少 5 個隱含層，如圖 16.11 所示。

下面介紹基於 Minist 數據庫的用於手寫數位識別的經典卷積神經網路 LeNet-5 結構功能，如圖 16.13 所示。LeNet-5 手寫數位識別的網路結構有 8 層，分別是輸入層、第一次卷積（C1 層）、第一次降採樣（S2 層）、第二次卷積（C3 層）、第二次降採樣（S4 層）、第三次卷積（C5 層）、全連接（F6 層）和輸出

層。每一層的操作規程如下。

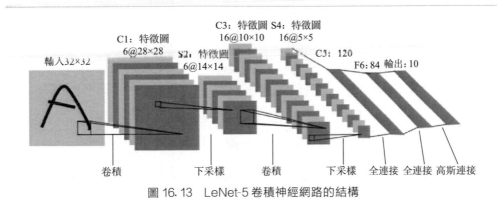

圖 16.13　LeNet-5 卷積神經網路的結構

（1）輸入層

如圖 16.14 所示，輸入層使用 Minis 數據庫。該數據庫訓練集有 60000 張手寫數位圖像，測試集有 10000 張圖像。把輸入圖像處理成 32×32 的大小，從而使潛在的明顯特徵，如筆畫斷點或角點，能夠出現在最高層特徵監測子感受野的中心。

（2）C1 層

C1 層是一個卷積層，由 6 個特徵圖構成。用 6 個 5×5 的過濾器進行卷積，結果是在卷積層 C1 中得到 6 張特徵圖，特徵圖的每個神經元與輸入圖像中的 5×5 的鄰域相連，即用 5×5 的卷積核去卷積輸入層，由卷積運算可得 C1 層輸出的特徵圖大小為 $(32-5+1)×(32-5+1)=28×28$。每個濾波器有 $5×5=25$ 個參數和 1 個 bias 參數，一共 6 個濾波器，故該層共 $(5×5+1)×6=156$ 個可訓練參數，神經元數量為 $(28×28)×6=4707$ 個，共 $156×(28×28)=122304$ 個連接。

（3）S2 層

S2 層是一個降採樣層。所謂降採樣，是利用圖像局部相關性的原理，對圖像進行子抽樣，可以減少數據處理量，同時保留有用資訊。該層輸入為 $(28×28)×6$，輸出 6 個 14×14 的特徵圖。特徵圖中的每個單元與 C1 中相對應特徵圖的 2×2 鄰域相連接。S2 層每個單元的 4 個輸入相加，乘以一個可訓練參數，再加上 1 個可訓練偏置。結果通過 Sigmoid 函數計算。可訓練係數和偏置控制着 Sigmoid 函數的非線性程度。如果係數比較小，那麼運算近似於線性運算，亞採樣相當於模糊圖像。如果係數比較大，根據偏置的大小，亞採樣可以被看成是有噪聲的「或」運算或者有噪聲的「與」運算。每個單元的 2×2 感受野並不重疊，因此 S2 中每個特徵圖的大小是 C1 大小的 1/4（行和列各 1/2）。S2 層有 $1×6+6=12$ 個可訓練參數，神經元數量為 $(14×14)×6=1176$，共 $2×2×14×14×6+14×14×6=5880$ 個連接。

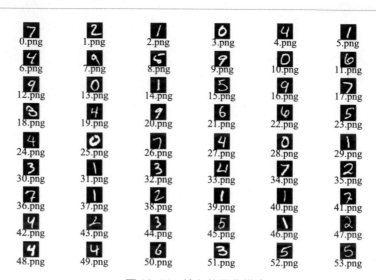

圖 16.14　輸入的圖像樣本

（4）C3 層

C3 層也是一個卷積層，它同樣通過 5×5 的卷積核去卷積層 S2，然後得到的特徵圖輸出特徵圖尺寸為 10×10，卷積核為 16 個，所以就存在 16 個特徵圖。神經元數量為（10×10）×16＝1600 個；可訓練參數為 6×（3×25＋1）＋6×（4×25＋1）＋3×（4×25＋1）＋1×（6×25＋1）＝1516 個；連接數為 1516×10×10＝151600。

（5）S4 層

S4 層是一個降採樣層，輸入為 16 個 10×10 的圖像，輸出為 16 個 5×5 大小的特徵圖。特徵圖中的每個單元與 C3 中相應特徵圖的 2×2 鄰域相連接，跟 C1 和 S2 之間的連接一樣。S4 層每個特徵圖 1 個因子和 1 個偏置，故有（1＋1）×16＝32 個可訓練參數，神經元數量為（5×5）×16＝400 個，連接有（2×2×5×5×16）＋（5×5×16）＝2000 個。

（6）C5 層

C5 層是一個卷積層，有 120 個特徵圖。每個單元與 S4 層的全部 16 個單元的 5×5 鄰域相連。由於 S4 層特徵圖的大小也為 5×5，故 C5 特徵圖的大小為 1×1，這構成了 S4 和 C5 之間的全連接。C5 層有 48120 個可訓練連接。

（7）F6 層

F6 層輸入 120 個大小 1×1 的，有 84 個神經元，與 C5 層全相連。如同經典神經網路，F6 層計算輸入向量和權重向量之間的點積，再加上一個偏置，共有

120×84＋84＝10164 個連接和可訓練參數。

（8）輸出層

這是整個網路的最後一層，每類一個單元，每個有 84 個輸入，輸出為 1×10 的特徵向量。

16.7.2　卷積神經網路文字識別的實現

在北京現代富博科技有限公司的 Image-Sys 通用圖像處理系統中集成了用 CNN 進行手寫字符識別的功能，如圖 16.15 所示。先打開「文件」選單，輸入需要識別的手寫數位，在圖像處理視窗即可顯示該數位。

圖 16.15　輸入待識別的數位

然後點擊「數位識別選單」，彈出如圖 16.16 所示的視窗，該視窗實現了用 CNN 識別手寫數位的分階段功能。點擊「訓練」按鈕，可以按照前文的流程進行訓練。訓練結束後，點擊「保存參數」按鈕，把訓練的結果保存在本地電腦中。需要使用該訓練結果來識別數位時，可以在打開圖像後，直接點擊「讀取參數」按鈕讀入已經訓練好的參數，然後點擊「識別」按鈕得到識別結果。

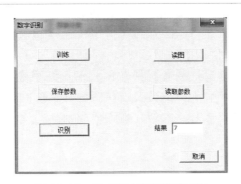

圖 16.16　用 CNN 識別數位界面

參考文獻

[1]　叶韵. 深度學習與電腦視覺［M］. 北京：　機械工業出版社，2017.

第17章

遺傳算法 [1, 2]

17.1 遺傳算法概述

遺傳算法（genetic algorithm，GA）是由美國密執安大學的 Holland（1969）提出，後經由 De Jong（1975）、Goldberg（1989）等歸納總結所形成的一類模擬進化算法。GA 是基於生物的遺傳變異與自然選擇原理的達爾文進化論的理想化的隨機搜索方法。它通過一些個體（individual）之間的選擇（selection）、交叉（crossover）、變異（mutation）等遺傳操作，相互作用而獲取最優解。GA 是從被稱為種群（population）的一組解開始的，而這組解就是經過基因（gene）編碼的一定數目代表染色體（chromosome）的個體所組成的。取一個種群用於形成新的種群，這是出於希望新的種群優於舊的種群的動機。被選為用於形成子代（即新的解）的親代是按照它們的適應度（fitness）來選定的，即它們適應能力越強，它們越有機會被選擇。這一過程通過世代交替直到某些條件（如進化代數、最大適應度或平均適應度）被滿足。

問題的求解經常能夠表達為尋找函數的極值。觀察圖 17.1 所示的 GA 實行結果的例子，在這個例子中 GA 試圖發現函數的最小值。這個曲線代表着某個搜索空間，垂直方向的線代表着一些解（搜索空間的點），其中粗線代表着最優解，細線代表着一些其他解。

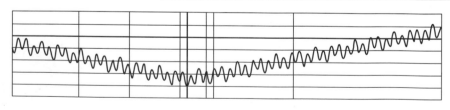

圖 17.1　GA 實行結果

依 GA 的標準形式，它使用二進制遺傳編碼，即等位基因 $\Gamma=\{0,1\}$、個體空間 $H_L=\{0,1\}^L$，且繁殖分為交叉與變異兩個獨立的步驟進行。如圖 17.2 所示，

GA 的運算過程如下：

① 初始化。確定種群規模 N、交叉概率 P_c、變異概率 P_m；設置終止進化準則；隨機生成 N 個個體（對問題適當的解）作為初始種群 P（0）；置代數 $t=0$。

② 個體評價。計算或估價第 t 代種群 $P(t)$ 中各個個體的適應度。

③ 種群進化。由世代交替下面的遺傳操作步驟直到產生一個新種群。

a. 選擇。按照適應度從 $P(t)$ 中運用選擇算子選擇出 $M/2$ 對親代（適應度越好，選擇機會越大）。

b. 交叉。對所選擇的 $M/2$ 對親代，以概率 P_c 執行交叉，形成 M 個中間個體，如果 P_c 為 0，中間個體僅是精確地拷貝親代。

c. 變異。對 M 個中間個體分別獨立以概率 P_m 在其每個基因座（在個體的染色體的位置）上執行變異，形成 M 個候選個體。從 M 個候選個體和/或舊一代種群中以適應度選擇 N 個個體（子代）重新組成新一代種群 $P(t+1)$。

④ 終止檢驗。如果已滿足終止準則，則輸出 $P(t+1)$ 中具有最大適應度的個體作為最優解，終止計算；否則置 $t=t+1$ 並返回到步驟②。

此外，GA 還有各種推廣和變形。GA 代替單點搜索方式而通過個體的種群發揮作用，這樣搜索是按並行方式進行。

由上可見，GA 的基本操作流程是很普通的，根據不同的問題需採用不同的執行方式，關鍵需要解決如下兩個問題。

第一個問題是如何創建個體（染色體），選擇什麼樣的遺傳表示（representation）形式？與其有關的是交叉和變異兩個基本遺傳算子。

第二個問題是如何選擇用於交叉的親代（parents），有許多方式可以考慮，但是主要想法是選擇較好的親代，希望更好的親代能夠產生更好的子代（offsprings）。你也許認為，僅把新的子代作為新一代種群可能引起最優個體（染色體）從上一個

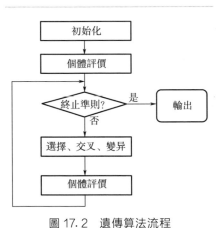

圖 17.2　遺傳算法流程

種群中丟失，這完全是可能的。為此，一個所謂的精英法（elitism）經常被採用。這意味着至少最優解被無變化地拷貝到新種群中，這樣所找到的最優解能夠被保持到運算的結束。

對於一些所關心的問題將在後面介紹，也許你還是對 GA 為什麼會起作用有些困惑，這個可以部分由模式定理（schema theorem）來解釋，不過這個理論還是有其不完善之處。

17.2　簡單遺傳算法

Holland 的最原始 GA 就是用簡單遺傳算法（simple genetic algorithm，SGA），簡單 GA 是最基本且最重要的 GA。與其他 GA 的不同之處就在於遺傳表示、選擇機制、交叉、變異的不同。歸納簡單 GA 的技術特點如表 17.1 所示。下面將分別予以介紹。

表 17.1　簡單 GA 技術特點

遺傳表達	二進制字符串
重組	N 點交叉、均勻交叉
變異	以固定概率的比特反轉
親代選擇	與適應度成比例
生存選擇	所有子代取代親代
特色	強調交叉

17.2.1　遺傳表達

當開始用 GA 求解問題時，就需要考慮遺傳表達問題，染色體應該以某種方式包含所表示的解的資訊。遺傳表達也被稱為遺傳編碼或染色體編碼（encoding）。最常用的遺傳表達方式是採用二進制字符串（binary strings），那麼，染色體能被表達成如下形式：

染色體 1：*1101100100110110*

染色體 2：*1101111000011110*

如圖 17.3 所示，每個染色體有一個二進制字符串，在這個字符串中的每個位（Bit，比特）能代表解的某個特徵。或者整個字符串代表一個數位，即每個

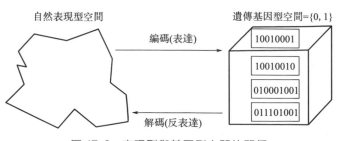

圖 17.3　表現型與基因型之間的關係

表現型（phenotype）可以由基因型（genotype）來表達。當然，也有許多其他的編碼方式，這主要依賴於所求解的問題本身，例如，能夠以整數或者實數編碼，有時用排列編碼是很有用的。

17.2.2　遺傳算子

由 17.1 節可知，選擇、交叉和變異是 GA 的最重要部分，GA 的性能主要受這三個遺傳操作的影響。下面將解釋交叉、變異、選擇這三個遺傳算子（operators of GA）。

（1）交叉

在確定了所用的編碼之後，我們能夠進行重組（recombination）的步驟。在生物學中，重組的最一般形式就是交叉。交叉從親代的染色體中選擇基因，創造一個中間個體。最簡單的交叉方式是隨機地選擇某個交叉點，這點之前的部分從第一個親代中拷貝，這點之後的部分從第二個親代中拷貝。

交叉能被表示成如下形式：

親代 1 的染色體：*11011｜00100110110*

親代 2 的染色體：11011｜11000011110

中間個體 1 的染色體：*11011*｜11000011110

中間個體 2 的染色體：11011｜*00100110110*

其中，｜為交叉點。

這種交叉方法被稱為單點交叉。還有其他方式來進行交叉，如我們能夠選擇更多的交叉點，交叉可以說是相當複雜，這主要依賴於染色體的編碼。對特定問題所做的特別交叉能夠改善 GA 的性能。

下面介紹對二進制編碼如何實現交叉。

① 單點交叉：這就是上面所介紹的交叉方法，如圖 17.4 所示。但是對於一點交叉，一個染色體的頭部和尾部是不能一起傳給中間個體的。如果一個染色體的頭部和尾部兩者都含有好的遺傳資訊，那麼由一點交叉所得到的中間個體中不會出現能共享這兩個好的特徵的中間個體。

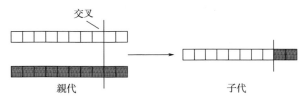

圖 17.4　單點交叉（例：**1101100**101＋1011101**111**＝**11011001111**）

② 兩點交叉：選擇兩個交叉點，從染色體的起始點到第一個交叉點部分的二進制字符串從第一個親代拷貝，從第一個交叉點到第二個交叉點部分從第二個親代拷貝，其餘部分又從第一個親代拷貝。如圖 17.5 所示。可見採用兩點交叉就可避免上述缺陷，因此，一般可以認為兩點交叉優於一點交叉。

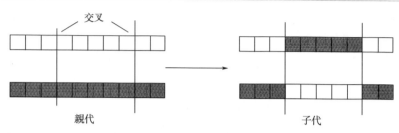

圖 17.5　兩點交叉（例：**0110**00**1011**＋1111**1011110**＝**0111011111**）

③ N 點交叉：事實上，通過染色體上的每個基因位置可以使問題一般化。染色體上相鄰的基因會有更多的機會被一起傳給由 N 點交叉所得到的中間個體，這將帶來相鄰基因間不希望的相關性問題。因此，N 點交叉的有效性將取決於染色體基因的位置。具有相關特性的解的基因應該被編碼在一起。

④ 均勻交叉：從第一個親代或者從第二個親代隨機地拷貝各個位（比特），如圖 17.6 所示。圖中採用了一個交叉掩模，掩模的數值為 1 時，從第一個親代拷貝基因；掩模的數值為 0 時，從第二個親代拷貝基因。因此，這個重組算子可以避免基因座問題。

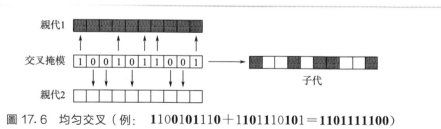

圖 17.6　均勻交叉（例：**11**00**101110**＋**11**01**110101**＝**1101111100**）

⑤ 算術交叉：通過某種算術運算來產生中間個體，例如，11001011＋11011101（AND）＝11001001。

（2）變異

在交叉後，變異將發生。這是為了防止種群中的所有解陷入所求解問題的局部最優解。變異是隨機地改變中間個體。對於二進制編碼，我們能夠隨機地把所選的比特從 1 轉換為 0 或者從 0 轉換為 1，如圖 17.7 所示。

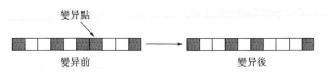

圖 17.7　變異

下面是對兩個中間個體的染色體進行變異的例子：

中間個體 1 的染色體：110**1**111000011110

中間個體 2 的染色體：1101100**0**100110**1**10

候選個體 1 的染色體：110**0**111000011110

候選個體 2 的染色體：110110**1**100110**0**0

（3）選擇

從以上介紹中所瞭解的那樣，染色體從用於繁殖的親代的種群中選取。問題是如何選取這些染色體。按照達爾文的進化論，最好的個體應該生存並創造新的子代（子女）。如何選擇（複製 reproduction）最好的染色體有許多方法，如輪盤賭選擇法、局部選擇法、錦標賽選擇法、截斷選擇法、穩態選擇法等。我們在此僅介紹一種常用的選擇方法——輪盤賭選擇法。

輪盤賭選擇法是按照適應度選擇親代（父母）。染色體越好，被選擇的機會將越多。想象一下，把種群中的所有染色體放在輪盤賭上，其中每個個體的染色體依照適應度函數有它存在的位置，如圖 17.8 所示。那麼，當扔一個彈球來選擇染色體時，具有較大適應度的染色體將會多次被選擇。

可以採用以下的算法進行模擬。

① 總和。計算種群中所有染色體適應度的總和，記為 S；

② 選擇。從間隙（$0, S$）之間產生隨機數記為 r；

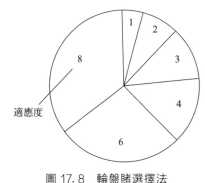

圖 17.8　輪盤賭選擇法

③ 循環。在種群中從 0 開始累加適應度，記為 s。當 s 大於 r，那麼停止並返回所在的那個染色體。

當然，對於每個種群，步驟①僅進行一次。

另外，通過交叉和變異生成的新的子代完全取代舊的親代作為新一代種群，進入下一輪遺傳操作的世代交替過程，直到滿足終止準則。簡單遺傳算法中交叉起着主要的作用。

17.3　遺傳參數

17.3.1　交叉率和變異率

GA 中有兩個基本參數——交叉率和變異率。

交叉率是表示交叉所進行的頻度。如果沒有交叉，中間個體將精確地拷貝親代。如果有交叉，中間個體是從親代的染色體的各個部分產生。如果交叉率是 100％，那麼，所有的中間個體都是由交叉形成的。如果交叉率是 0，全部新一代種群是由精確地拷貝舊一代種群的染色體而形成的，但這並不意味着新一代種群都是相同的。交叉是希望新的染色體具有舊的染色體好的部分，也許新的染色體會更好。把種群中的一些部分殘留到下一個種群是有利的。

變異率是表示染色體部分被變異的頻度。如果沒有變異，候選個體沒有任何變化地由交叉（或複製）後產生。如果有變異被進行，部分染色體被改變。如果變異率是 100％，全部染色體將改變，如果它為 0，則無改變。

變異是為了防止 GA 搜索收斂於局部最優解，起到恢復個體的多樣性的作用。但變異不應該發生過於頻繁，否則會使 GA 變成事實上的隨機搜索。

17.3.2　其他參數

還有其他一些的 GA 參數，如種群大小 pop _ size（population size）也是一個重要的參數。

種群大小是表示在一代種群中有多少個體的染色體。如果有太少的染色體，GA 沒有太多的機會進行交叉，只有少量的搜索空間被探測。換句話說，如果染色體過多，GA 的執行將很緩慢。研究表明，當超過某個限制（這主要取決於編碼和問題本身），增加種群大小沒有用處，因為這並不能使求解問題加快。

17.3.3　遺傳參數的確定

在此將給出確定遺傳參數的參考建議。但這裡只是一般意義上的建議，如果你已經考慮執行 GA 時，你也許需要用 GA 進行特殊問題的實驗，因為到現在為止還沒有對任何問題都適用的一般理論來描述 GA 參數。因此，這裡的建議只是實驗研究的結果總結，而且這些實驗往往是採用二進制編碼進行的。

① 交叉率 P_c：交叉概率一般應高一些，在 80％～90％之間。但是實驗結果

也表明，對有一些問題，交叉率在 60％左右最佳。

② 變異率 P_m：變異率應該低一些，最好的變異率在 0.5～1％之間，也可按照種群大小 pop _ size 和染色體長度 1/chromosome _ length 來選取，典型的變異率在 1/pop _ size 和 1/chromosome _ length 之間。

③ 種群大小：可能難以置信，很大的種群規模通常並不能改善 GA 的性能（即找到最優解的速度）。優良的種群規模大約在 20～30 之間。然而，也曾經報導過使用 50～100 為最佳的實例。一些研究也表明瞭最佳種群規模取決於編碼以及被編碼的字符串大小，這就意味着如果你有 32 比特的染色體，那麼種群規模也應該是 32。但是，這無疑是 17 比特染色體的最佳種群規模的 2 倍。

17.4 適應度函數

GA 在進化搜索中基本上不用外部資訊，僅以目標函數，即適應度函數（fitness function）為依據，利用種群中每個個體（染色體）的適應度值來進行搜索。GA 的目標函數不受連續可微的約束，而且定義域可以為任意集合。對目標函數的唯一要求是，針對輸入可計算出能加以比較的非負結果。

在具體應用中，適應度函數的設計要結合求解問題本身的要求而定。需要指出的是，適應度函數評價是選擇操作的依據，適應度函數設計直接影響到 GA 的性能。在此，只介紹適應度函數設計的基本準則和要點，重點討論適應度函數對 GA 性能的影響並給出相應的對策。

17.4.1 目標函數映射為適應度函數

在許多問題求解中，其目標是求取函數 $g(x)$ 的最小值。由於在 GA 中適應度函數要比較排序，並在此基礎上計算選擇概率，所以適應度函數的值要取正值。由此可見，在不少場合將目標函數映射為求最大值形式且函數值非負的適應度函數是必要的。

在通常搜索方法下，為了把一個最小化問題轉化為最大化問題，只需要簡單地把函數乘以－1 即可，但是對於 GA 而言，這種方法還不足以保證在各種情況下的非負值。對此，可採用以下方法進行轉換：

$$f(x) = \begin{cases} C_{max} - g(x) & g(x) < C_{max} \\ 0 & \text{others} \end{cases} \tag{17.1}$$

顯然，存在多種方式來選擇係數 C_{max}。C_{max} 可以採用進化過程中 $g(x)$ 的最大值或者當前種群中 $g(x)$ 的最大值，當然也可以是前 K 代中 $g(x)$ 的最大

值。$C_{\max}$ 最好是與種群無關的適當的輸入值。

如果目標函數為最大化問題，為了保證其非負性，可用如下變換式：

$$f(x)=\begin{cases}u(x)+C_{\min} & u(x)+C_{\min}>0 \\ 0 & \text{others}\end{cases} \tag{17.2}$$

其中，$C_{\min}$ 可以取當前一代或者前 K 代中 $g(x)$ 的最小值，也可以是種群方差的函數。

上述由目標函數映射為適應度的方法被稱為界限構造法。但是這種方法有時存在界限值預先估計困難、無法精確的問題。

17.4.2　適應度函數的尺度變換

應用 GA 時，尤其通過它來處理小規模種群時，常常會出現以下問題：

① 在遺傳進化的初期通常會產生一些超常個體。如果按照比例選擇法，這些異常個體因競爭力太突出而會控制選擇進程，從而影響算法的全局優化性能。

② 在遺傳進化過程中，雖然種群中個體的多樣性尚存在，但往往會出現種群的平均適應度已接近最佳個體的適應度，造成個體間競爭力減弱。從而使有目標的優化過程趨於無目標的隨機漫遊過程。

我們通常稱上述問題為 GA 的欺騙問題。為了克服上述的第一種欺騙問題，應設法降低某些異常個體的競爭力，這可以通過縮小相應的適應度函數值來實現。對於第二種欺騙問題，應設法提高個體之間的競爭力，這可以通過放大相應的適應度函數值來實現。這種對適應度的縮放調整稱為適應度函數的尺度變換（fitness scaling），它是保持進化過程中競爭水平的重要技術。

常用的尺度變換方法有以下幾種：

（1）線性變換（linear scaling）

設原始適應度函數為 f，變換後的適應度函數為 f'，則線性變換可用下式表示：

$$f'=af+b \tag{17.3}$$

式中的係數 a 和 b 可以有多種確定方法，但要滿足以下兩個條件：

① 原始適應度平均值 f_{avg} 要等於變換後的適應度平均值 f'_{avg}，以保證適應度為平均值的個體在下一代的期望複製數為 1，即

$$f'_{avg}=f_{avg} \tag{17.4}$$

② 變換後的適應度最大值 $f'_{\max}$ 要等於原始適應度平均值 f_{avg} 的指定倍數，以控制適應度最大的個體在下一代的複製數，即

$$f'_{\max}=C_{\mathrm{mult}}f_{\mathrm{avg}} \tag{17.5}$$

其中，C_{mult} 是為了得到所期望的種群中的最優個體的複製數。實驗表明，

對於一個典型的種群（種群大小 $50\sim100$），C_{mult} 可在 $1.2\sim2.0$ 範圍內。

必須指出，使用線性變換有可能出現負值適應度。原因是在算法運行後期，有可能對原始適應度函數進行過分的縮放，導致種群中某些個體由於其原始適應度遠遠低於平均值而變換成負值。解決的方法很多，當不能調整 C_{mult} 係數時，可以簡單地把原始適應度最小值 f_{min} 映射到變換後適應度最小值 f'_{min}，且使 $f'_{min}=0$。但此時仍需要保持 $f'_{avg}=f_{avg}$。

（2）σ 截斷

σ 截斷是使用上述線性變換前的一個預處理方法，其主要是利用種群標準方差 σ 資訊。目的在於更有效地保證變換後的適應度不出現負值。相應的表達式如下：

$$f'=f-(f_{avg}-c\sigma) \tag{17.6}$$

其中，c 為常數。

（3）冪函數變換

變換公式如下：

$$f'=f^k \tag{17.7}$$

式中，冪指數 k 與所求問題有關，而且可按需要修正。在機器視覺的一個實驗實例中，k 取 1.005。

（4）指數變換

變換公式如下：

$$f'=e^{-af} \tag{17.8}$$

這種變換方法的基本思想來源於模擬退火法（simulated annealing），其中係數 a 決定了複製的強制性，其數值越小，複製的強制就越趨向於那些具有較大適應度的個體。

17.4.3 適應度函數設計對 GA 的影響

除了上述的適應度函數的尺度變換可以克服 GA 的欺騙問題外，適應度函數的設計與 GA 的選擇操作直接相關，所以它對 GA 的影響還表現在其他方面。

（1）適應度函數影響 GA 的迭代停止條件

嚴格地講，GA 的迭代停止條件目前尚無定論。當適應度函數的最大值已知或者準最優解的適應度的下限可以確定時，一般以發現滿足最大值或者準最優解作為 GA 迭代停止條件。但是，許多組合優化問題中，適應度最大值並不清楚，其本身就是搜索對象，因此適應度下限很難確定。所以在許多應用事例中，如果發現種群中個體的進化已趨於穩定狀態，換句話說，如果發現占種群一定比例的

個體已完全是同一個體，則終止迭代過程。

（2）適應度函數與問題約束條件

GA 僅靠適應度來評價和引導搜索，求解問題所固有的約束條件則不能明確地表示出來。因此，我們可以在進化過程中每迭代一次就檢測一下新的個體是否違背約束條件，如果檢測出違背約束條件，則作為無效個體被除去。這種方法對於弱約束問題求解是有效的，但是對於強約束問題的求解效果不佳。這是因為在這種場合，尋找一個無效個體的難度不亞於尋找最優個體。

作為對策，可採用一種懲罰方法（penalty method）。該方法的基本思想是設法對個體違背約束條件的情況給予懲罰，並將此懲罰體現在適應度函數設計中。這樣一個約束優化問題就轉化為一個附加代價（cost）或者懲罰（penalty）的非約束優化問題。

例如，一個約束最小化問題：

最小化：$g(x)$

滿足：$b_i(x) \geqslant 0$　　$i = 1, 2, \cdots, n$

通過懲罰方法，上述問題可轉化為下面的非約束問題。

最小化：
$$g(x) + r \sum_{i=1}^{M} \Phi[b_i(x)] \tag{17.9}$$

其中，Φ 為懲罰函數，r 為懲罰係數。

懲罰函數有許多確定方法，在此對所有的違背約束條件的個體作如下設定。
$$\Phi[b_i(x)] = b_i^2(x) \tag{17.10}$$

在一定條件下，當懲罰係數 r 的取值接近無窮大時，非約束解可收斂到約束解。在實際應用中，GA 中 r 通常對各類約束分別取值，這樣可使對約束違背的懲罰分量將是適當的。把懲罰加到適應度函數中的思想是簡單而直觀，但是懲罰函數值在約束邊界處會發生急劇變化，常常引起問題，應加以注意。另外，用 GA 求解約束問題還可以在編碼和遺傳操作等方面的設計上採取措施。

17.5　模式定理

GA 的執行過程中包含着大量的隨機性操作，因此有必要對其數學機理進行分析，為此首先引入模式（schema）的概念。

模式，也稱相似模板（similarity template），是採用三個字符集 {0,1,*} 的字符串，模式的例子如：010*1、*110*、*****、10101、…

符號 * 是一個無關字符。對於二進制字符串，在 {0，1} 字符串中間加入無關字符 * 即可生成所有可能模式。因此用 {0，1，*} 可以構造出任意一種

模式。我們稱一個模式與一個特定的字符串相匹配是指：該模式中的 1 與字符串中的 1 相匹配，模式中的 0 與字符串中的 0 相匹配，模式中的 * 可以是字符串中的 0 或 1。因此，一個模式能够代表幾個字符串，如：* 10 * 1 代表 01001、01011、11001、11011。可以看出，定義模式的好處是使我們容易描述字符串的相似性。

我們引入兩個模式的屬性定義：模式的階和定義長度。

非 * 字符的數位被稱為模式的階 O（order），即確定位置（0 或 1 所在的位置）的個數。如表 17.2 所示。

表 17.2　模式的階

模式	階 O	所代表的字符串							
* * *	0	000	001	010	011	100	101	110	111
* 1 *	1	010	011	110	111				
* 10	2	010	110						
1 * 1	2	101	111						
101	3	101							

一個階為 O 的模式代表長度 N 的 2^{N-O} 個不同的字符串。

最遠的兩個非 * 字符之間的距離被稱為模式的定義長度 δ（defining length），即第一個和最後一個確定位置之間的距離，如表 17.3 所示。例如，其中模式 $H = 1 * 1 *$，其第一個確定位置是 1，最後一個確定位置是 3，所以 $\delta(H) = 3 - 1 = 2$。

表 17.3　模式的定義長度

模式	定義長度 δ
* * * *　 * 1 * *	0
* 10 *　 10 * *	1
1 * 1 *	2
1 * 11　0 * * 1　1001	3

由一個模式所代表的一個字符串（如一個染色體）被稱為包含該模式，如表 17.4 所示。

表 17.4　所包含的模式

模式	所包含的模式			
1	1	*		
00	00	0 *	* 0	* *

續表

模式	所包含的模式
110	110 11* 1*0 1** *10 *1* **0 ***
1011	1011 101* 10*1 10** 1*11 1*1* 1**1 1***
	*011 *01* *0*1 *0** **11 **1* ***1 ****

長度 N 的字符串包含 2^N 個模式。

長度為 N 的字符串共包含 3^N 個不同的模式。

一個長度為 N 的 P 個字符串的種群包含在 2^N 和 $\min(P \times 2^N, 3^N)$ 模式之間,所以相對種群規模來講 GA 對模式的數量起的作用更大,如表 17.5 所示。

表 17.5　GA 對模式數量的作用

N	P	模式數量
6	20	64～729
20	50	1048576～52428800
40	100	1.099511×10^{12}～1.099511×10^{14}
100	300	1.267650×10^{30}～3.802951×10^{32}

17.5.1　模式的幾何解釋

長度 N 的染色體(字符串)在離散 N 維搜索空間中可看作點(超立方體的頂點),如圖 17.9 所示。

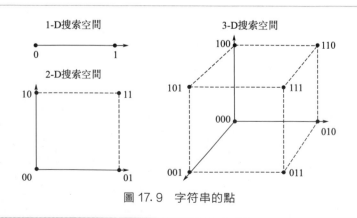

圖 17.9　字符串的點

模式在搜索空間中可看作超平面(也就是超立方體的超邊緣或超表面),如

圖 17.10 所示。

低階超平面包括更多的頂點 (2^{N-O})。

（1）模式/超平面的適應度

定義模式（超平面）的適應度 f 作為包含一個模式（超平面）的染色體（頂點）的平均適應度。根據包括 J 種群的染色體的適應度，估計包含在這個種群中的模式的適應度是可能的。如表 17.6 所示。

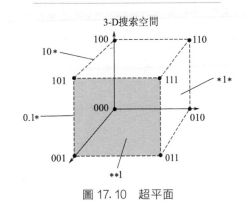

圖 17.10　超平面

表 17.6　模式的適應度

種群	f	模式	f
101	5	＊＊＊	$(5+1+2+3)/4=2.75$
100	1	＊＊0	$(1+2+3)/3=2$
010	2	＊＊1	$5/1=5$
110	3	＊0＊	$(5+1)/2=3$
		＊00	$1/1=1$
		＊01	$5/1=5$
		＊1＊	$(2+3)/2=2.5$
		…	…

當模式包含更多染色體時，適應度的估計對於低階模式平均來說更精確，如 0 階模式「＊＊…＊」包含每個字符串。

（2）對模式的觀察

如果僅僅應用按比例的適應度分配的方法（無交叉或變異），由增加（或減少）染色體的數目，一代接一代地對平均適應度以上（或以下）的模式採樣，則：

a. 帶有較長的定義長度 δ 的模式具有較高的被交叉破壞的概率；

b. 帶有較高階的模式具有較高的被變異破壞的概率；

c. 帶有低階和短定義長度的模式被稱為積木塊（building block），積木塊以最低的混亂進行 GA 運算，從而 GA 使用相對高的適應度的積木塊來得到全局最優解。

17.5.2　模式定理

下面我們來分析 GA 的幾個重要操作對模式的影響。

（1）複製對模式的影響

設在給定的時間 t，種群 $A(t)$ 包含有 m 個特定模式 H，記為：

$$m＝m(H,t)\qquad\qquad(17.11)$$

在複製過程中，$A(t)$ 中的任何一個字符串 A_i（$i＝1,2,\cdots,n$）以概率 $f_i/\sum f_i$ 被選中進行複製。因此可以期望在複製完成以後，在 $t+1$ 時刻，特定模式 H 的數量將變為：

$$m(H,t+1)＝m(H,t)nf(H)/\sum f_i＝m(H,t)f(H)/\overline{f}\qquad(17.12)$$

或寫成：

$$\frac{m(H,t+1)}{m(H,t)}＝\frac{f(H)}{\overline{f}}\qquad\qquad(17.13)$$

其中，n 為種群大小（個體的總數），$f(H)$ 表示在時刻 t 時對應於模式 H 的字符串的平均適應度，$\overline{f}＝\sum f_i/n$ 是整個種群的平均適應度。

可見，經過複製操作後，特定模式的數量將按照該模式的平均適應度與整個種群的平均適應度的比值成比例地改變。換句話說，適應度高於整個種群的平均適應度的模式在下一代的數量將增加，而低於平均適應度的模式在下一代中的數量將減少。另外，種群 A 的所有模式 H 的處理都是並行的，即所有模式經複製操作後，均同時按照其平均適應度占總體平均適應度的比例進行增減。所以概括地說，複製操作對模式的影響是使得高於平均適應度的模式數量將增加，低於平均適應度的模式的數量將減少。

為了進一步分析高於平均適應度的模式數量增長，設：

$$f(H)＝(1+c)\overline{f}\qquad c＞0\qquad(17.14)$$

則上面的方程可改寫為如下的差分方程：

$$m(H,t+1)＝m(H,t)(1+c)\qquad\qquad(17.15)$$

假定 c 為常數時可得：

$$m(H,t)＝m(H,0)(1+c)^t\qquad\qquad(17.16)$$

可見，對於高於平均適應度的模式數量將呈指數形式增長。

從對複製過程的分析可以看到，雖然複製過程成功地以並行方式控制着模式數量以指數形式增減，但由於複製只是將某些高適應度個體全盤複製，或是丟棄某些低適應度個體，而決不產生新的模式結構，因而其對性能的改進是有限的。

（2）交叉對模式的影響

交叉過程是字符串之間的有組織的而又隨機的資訊交換，它在創建新結構的

同時，最低限度地破壞複製過程所選擇的高適應度模式。為了觀察交叉對模式的影響，下面考察一個 $N=7$ 的字符串以及此字符串所包含的兩個代表模式。

$$A=0111000$$
$$H_1=*1****0$$
$$H_2=***10**$$

首先回顧一下一點交叉過程，先隨機地選擇匹配對象，再隨機選取一個交叉點，然後互換相對應的片斷。假定對上面給定的字符串，隨機選取的交叉點為 3，則很容易看出它對兩個模式 H_1 和 H_2 的影響。下面用分隔符「｜」標記交叉點。

$$A=011|1000$$
$$H_1=*1*|***0$$
$$H_2=***|10**$$

除非字符串 A 的匹配對象在模式的固定位置與 A 相同（我們忽略這種可能），模式 H_1 將被破壞，因為在位置 2 的「1」和在位置 7 的「0」將被分配至不同的後代個體中（這兩個固定位置由代表交叉點的分隔符分在兩邊）。同樣可以明顯地看出，模式 H_2 將繼續存在，因為位置 4 的「1」和位置 5 的「0」原封不動地進入到下一代的個體。雖然該例中的交叉點是隨機選取的，但不難看出，模式 H_1 比模式 H_2 更易破壞。因為平均看來，交叉點更容易落在兩個頭尾確定點之間。若定量地分析，模式 H_1 的定義長度為 5，如果交叉點始終是隨機地從 $N-1=7-1=6$ 個可能的位置選取，那麼很顯然模式 H_1 被破壞的概率為：

$$p_d=\delta(H_1)/(N-1)=5/6 \tag{17.17}$$

它存活的概率為：

$$p_s=1-p_d=1/6 \tag{17.18}$$

類似地，模式 H_2 的定義長度為 $\delta(H_2)=1$，它被破壞的概率 $p_d=1/6$，存活的概率為 $p_s=1-p_d=5/6$。推廣到一般情況，可以計算出任何模式的交叉存活概率的下限為：

$$p_s\geq1-\frac{\delta(H)}{N-1} \tag{17.19}$$

其中，大於號表示當交叉點落入定義長度內時也存在模式不被破壞的可能性。

在前面的討論中我們均假設交叉的概率為 1，一般情況若設交叉的概率為 p_c，則上式變為：

$$p_s\geq1-p_c\frac{\delta(H)}{N-1} \tag{17.20}$$

若綜合考慮複製和交叉的影響，特定模式 H 在下一代中的數量可用下式來估計：

$$m(H,t+1) \geq m(H,t)\frac{f(H)}{\bar{f}}[1-p_c\frac{\delta(H)}{N-1}] \tag{17.21}$$

可見，對於那些高於平均適應度且具有短的定義長度的模式將更多地出現在下一代中。

（3）變異對模式的影響

變異是對字符串中的單個位置以概率 p_m 進行隨機替換，因而它可能破壞特定的模式。一個模式 H 要存活，意味着它所有的確定位置都存活。因此，由於單個位置的基因值存活的概率為 $(1-p_m)$，而且每個變異的發生是統計獨立的，所以一個特定模式僅當它的 $O(H)$ 個確定位置都存活時才存活。其中，$O(H)$ 為模式 H 的階。從而得到經變異後，特定模式的存活率為：

$$(1-p_m)^{O(H)} \tag{17.22}$$

由於 $p_m \leq 1$，所以上式也可近似表示為：

$$(1-p_m)^{O(H)} \approx 1-O(H)p_m \tag{17.23}$$

綜合考慮上述複製、交叉及變異操作，可得特定模式 H 的數量改變為：

$$m(H,t+1) \geq m(H,t)\frac{f(H)}{\bar{f}}[1-p_c\frac{\delta(H)}{N-1}][1-O(H)p_m] \tag{17.24}$$

上式也可近似表示為：

$$m(H,t+1) \geq m(H,t)\frac{f(H)}{\bar{f}}[1-p_c\frac{\delta(H)}{N-1}-O(H)p_m] \tag{17.25}$$

其中忽略了一項較小的交叉相乘項。

變異的加入則需對前面的分析結論略加改進。從而完整的結論為：對於那些短定義長度、低階、高於平均適應度的模式將在後代中呈指數級增長。這個結論十分重要，通常稱它為 GA 的模式定理（schema theorem）。

根據模式定理，隨着 GA 的一代一代地進行，那些短的、低階、高適應度的模式將越來越多，最後得到的字符串即這些模式的組合，因而可期望性能越來越得到改善，並最終趨向全局的最優點。

17.6　遺傳算法在模式識別中的應用

17.6.1　問題的設定

模式識別是指我們日常生活中經常無意進行一些圖形的特徵對應，比如，「請從圖 17.11 的 （b）～（f） 中找出與 （a） 相似的圖形」的一類模板匹配問題，

我們很容易能判斷出圖（c）是正確解。

　　如果用電腦進行與此相同的事情就不會這樣容易。例如，圖17.11所示圖形分別以二值圖像（各點要麼是白要麼是黑，中間亮色沒有的圖形）輸入，旋轉各圖形讓它們相互重疊，這時必須查看它們之間的重合程度有多大，或者設定圓弧的個數、角的個數等一些特徵量，依據比較各圖形的特徵量來決定它們的對應程度。

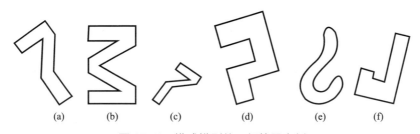

圖 17.11　模式識別的一個簡單實例

　　如果所給各圖形的種類多且不固定時，這種處理會更加困難，如要處理問題是「從圖17.12(b) 中確定與圖17.12(a) 所給的模板圖形相似的圖形」。此問題由人來做也是很容易的，但對於電腦來說，要比圖17.11的問題更加困難。圖像中的相似圖形的自由度，也就是位置、大小和旋轉角度等不明確的因素很多，還有圖像中其他的圖形越多，處理就越困難。對於人來講，從圖像中對構成圖形的線的端點間的連接關係等局部特徵，以及圖形整體形狀的全局特徵兩方面都能瞬時把握。因為電腦沒有這樣的概念，人必須事先教電腦那些求解方法。但是現在人還是缺乏如何認識圖形的那些生物學或者資訊處理的知識，所以讓電腦進行處理也是一件很困難的事情。

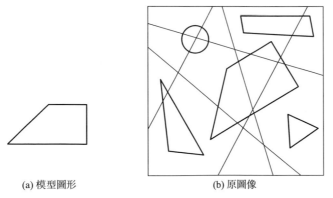

(a) 模型圖形　　　　　　　(b) 原圖像

圖 17.12　二值圖像中相似圖形的提取問題

如圖 17.11 或者圖 17.12 所示的圖形模式識別問題對電腦來說是困難的問題，一方面從電腦的實際應用的觀點出發又是重要的問題。比如，在工廠內自動工作機械的視覺設計中，用機械手從傳送帶上傳來的部品中只取出現在需要的部品的問題。還有，近年來重要性逐年提高的汽車智慧化研究中從駕駛室座位看前方時的圖像中提取交通標示牌以及道路指示板上的文字等圖形的處理也是有必要的。在此，將講述如何把 GA 應用到這種圖形的模式識別問題中。

此處提出的應該解決的工程方面的課題是：二值相似圖形的位置檢測問題。

例如，假設給出圖 17.12 中那樣的二值模板圖形以及與此圖形相似的圖形包含在內的二值圖像，此時求與模板圖形相似的二值圖像中的圖形的位置、大小和旋轉角度。

對於此問題，為了適用簡單 GA，有必要記述它的數學性。在此，作為選出對象的模板圖形，假定 xy 二維平面上的 n 個點的點序列 P 如下所示：

$$P = \{ p_1(x_1, y_1), p_2(x_2, y_2), \cdots, p_n(x_n, y_n) \} \tag{17.26}$$

其中，各點 $p_i(i=1,2,\cdots,n)$ 的坐標 (x_i, y_i) 是以 p 的重心 p_c 作為原點表示的相對坐標。讓模板的重心 p_c 重合 xy 的絕對坐標 (x_c, y_c)，只旋轉 θ 後再擴大 M 倍，此時的點序列 Q 採用下面的式子表示。

$$Q = \{ q_1(x_1^*, y_1^*), q_2(x_2^*, y_2^*), \cdots, q_n(x_n^*, y_n^*) \} \tag{17.27}$$

其中，(x_j^*, y_j^*) $(j=1,2,\cdots,n)$ 是變換後的各點絕對坐標，用下式表示。

$$\begin{pmatrix} x_j^* \\ y_j^* \end{pmatrix} = M \begin{pmatrix} \cos\theta & -\sin\theta \\ \sin\theta & \cos\theta \end{pmatrix} \begin{pmatrix} x_j \\ y_j \end{pmatrix} + \begin{pmatrix} x_c \\ y_c \end{pmatrix} \tag{17.28}$$

給出一個背景為白色，圖形是黑色的二值圖像，設式(17.27) 的點序列 Q 的各點是黑色的點的個數為 n_b，此時的模板與圖像中的圖形的匹配率 R 可以由下式定義。

$$R = \frac{n_b}{n} \tag{17.29}$$

給出了模板 P 的點序列和二值圖像時，把點序列 P 在圖像上的各個位置以不同大小和旋轉角度重疊，求取式(17.29) 所示的匹配率，定義獲取最大 R 時的點序列 P 的重心 p_c 的坐標 (x_c, y_c)、放大倍數 M 和旋轉角度 θ 的問題，為二值相似圖形的位置檢測問題。把各坐標軸設為 x_c、y_c、M、θ 的 4 維空間，則必然成為以式(17.29) 所示的匹配率作為評價值時的最大值搜索問題，所以能夠有效地使用探索算法的 GA 來解決。

17.6.2　GA 的應用方法

(1) 基因型和表現型的設定

在應用遺傳算法時，首先必須設定各個個體的基因型和表現型。在此，假設各

個個體 $I_k (k=1,2,\cdots\cdots)$ 具有下面的基因型（在此稱為染色體）G_k：

$$G_k = (x_{ck}, y_{ck}, M_k, \theta_k) \tag{17.30}$$

這表示探索對象的 4 維空間中的一點。此時各個個體 I_k 的表現型 H_k，把式(17.26) 表示的模板點序列 P，依據式(17.30) 所示的參數變換後作為圖形，由式(17.31) 表示。

$$H_k = \{h_{k1}(x_{k1}^*, y_{k1}^*), h_{k2}(x_{k2}^*, y_{k2}^*), \cdots, h_{kn}(x_{kn}^*, y_{kn}^*)\} \tag{17.31}$$

其中，(x_{kj}^*, y_{kj}^*) $(j=1,2,\cdots,n)$ 用下式表示。

$$\begin{pmatrix} x_{kj}^* \\ y_{kj}^* \end{pmatrix} = M_k \begin{pmatrix} \cos\theta_k & -\sin\theta_k \\ \sin\theta_k & \cos\theta_k \end{pmatrix} \begin{pmatrix} x_j \\ y_j \end{pmatrix} + \begin{pmatrix} x_{ck} \\ y_{ck} \end{pmatrix} \tag{17.32}$$

在此，為了使問題容易，對原始圖像中的相似圖形的自由度作了一些限制。具體包括：原始圖像中相似圖形的大小與模板相同，也就是式(17.30) 中的 M 總是為 1，並且旋轉角度 θ 以 45° 為單位，即固定為 0°、45°、90°、…、315°中的一個。式(17.30) 中的各個參數範圍為：

$$\begin{aligned} & x_{ck}, y_{ck} \in [0,63] \text{中整數}; \\ & M = 1; \\ & k = 45n, n \in [0,7] \text{中整數}。 \end{aligned} \tag{17.33}$$

這樣染色體 G_k 在電腦內以共計 15 比特長度的比特序列表示如下。

$$G_k = \underbrace{001\cdots0}_{6\text{bits}}\overset{x_{ck}}{}\underbrace{101\cdots10}_{6\text{bits}}\overset{y_{ck}}{}\underbrace{\cdots1}_{3\text{bits}}\overset{\theta_k}{} \tag{17.34}$$

由於 M_k 是常數，可以從染色體中除外。如果不設定上述條件，所有的參數都是未知的且任意取值，那麼相似圖形的自由度過多，換句話說搜索空間過大而使搜索變得困難。

（2）適應度的定義

各個個體對環境的適應度，可以使用式(17.29) 給出的匹配率。可是，圖形只偏差一點就會引起該匹配率很大變化。還有，當兩個圖形相互沒有充分重合的話，這個值將不會很大。在此，為了避免這個問題，需要對原始圖像進行如下的模糊處理。也就是原圖像中黑色點的亮度設為 L，白色點的亮度設為 0，如圖 17.13 所示的那樣，對圖像進行 L 階模糊處理，L 為整數常數。

接下來，具有式(17.33) 形式的染色 I_k 的適應度 $f(I_k)$ 可由下式求得。

$$f(I_k) = \frac{\sum_{j=1}^{n} f(x_{kj}^*, y_{kj}^*)}{Ln} \tag{17.35}$$

其中，n 為構成模板的點的總數。

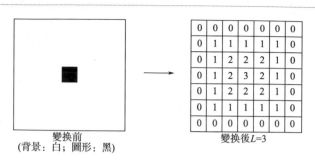

變換前
(背景：白；圖形：黑)

變換後 $L=3$

圖 17.13　對原始圖像進行模糊處理

　　由此，模板圖形重合於原始圖像中的相似圖形時，即使有一點偏差的情況下，還是能夠得到一定大小的適應度，搜索就比較容易了。

　　（3）遺傳算子的設定

　　接下來要對世代交替中用於生成新個體的遺傳算子進行設定。到目前為止已經講述了許多有關淘汰某一代的個體及選擇或生成下一代的個體的方法，此處決定使用如下方法：即將某一代中各個個體的適應度按由大到小的順序重新排列，按一定比例將下位的個體無條件地淘汰掉，然後從上位的個體中隨機地選取幾組配對進行交叉，分別生成一對一對的新個體，保持種群大小（個體總數）不變。

　　17.2 節講述的簡單遺傳算法中，最基本交叉方式為一點交叉，在此決定採用二點交叉。

　　另外，依據小概率發生變異，對各個個體基因進行由 0 至 1 或由 1 至 0 的隨機反轉處理。

　　依據上述遺傳算子進行的世代交替，高適應度的個體可能持續生存幾代，相反，低適應度的個體被淘汰的可能性很高。為此，生物種群有向優秀個體收斂的趨勢，適應度遞增順利時，能快速發現最優解，但是陷入局部最優解的可能性也變得很高，有必要引起注意。

17.6.3　基於 GA 的雙目視覺匹配

　　雙目視覺是恢復場景深度資訊的一種常用方法，但求解對應問題又是雙目視覺最困難的一步。下面以蘋果樹圖像為例，介紹基於 GA 的雙目視覺匹配方法。

　　圖 17.14 中表示了用雙目體視覺對一個蘋果三維位置測量的示意圖，在雙目視覺中，左右照相機的光軸是平行的。一個蘋果的三維位置可以由其重心 C 來表示，重心 C 在左右圖像平面上的投影分別為 C_l 和 C_r。重心 C 的三維位置 C (x_c, y_c, z_c) 可以由 C_l 和 C_r 之間的位移計算，而 C_l 和 C_r 之間的位移在右圖

像的 C_r 和蘋果重心 C 所組成的世界坐標係 xyz 上被稱為視差,即

$$x_c = x_r B/d$$
$$y_c = y_r B/d$$
$$z_c = FB/d \qquad (17.36)$$

其中,x_r、y_r 為 C_r 的坐標;$d = x_1 - x_r$ 為視差;x_1、y_1 為相對於世界坐標係 xyz 蘋果重心 C 在左圖像上的投影坐標;F 為照相機的焦距;B 為左右照相機之間的距離,被稱為基線。

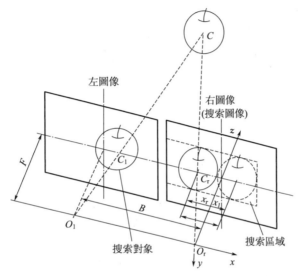

圖 17.14　基於雙目視覺的蘋果三維位置測量示意圖

一組(左右 2 幅)蘋果圖像的對應點藉助於基於輪廓的模板匹配算法來確定。因此,定義從左圖像中提取的每個蘋果輪廓為一個模板;從右圖像中提取的含有蘋果輪廓的二值線圖像為搜索圖像。利用 17.6.2 節介紹的方法,基於輪廓模板匹配過程就是對左圖像中選定的模板在搜索圖像中試圖尋找同一蘋果的輪廓。

如圖 17.15 所示,圖像採集裝置由兩個滑棒及安裝其上的照相機所構成。該照相機在滑棒上可水平左右移動,拍攝一對(左右兩幅)圖像。為了基於雙目視覺獲取三維位置,在測量視差 d 時,式(17.36)中的基線 B 起着很大作用。如果設定一個比較長的基線,所估算的三維位置將更精確。然而,比較長的基線將導致從左右照相機中可觀察的三維空間狹窄。因此,在選擇基線時存在着測量精度和可視空間之間的平衡。由於從照相機到蘋果所處地點之間的實際距離範圍可以認為是 50~200cm,那麼,分別確定 B 為 10cm、15cm 和 20cm。

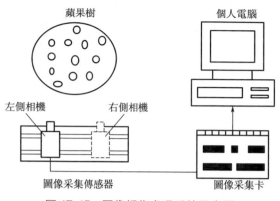

圖 17.15　圖像採集處理系統示意圖

圖像處理算法如下。

第一步，對所拍攝的紅色蘋果（富士）的兩幅彩色圖像（左右圖像）通過色差 G-Y 法取閾值－5 進行二值化，得到區域分割後的兩幅二值圖像，再對其進行消除小區域的噪聲的處理。第二步，對於右圖像，通過輪廓追蹤處理提取整個輪廓線作為搜索圖像。對於左圖像，進行區域分割，然後由中心區域矩、圓形度和面積等參數所組成的線性判別函數，把蘋果區域分成單個蘋果和複合蘋果（多個蘋果重疊在一起的情況）。當為複合蘋果時，使用距離變換和膨脹的分離處理方法提取各個單個蘋果。左圖像中的蘋果輪廓分別作為模板被提取出來。最後，使用 GA 模板匹配方法來尋找與從左圖像中逐一選擇的模板同一的蘋果輪廓。在左右圖像中，被匹配的蘋果的三維位置就能藉助重心坐標計算得到。重復迭代這個搜索操作直到左圖像中的所有蘋果，即模板被處理完為止。

圖 17.16(a) 和 (b) 分別是蘋果樹的彩色立體圖像對。它們是在從照相機到蘋果所處地點的距離 100cm 處拍攝的。圖 17.17(a) 和 (b) 表示了由彩色區域分割處理獲得的各個二值圖像。左圖像中具有標記「1」～「8」的八個蘋果分別對應

(a) 左圖像　　　　　　　　　　　　　(b) 右圖像

圖 17.16　彩色雙目圖像對

右圖像中具有標記「a」～「h」的蘋果。除了最上面的一個蘋果由於葉子的遮擋，在分離處理中變得過小而不能作為模板外，其餘 8 個蘋果都正確地匹配上了，如圖 17.18 所示。本實驗在各種光照條件下設定基線 10cm、15cm、20cm 各拍攝了 36 組圖像，實驗結果 95％以上的蘋果都正確地得到了匹配。

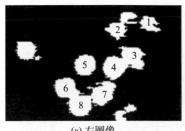

| (a) 左圖像 | (b) 右圖像 |

圖 17.17　二值雙目圖像對

圖 17.18　基於 GA 的模板匹配結果

參考文獻

[1]　Sun M, Takahashi T, Zhang S, Bekki E. Matching Binocular Stereo Images of Apples by Genetic Algorithm［J］. Agricultural Engineering Journal, 1999, 8（2）: 101-117.

[2]　孫明. 畫像処理によるリンゴ果実の識別と位置検出［D］. 盛岡：岩手大學,1999.

下篇

機器視覺應用系統

第18章

通用圖像處理系統 ImageSys [1]

18.1 系統簡介

　　ImageSys 是一個大型圖像處理系統，主要功能包括圖像/多媒體文件處理、圖像/視頻捕捉、圖像濾波、圖像變換、圖像分割、特徵測量與統計、開發平臺等。可處理彩色、灰階、靜態和動態圖像。可處理文件類型包括：點陣圖文件（bmp）、TIFF 圖像文件（tif、tiff）、JPEG 圖像文件（jpg、jpeg）等、文檔圖像文件（txt）和多媒體視頻圖像文件（avi、dat、mpg、mpeg、mov、vob、flv、mp4、wmv、rm 等）。圖像/視頻捕捉採用國際標準的 USB 端口和 IEEE1394 端口，適用於桌上電腦和筆記型電腦，可支持一般民用 CCD 數位照相機（IEEE1394 端口）和 PC 相機（USB 端口）。

　　ImageSys 以其廣泛豐富的多種功能，以及伴隨這些功能提供給使用者的大量可利用的函數，使本系統能夠適應不同專業、不同層次的需要。用於教學可以向學生展示現代圖像處理技術的多種功能；在實際應用上可以代替使用者自動計算測量多種數學數據；可以利用提供的函數組合各種功能用於機器人視覺判斷；特別是對於利用圖像處理的科學研究，可以用本系統提供的豐富功能簡單地進行各種試驗，快速找到最佳方案，用提供的函數庫簡單地編出自己的處理程序。

　　ImageSys 還提供了一個框架源程序，包括圖像文件的讀入、保存、圖像捕捉、視窗程序的基本系統設定等與圖像處理無關、令人頭疼但不得不做的繁雜程序，也包括部分圖像處理程序，可以簡單地將自己的程序寫入框架程序，不僅能節省大量寶貴的時間，還能參考函數的使用方法。圖 18.1 是 ImageSys 的操作界面。

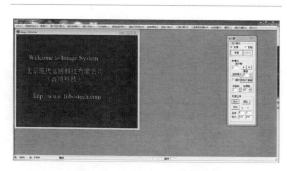

圖 18.1　ImageSys 操作界面

18.2　狀態窗

　　如圖 18.2 所示，狀態窗用於顯示模式、
幀模式以及處理區域的設定。

　　（1）顯示模式

　　可以選擇灰色、彩色、假彩色等表示方
式，也可以表示 R 分量、G 分量和 B 分量
的灰階圖像。

　　（2）幀模式

　　可以顯示當前幀，也可以從開始幀到結
束幀連續、循環顯示。連續顯示需設定開始
幀、結束幀、等待時間間隔等。圖像處理結
果可表示在下幀，原圖像保留；也可寫在原
幀上。

　　（3）處理區域

　　可以通過對起點、終點坐標的設置來設
定處理區域，交替選擇預先設定的最大處理

圖 18.2　狀態窗

區域和中間 1/2 處理區域。也可對處理區域自由設定：移動滑鼠到要設定區域的
起點，按下「Shift」鍵後按下滑鼠左鍵，移動滑鼠到要設定區域的終點位置，
抬起「Shift」鍵和滑鼠左鍵即可。

18.3　圖像採集

　　這裡只介紹 DirectX 直接採集、VFW PC 相機採集和 A/D 圖像卡採集，可
以選配。其他還有獨立的高速相機圖像採集，這裡不做介紹。

18.3.1　DirectX 直接採集

　　直接採集是基於 DirectX 的圖像採集軟體系統。該系統可支持一般民用 CCD
數位相機（IEEE1394 端口）和 PC 相機（USB 端口）。

　　使用 CCD 照相機 IEEE1394 端口時，採集到硬碟時的捕捉速度與照相機的

制式有關，通常 PAL 制式 25 幀/秒，NTSC 制式 30 幀/秒；採集到系統幀（記憶體）時的捕捉速度與電腦的處理速度有關。

使用 USB 端口捕捉時，採集到硬碟、記憶體的捕捉速度都與電腦處理速度有關。

捕捉速度預設為 15 幀/秒，也可自行設定。通過對捕捉方式的設定，可將圖像捕捉到系統幀上，或將圖像採集到硬碟上。圖 18.3 為 DirectX 圖像採集功能界面。

18.3.2 VFW PC 相機採集

PC 相機採集是基於攝影視窗 VFW（Video For Windows）的圖像捕捉工具，用於 PC 相機（USB 端口）。

捕捉速度預設為 15 幀/秒，也可自行設定。通過對捕捉方式的設定可將圖像捕捉到系統幀上，或將圖像採集到硬碟上。圖 18.4 為 VFW 圖像採集功能界面。

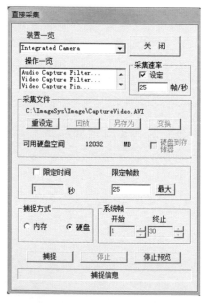

圖 18.3　DirectX 圖像採集

圖 18.4　VFW 圖像採集

18.3.3 A/D 圖像卡採集

採圖模式：彩色，灰階。

採圖方式：硬碟，記憶體。

採圖文件：AVI，連續 BMP。

適用環境：Windows 系列。

支持一機多卡，支持多相機切換採圖。

一臺電腦上可以同時安裝多個圖像擷取卡、連接多個相機。設備制式可選「PAL」或「NTSC」。通過對捕捉方式的設定可將圖像捕捉到系統幀上，或將圖像採集到硬碟上。圖 18.5 為 A/D 圖像卡採集功能界面。

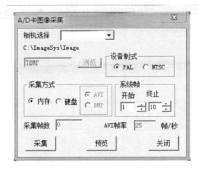

圖 18.5　A/D 圖像卡採集

18.4　直方圖處理

18.4.1　直方圖

可以選擇直方圖的類型：灰階，彩色 RGB、R 分量、G 分量、B 分量，彩色 HSI、H 分量、S 分量、I 分量。

可以依次顯示所選類型的像素區域分佈直方圖的最小值、最大值、平均值、標準差、總像素等。顯示所選類型的像素區域分佈直方圖。可以剪切和列印直方圖。

可以查看直方圖上數據的分佈情況。可以讀出以前保存的數據、保存當前數據、列印當前數據。保存的數據可以用 Microsoft Excel 將其打開，重新做分佈圖。

圖 18.6 為直方圖功能界面。

18.4.2　線剖面

線剖面表示滑鼠所畫直線上的像素值分佈。可選擇線剖面的分佈圖類型包括：灰階，彩色 RGB、R 分量、G 分量、B 分量，彩色 HSI、H 分量、S 分量、I 分量等。

選擇單個分量時，在視窗左側會顯示該分量線剖面資訊的平均值和標準偏差。可以對線剖面進行移動平滑和小波平滑。移動平滑可以設定平滑距離。小波平滑可以設定平滑係數、平滑次數、去高頻和去低頻。去高頻是將高頻信號置零，留下低頻信號，即平滑信號。去低頻是將低頻信號置零，留下高頻信號，是

為了觀察高頻信號。圖 18.7 為線剖面的功能界面。線剖面是很有用的圖像解析工具。

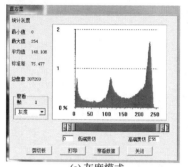
(a) 灰度模式

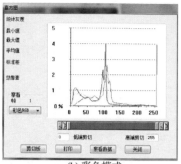
(b) 彩色模式

圖 18.6　直方圖功能界面

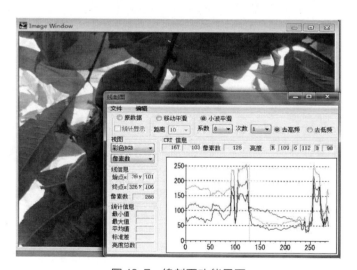

圖 18.7　線剖面功能界面

18.4.3　3D 剖面

X 軸表示圖像的 x 坐標，Y 軸表示圖像的 y 坐標，Z 軸表示像素的灰階值。可以採用自定義表示和 OpenGL 三維顯示。可以設定採樣空間、反色。可設定分佈圖的 Z 軸高度尺度、最大亮度、基亮度、塗抹顏色、背景顏色等。圖 18.8 是 3D 剖面示例圖。

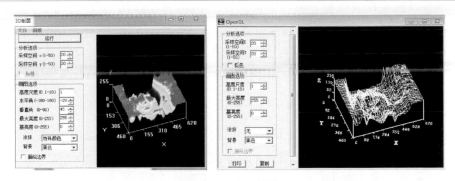

圖 18.8　3D 剖面

18.4.4　累計分佈圖

累計分佈圖是指垂直方向或者水平方向的像素值累加曲線。打開功能視窗即顯示處理視窗內像素的累計分佈情況，若未選擇處理視窗，顯示的則是整幅圖內像素的累計分佈情況。

可選擇的累計分佈圖類型有：灰階，彩色 RGB、R 分量、G 分量、B 分量，彩色 HSI、H 分量、S 分量、I 分量等。選擇單個分量時，顯示所選類型累計分佈圖的最小值、最大值、平均值、標準差、總像素等。圖 18.9 顯示了圖像上虛線視窗區域彩色 RGB 的垂直方向累計分佈圖，橫坐標表示處理視窗的橫坐標，縱坐標表示像素的累加值。

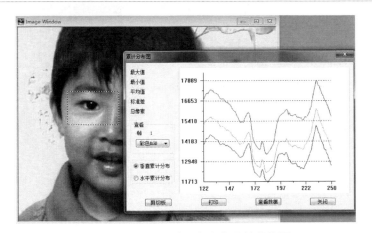

圖 18.9　視窗區域垂直方向累計分佈圖

可以剪切和列印累計分佈圖。可以查看數據，打開數據視窗「文件」選單，

可以讀取以前保存的數據、保存當前數據、列印當前數據。保存的數據可以用 Microsoft Excel 將其打開，重新做分佈圖。

18.5 顏色測量

顏色測量是根據 R、G、B 的亮度值以及國際照明委員會（CIE）倡導的 XYZ 顏色系統、HSI 顏色系統進行坐標變換、測量色差等。

可以圖像及數位表示基準色、測量顏色及色差。內容包括：R、G、B 的亮度值，HSI 顏色系統下的取值，變換到 CIE XYZ 顏色系統時的 3 刺激值，3 刺激值在 XYZ 顏色系統的色度圖上的色度坐標 x、y，在 CIE 的 $L^*a^*b^*$ 色空間值，以及變換成 CIE UCS 顏色空間時的坐標 u^*、v^*。

可選擇攝影時的光源。A 光源：相關色溫度為 2856K 左右的鎢絲燈；B 光源：可見光波長域的直射太陽光；C 光源：可見光波長域的平均光；D65 光源：包含紫外域的平均自然光。圖 18.10 是顏色測量功能界面。

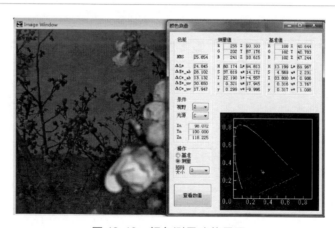

圖 18.10　顏色測量功能界面

18.6 顏色變換

18.6.1 顏色亮度變換

用於彩色或灰階圖像的亮度變換。可選擇線性恢復、像素提取、範圍移動、

N 值化、L（朗格）變換、γ（伽馬）變換、動態範圍變換等亮度變換的方法。

圖 18.11　顏色亮度變換功能界面

可對圖像進行反色處理，將圖像的濃淡資訊反轉。可通過均衡化像素分佈，使圖像變得鮮明。可對霧霾圖像進行清晰化處理。

可根據變換類型分別設定相應的參數。「像素提取」的背景選定：可選「黑色」和「白色」；「範圍移動」的位移量的可設定「位移量 Y」和「位移量 X」；「N 值化」可選擇：「2、4、8、16、32、64、128、256」；「γ（伽馬）變換」的 γ 係數可在 0～1.0 之間設定，初始值為 0.5；灰階值的設定，可通過輸入灰階值或灰階調節柄來實現。圖 18.11 是顏色亮度變換的功能界面。

18.6.2　HSI 表示變換

可將圖像的 RGB 顏色值轉換成 HSI 顏色值的圖像表示。可以分別表示色相 H、飽和度 S、亮度 I、色差 R-I 和 B-I 的圖像。自由調節 HSI 各個分量後，改變圖像顏色。如圖 18.12 所示。

18.6.3　自由變換

如圖 18.13 所示，可對圖像進行平移、90°旋轉、亮度輪廓線、馬賽克、視窗塗抹、積分平均等處理。

　① 平移：執行圖像的滾動或移動。

　② 亮度輪廓線：畫出各個亮度範圍的輪

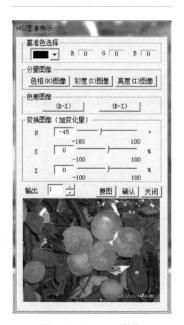

圖 18.12　HIS 變換

廓線。可設定亮度範圍的下限和上限，也可設定把亮度範圍分割成等份的除數，設定輪廓線的亮度值，設定輪廓線以外的背景的亮度。

③ 馬賽克：計算設定範圍內像素的亮度平均值，畫出馬賽克圖像。可設定水平方向像素範圍和垂直方向像素範圍。

④ 視窗塗抹：以任意的亮度塗抹處理視窗內或處理視窗外。

設定塗抹亮度方法：a. 幀平均，處理視窗周圍的像素的平均亮度；b. 區域平均，處理視窗內的像素的平均亮度；c. 指定，指定亮度。

⑤ 積分平均：設定多幀圖像，計算出平均圖像。用於除去隨機噪聲，改善圖像。

圖 18. 13　自由變換

圖 18. 14　RGB 顏色變換

18.6.4　RGB 顏色變換

如圖 18.14 所示，用於彩色圖像 R、G、B 三分量之間的加減運算。可以方便地提取彩色圖像中 R、G、B 上的分量圖，強化某些分量。

18.7　幾何變換

18.7.1　仿射變換

如圖 18.15 所示，可選平移、旋轉、放大縮小等變換項目。

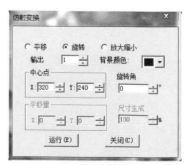

圖 18. 15　仿射變換

選擇旋轉或放大縮小時，可設定旋轉或放大縮小的 x、y 方向的中心坐標。預設值為圖像中心的 x、y 坐標。

選擇「旋轉」時，設定旋轉角後，視窗上自動表示旋轉後的圖像。

選擇「平移」時，設定平移量後，視窗上自動表示平移後的圖像。

選擇「放大縮小」時，按照所設定的比例，視窗上自動表示尺寸生成後的圖像。

18.7.2　透視變換

可以設定：擴大率，視點位置，屏幕位置，X、Y、Z 方向的移動量，以 X、Y、Z 軸為旋轉軸的旋轉角度。

圖 18.16 為透視變換的界面和預覽圖。設定參數如下：擴大率 $X=1.2$，$Y=1.2$；視點位置 $Z=50$；屏幕位置 $Z=50$；移動量 $X=1$，$Y=1$，$Z=1$；回轉度 $X=10°$，$Y=10°$，$Z=10°$。點擊「確定」後，預覽圖顯示到圖像界面。

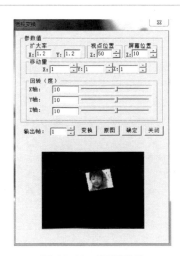

圖 18.16　透視變換

18.8　頻率域變換

18.8.1　小波變換

圖 18.17 是小波變換界面，可以進行一維行變換、一維列變換和二維小波變

換，小波變換時可以消除任意分量後進行逆變換，可以對選擇區域進行小波放大處理。

圖 18.17　小波變換

（1）一維列變換處理例

對原圖像進行連續三次列「變換」以後，將垂直方向「低頻置零」，再進行三次列「恢復」，結果如圖 18.18 所示。

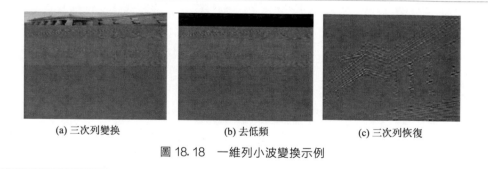

(a) 三次列變換　　　　　(b) 去低頻　　　　　(c) 三次列恢復

圖 18.18　一維列小波變換示例

（2）二維變換處理例

對原圖像進行連續三次二維小波「變換」以後，將「低頻置零」，再進行三次「恢復」處理，如圖 18.19 所示。

18.8.2　傅立葉變換

快速傅立葉變換只能對長和寬都是 2 的次方大小的圖像進行變換。如果圖像處理區域的大小不是 2 的次方，將會自動縮小到 2 的次方大小進行處理。

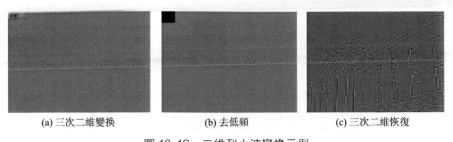

| (a) 三次二維變換 | (b) 去低頻 | (c) 三次二維恢復 |

圖 18.19 二維列小波變換示例

　　如圖 18.20 所示，對變換後的傅立葉圖像可以選擇各種類型的濾波器進行濾波處理，然後進行圖像恢復。濾波器的種類包括：使用者自定義、理想低通濾波器、梯形低通濾波器、布特沃斯低通濾波器、指數低通濾波器、理想高通濾波器、梯形高通濾波器、布特沃斯高通濾波器、指數高通濾波器等。可以設定各個濾波器的參數。

圖 18.20 傅立葉變換界面

　　可以查看頻率圖像的環特徵和楔特徵。環特徵是指頻率圖像在極坐標系中沿極半徑方向劃分為若干同心環狀區域，分別計算每個同心環狀區域上的能量總和。楔特徵是指頻率圖像在極坐標系中沿極角方向劃分為若干楔狀區域，分別計算每個楔狀區域上的能量總和。

處理示例如圖 18.21 所示。

| (a) 原圖像 | (b) 傅裏葉圖像 |
| (c) 環形濾波 | (d) 恢復圖像 |

圖 18.21　傅立葉變換示例

18.9　圖像間變換

18.9.1　圖像間演算

　　如圖 18.22 所示，進行圖像間的加、減、乘、除運算和邏輯運算，邏輯算子包括：AND、OR、XOR、XNOR。算術運算時，可以任意指定運算係數。可進行多幀圖像的連續處理。

18.9.2　運動圖像校正

（1）場變換

由攝影裝置攝取的一幅圖像是由奇數掃描場和偶數掃描場構成的，也就是

說，由奇數掃描場和偶數掃描場的像素可以合成一幀圖像。該功能是將奇數場和偶數場分別做成一幀圖像，可以進行多幀的連續處理。

（2）模糊校正

矯正攝影時因掃描交錯而產生的模糊。可以選擇奇數場和偶數場，用選擇的場做成一幀圖像，來替代原來幀的圖像。

圖 18.23 為運動圖像校正的功能示意。

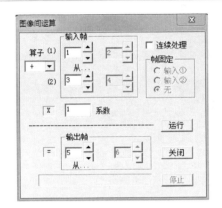

圖 18.22　圖像間運算

圖 18.23　運動圖像校正

18.10　濾波增強

18.10.1　單模板濾波增強

濾波增強是對圖像的各個像素及其周圍的像素乘一個係數列（濾波算子），得出的和數再除某一個係數（除數），將最後結果作為該像素的值。通過上述處理，達到增強圖像的某一特徵或改善圖像質量的目的。

可選的濾波器類型包括：簡單均值、加權均值、4 方向銳化、8 方向銳化、4 方向增強、8 方向增強、平滑增強、中值濾波、排序、高斯濾波、自定義。選擇以上幾種濾波算子時，濾波算子和除數的數據將自動在視窗表示。

濾波器算子的大小可以選擇：3×3、5×5、7×7、9×9 等。

圖 18.24 是單模板濾波增強的功能界面和處理示例，對一幀彩色圖像進行了 3×3 區域的 8 方向銳化處理。

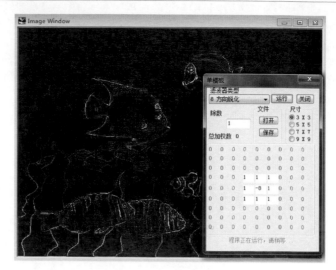

圖 18.24　單模板濾波增強

18.10.2　多模板濾波增強

如圖 18.25 所示，可選的濾波器類型有：Prewitt 算子、Kirsch 算子、Robinson 算子、一般差分、Roberts 算子、Sobel 算子、拉普拉斯運算：算子 1、算子 2、算子 3、使用者自定義等。

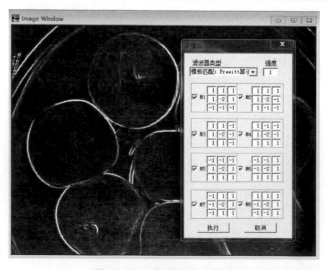

圖 18.25　多模板濾波增強

以上算子中，Prewitt 算子，Kirsch 算子，Robinson 算子是基於模板匹配的邊緣檢測與提取算子，它們各自有 9 個模板可供使用者選擇。一般差分、Roberts 算子、Sobel 算子以及 3 種拉普拉斯算子是基於微分的邊緣檢測與提取算子。使用者選定濾波器種類後，對於基於模板匹配的算子，可同時選擇其對應的多個模板，以達到最好效果，而對於基於拉普拉斯算子的運算則為單模板。

18.10.3　Canny 邊緣檢測

如圖 18.26 所示，Canny 邊緣檢測可以選擇分步檢測和一鍵檢測。分步檢測時，按順序一步一步執行，顯示各步處理結果圖像。一鍵檢測時，點擊「Canny 檢測」鍵，只顯示最終檢測結果。選擇濾波器尺寸後，自動採用預設平滑尺度，也可以手動設定平滑尺度。高閾值（占比）和低閾值（占比）可以根據檢測效果設定。

圖 18.26　Canny 邊緣檢測

18.11　圖像分割

灰階圖像或以灰階模式顯示的彩色圖像的二值化處理，可以人工自由設定閾值，也可以由系統自動求出閾值將圖像二值化。可選擇的自動二值化方法包括：模態法，p 參數法和大津法。

基於 RGB 顏色系統的彩色圖像二值化處理，可以分別設定 R、G、B 的有效、無效及閾值範圍；基於 HSI 顏色系統的彩色圖像二值化處理，可以分別設

定 H、S、I 的有效、無效及閾值範圍。兩種彩色二值化處理的閾值還可以通過滑鼠在圖像上點擊要提取部位，自動獲得閾值範圍，可以設定滑鼠點擊區域大小。圖 18.27 是二值化處理的功能界面。

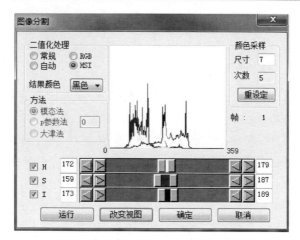

圖 18.27　二值化處理的功能界面

18.12　二值運算

18.12.1　基本運算

　　如圖 18.28 所示，可以選擇處理的目標對象為「黑色」或者「白色」，可以選擇「8 鄰域」或者「4 鄰域」處理，處理的項目包括：去噪聲、補洞、膨脹、腐蝕、排他膨脹、細線化、去毛刺、清除視窗、輪廓提取等。

　　① 去噪聲處理。可在參數項設定去噪聲的像素數，選擇小於或大於該像素數作為噪聲去除。

　　② 膨脹或者腐蝕處理。執行一次，根據鄰域設定（8 鄰域或 4 鄰域）膨脹或者腐蝕一圈，反復執行膨脹和腐蝕命令，可以有效地修補圖像的表面、斷裂、孔洞等。

　　③ 排他膨脹。膨脹後，對象物的個數不變，可以用於修補圖像，而不改變對象物個數。執行一次，根據鄰域設定（8 鄰域或 4 鄰域）膨脹一次，靠近其他對象物的部位不膨脹。

　　④ 細線化。一個像素一個像素地縮小對象物的輪廓，直到縮小為一個像素

寬（細線）的「骨架」為止。可以設定「細線化次數」，設定值為「0」時（預設的情況），表示執行到細線為止。本細線化處理，只將線條變細，而不變短。

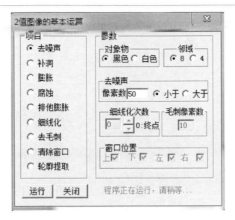

圖 18.28　多模板濾波增強

⑤ 去毛刺。修正細線化後的圖像，可以設定毛刺的長度（毛刺像素數）。

⑥ 清除視窗。清除視窗上的不想處理的對象物。可以設定清除方向：上、下、左、右。

18.12.2　特殊提取

可測定對象物的 26 項幾何數據，根據最多 4 個「與」或「或」的條件提取對象物。

設定項目包括：面積、周長、周長/面積、面積比、孔洞數、孔洞面積、圓形度、等價圓直徑、重心（X）、重心（Y）、水平投影徑、垂直投影徑、投影徑比、最大徑、長徑、短徑、長徑/短徑、投影徑起點 X、投影徑起點 Y、投影徑終點 X、投影徑終點 Y、圖形起點 X（掃描初接觸點的 x 坐標）、圖形起點 Y（掃描初接觸點的 y 坐標）、橢圓長軸、橢圓短軸、長軸/短軸。

選擇兩個以上項目時有效。表示提取對象物時所選項目之間的邏輯關係，可選擇「與」或者「或」。

滑鼠點擊目標後，自動獲得目標的選定幾何參數，可以參考這些參數設定提取閾值。設定範圍包括：大於閾值、小於閾值和取兩閾值之間。

可以打開和保存設定的處理條件。

圖 18.29 是特殊提取的操作界面及一個提取示例，該示例是提取面積大於 500 像素和周長大於 80 像素的黑色目標。

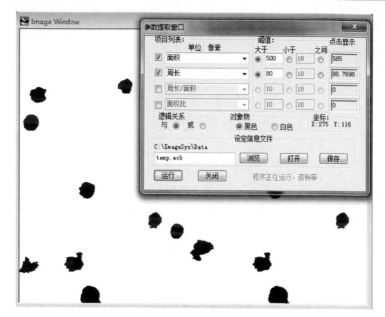

圖 18. 29　特殊提取的操作界面及提取示例

18.13　二值圖像測量

包括幾何參數測量、直線參數測量、圓形分離和輪廓測量等內容，以下分別介紹各項內容。

18.13.1　幾何參數測量

可以選擇一般處理和手動處理。一般自動參數測量共有 49 個項目；手動測量可測量兩點間距離、連續距離、3 點間角度、兩線間夾角等。

在測量之前，可以通過滑鼠設定比例尺，設定比例尺之後，測量的就是實際數據，如果不設定比例尺，預設測量的單位是像素數。比例尺的單位有 pm、nm、um、mm、cm、m、km 等。圖 18.30 是幾何參數測量的功能界面。

（1）一般自動參數測量

可以選擇處理對象為「黑色」或者「白色」，可以選擇「8 鄰域」或者「4 鄰域」處理，可以設定島處理和非島處理，可以設定處理結果上標注序號或者不標注序號。島處理時，「島」被作為單獨的一個對象物；非島處理時，「島」與其外

測的對象物作為一體進行處理。

① 測量項目。共有以下 39 個可選擇項目（實際測量項目為 49 個）。

面積、周長類：

• 面積：可用對象物所占區域中像素的個數進行計算，不包括孔洞面積。

• 周長：對象物所占區域中相鄰邊緣像素間的距離之和。

• 周長 2：對象物所占區域中相鄰邊緣像素間的距離之和，不包括處理視窗邊界上的像素。

• 孔洞數：對象物領域內洞的個數。

• 孔洞面積：對象物所占區域中所有孔洞的像素的個數。

圖 18.30　幾何參數測量功能界面

• 總面積：對象物面積和孔洞面積的總和。

• 面積比：對象物面積（不含孔洞）除以處理視窗的總面積。

• 周長/面積。

• NCI 比：周長÷(總面積)$^{1/2}$。

• 圓形度 (D)：$D = 4\pi \times$(總面積)÷(周長)^2。$D \leqslant 1$，圓的圓形度為 1（最大）。

• 等價圓直徑：與對象物的面積相等的圓的直徑。

• 球體體積：以等價圓的直徑為直徑的球體的體積。

• 圓的形狀係數 (C)：圓形度的倒數，表示圓的凹凸程度，數值越大凹凸程度越大。

$C = 1/D = $(周長)$\times 2 \div [4\pi \times$(總面積)]。

• 線長（細線化圖像）：(周長)÷2。

重心、投影徑類：

• 重心：重心的橫坐標 (X)、縱坐標 (Y)。

$X = (1/n)\sum x$；$Y = (1/n)\sum y$。

(n＝像素數；x＝各個像素的坐標值 x；y＝各個像素的坐標值 y。)

• 水平投影徑：投影到 x 坐標軸的水平徑。

• 垂直投影徑：投影到 y 坐標軸的垂直徑。

• 投影徑角：由投影徑構成的長方形（與坐標軸平行的外接長方形）的對角線與 x 軸的夾角。

arctan（垂直投影徑/水平投影徑）。

‧佔有率：在投影徑構成的長方形內，對象物所占的比例。

（總面積）÷（水平投影徑×垂直投影徑）。

最大徑類：

‧最大徑：對象物內最長的直線。除了最大徑的長度以外，選擇最大徑後，還自動測量以下4項（最大徑端點 x_1、最大徑端點 y_1、最大徑端點 x_2、最大徑端點 y_2）。

‧最大徑角：最大徑與 x 軸的夾角。

‧直徑的形狀係數：$(\pi/4)\times[$（最大徑）2÷總面積$]$。

最小為 1（圓），數值越大離圓越遠。

‧長徑：對象物外接長方形中面積最小的長方形的長邊。橢圓時相當於長徑。

‧短徑：對象物外接長方形中面積最小的長方形的短邊。橢圓時相當於短徑。

‧長徑角：長徑與 x 軸所成的夾角。

幀上的坐標類：

‧水平投影徑坐標

選擇該項後，將測量以下 4 項內容［參考下圖（左）］：水平投影徑起點 X、垂直投影徑起點 Y、水平投影徑終點 X、垂直投影徑終點 Y。

‧圖形起點坐標

選擇後將測量下列兩項內容［參考下圖（右）］：圖形起點 X、圖形起點 Y。

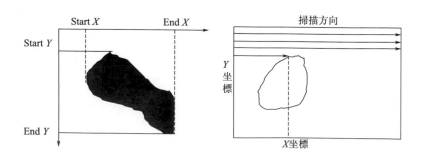

橢圓類：

‧橢圓長軸：假定的慣性橢圓體的長軸。

$$m_{\theta max}=\{0.5(Mx2+My2)\pm0.5[(Mx2-My2)^2+4(Mxy)^2]^{1/2}\}_{max}$$

$m_{\theta\max}$：對橢圓長軸的慣性矩；$Mx2$、$My2$、Mxy：分別為對 x 軸的 2 階矩、對 y 軸的 2 階矩和對 x、y 軸的 2 階矩，請參考下面的「區域矩」部分。

$$橢圓長軸=(1/m_{\theta\max})^{1/2}$$

• 橢圓短軸：假定的慣性橢圓體的短軸。

$$m_{\theta\min}=\{0.5(Mx2+My2)\pm0.5[(Mx2-My2)^2+4(Mxy)2]^{1/2}\}_{\min}$$

$m_{\theta\min}$：對橢圓短軸的慣性矩。

$$橢圓短軸=(1/m_{\theta\min})^{1/2}$$

• 橢圓方向角：橢圓長軸與 x 軸的夾角 θ。

$\theta=0.5\arctan[2Mxy\div(My2-Mx2)]$。

• 橢圓長短軸比。

• 橢圓體體積：以慣性橢圓體的長軸為中心軸迴轉所得到的體積。

$(4/3)\pi\times(長軸/2)\times(短軸/2)^2$。

• 橢圓的形狀係數：表示與圓的近似程度。

$\pi\times(長軸+短軸)\div(2\times周長)(=a)$。

圓或橢圓$=1$，不規則形狀<1，$0<a<1$。

區域矩類：

圖像的坐標係如下：

• 0 階矩 ($M0$)：$M0=$對象物的面積。

• 1 階矩 X($Mx1$)：對 x 軸的一階矩。

$Mx1=\sum y$。

• 1 階矩 Y($My1$)：對 y 軸的一階矩。

$My1=\sum x$。

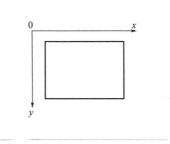

• 2 階矩 X($Mx2$)：對 x 軸的 2 階矩。

$Mx2=\sum(y-y0)^2$；$y0$：重心的 y 坐標。

• 2 階矩 Y($My2$)：對 y 軸的 2 階矩。

$My2=\sum(x-x0)^2$；$x0$：重心的 x 坐標。

• 2 階矩 XY(Mxy)：對 x、y 軸的 2 階矩。

$Mxy=\sum\sum(x-x0)(y-y0)$。

• 極慣性矩 (Mo)：$Mo=Mx2+My2$。

注：上述公式只對二值圖像有效。

可以文檔表示測量結果，打開表示文檔後，可以保存測量結果，保存數據可以用其他軟體讀取、做表。可以對多次測量結果進行合並處理。

② 頻數分佈。可以對不同的測量項目進行頻數分佈表示，可以選擇分佈圖或者分佈錶表示，這些圖表都可以保存、拷貝和列印。圖 18.31 是對面積測量結果的頻數分佈圖和分佈表的表示實例。

(2) 手動測量

測量滑鼠指定的距離、角度等。

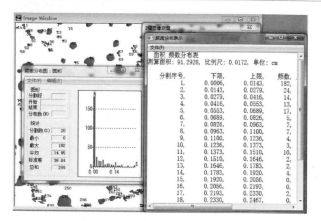

圖 18.31　面積測量結果的頻數分佈圖和分佈表

• 兩點間距離：在圖像上先後點擊兩點，將在兩點間自動畫出直線，在後一點處標出測量序號，測量結果表示在視窗上。

• 連續測量兩點間距離：連續顯示滑鼠點擊位置的距離。

• 3 點間的角度：點擊 3 個點後，再點擊要測量的角度，自動表示角度和測量序號，測量結果表示在視窗上。

• 兩線間的夾角：分別點擊兩條線的起點和終點，然後點擊要測量的角度，自動表示兩條線和測量序號，測量結果表示在視窗上。

圖 18.32 是手動測量界面及測量實例。

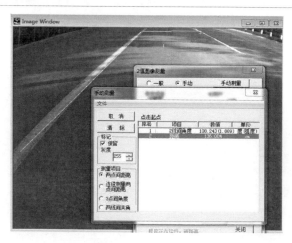

圖 18.32　手動測量

18.13.2　直線參數測量

如圖 18.33 所示，在 2 值圖像中，利用不同的方法對目標區域進行直線檢測，並顯示檢測結果和參數。可以選擇以下測量方法：

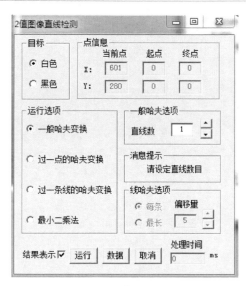

圖 18.33　直線參數測量

① 一般哈夫變換。利用一般哈夫變換檢測圖像中的直線要素。

② 過一點的哈夫變換。檢測過設定點的直線要素。

③ 過一條線的哈夫變換。檢測過基準線與目標像素群相交點的直線要素。

④ 最小二乘法。利用最小二乘法檢測圖像中的直線要素。

18.13.3　圓形分離

如圖 18.34 所示，圓形分離是用來分離圓形物體，並測量其直徑、面積和圓心坐標。對於非圓形物體，以其內切圓的方式進行測量分離。還可表示處理結果的頻數分佈情況。

18.13.4　輪廓測量

如圖 18.35 所示，測量對象物的個數、各個對象物輪廓線長度（像素數）及輪廓線上各個像素的坐標。測量數據可以文檔表示和保存。

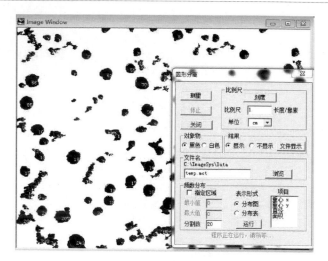

圖 18.34　圓形分離

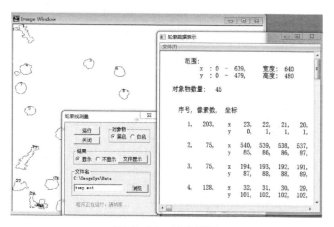

圖 18.35　輪廓測量

18.14 幀編輯

　　如圖 18.36 所示，可進行幀複製，複製方式：1vs N：將一幀圖像複製為多幀圖像、N vs N：將多幀圖像複製到多幀圖像。還可進行幀清除，將各個像素值設為 0（黑）。

圖 18.36　幀編輯

18.15　畫圖

　　如圖 18.37 所示，可以在圖像上直接描繪自由線、折線、直線、矩形、圓、塗抹（填充）等，用於修正或自由繪製圖像。具備悔步功能。圓的繪製分為中心/半徑畫圓和 3 點畫圓。在彩色模式下，可進行顏色及 RGB 各分量的選取。

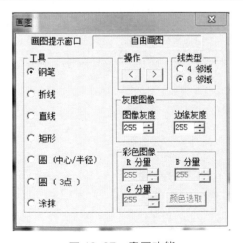

圖 18.37　畫圖功能

18.16　查看

　　如圖 18.38 所示，可以實時查看滑鼠周圍 7×7 區域的彩色 RGB 或者灰階的像素值。可以放大、縮小表示的圖像，可以保存放大、縮小的圖像。可以打開或者關閉狀態視窗。

圖 18.38　像素值顯示功能

18.17　文件

18.17.1　圖像文件

（1）功能介紹

　　圖 18.39 是圖像文件操作界面，可以載入、保存和刪除圖像文件，可以通過點擊「資訊」查看要讀入文件的屬性。可以載入和保存 bmp、jpg、jpeg、tif、tiff 等流行格式的絕大多數圖像文件，也可以讀入和保存本系統特設的 txt 圖像文件。可以讀入單個文件，也可以讀入連續圖像文件，即具有相同名稱加 4 位連續序號的圖像文件組。當選擇連續文件時，文件 1 表示連續文件的開始文件，文件 2 表示連續文件的結束文件。

　　① 點擊「瀏覽」，打開文件瀏覽視窗，選擇要讀入的圖像文件。初期設定的

打開位置為 C：\ ImageSys \ Image。選擇
連續文件時，先用滑鼠點擊帶 4 位連號的
開始文件，然後按着鍵盤的「Ctrl」鍵用滑
鼠點擊帶 4 位連號的結束文件，然後打開
文件即可。

　② 視窗內，非選擇：操作處理整幀圖
像；選擇：操作處理視窗內的圖像。處理
視窗的設定請查看「狀態窗」的說明。

　③ 文件的「起始 X」和「起始 Y」，用
於設定讀入圖像文件的起始位置。

　④ 幀的「開始」與「結束」，選擇設定
「連續文件」時有效，用於設定連續圖像的
開始幀和結束幀。

　⑤「儲存操作」在選擇連續保存時（儲
存，連續文件）有效。

　•幀單位：以整幀圖像為單位保存。

　•場單位：以掃描場為單位保存。選
擇後，可進一步選擇「從奇數場開始」或
「從偶數領域開始」。一幅圖像由奇數掃描
場和偶數掃描場構成。以場單位連續保存後，圖像數量將增加一倍。

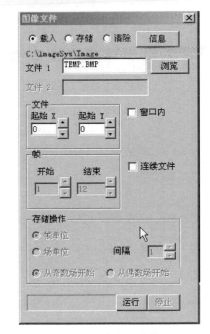

圖 18.39　圖像文件功能界面

　•間隔：從開始幀到結束幀間隔的圖像數。

　⑥ 運行：開始執行點陣圖文件的操作處理。

　⑦ 停止：停止正在進行的運行命令。

（2）載入的使用方法

① 在「狀態窗」選擇「載入」的模式：灰階或彩色。

（以下各項在本視窗「圖像文件」中進行）

② 選擇「載入」。

③ 輸入或選擇文件名（瀏覽）。讀入連續文件時選擇連續文件名。

④ 只讀入視窗部分時，設定「視窗內」。

⑤ 不想從文件的開始位置（左上角）讀入圖像時，設定讀入的起始點（起
始 X，起始 Y）。

⑥ 讀入連續文件時，設定「連續文件」。

⑦ 讀入連續文件時，設定讀入開始幀和結束幀（開始，結束）。

⑧ 運行。

（3）儲存當前顯示的一幀圖像方法

① 選擇「儲存」。

② 輸入或瀏覽保存的文件名稱。輸入文件名時，需加擴展名，例如，TEMP、BMP、ABC. JPG、ABC. TIF 等。

③ 只保存處理視窗內的圖像時選擇「視窗內」。

④ 設定「連續文件」為非選擇狀態（方框中沒有對號）。

⑤ 運行。

（4）連續儲存的使用方法

①「儲存」。

② 輸入或瀏覽文件名。輸入文件名時，文件名後面需要輸入一個數位或者 4 位數的序號，並且需加擴展名，例如，TEMP1. BMP、ABC0001. JPG 等。連續儲存時系統自動遞增文件名的序號，例如，連續儲存 3 幀的文件，輸入儲存文件名 TEMP1. BMP，系統儲存結果：TEMP1. BMP、TEMP2. BMP、TEMP2. BMP；輸入儲存文件名 ABC0001. JPG，系統儲存結果：ABC0001. JPG、ABC0002. JPG、ABC0003. JPG。

③ 只保存處理視窗內的圖像時，選擇「視窗內」。

④ 設定「連續文件」為選擇狀態（方框中有對號）。

⑤ 設定連續保存的開始幀（開始）。

⑥ 設定連續保存的結束幀（結束）。

⑦ 設定儲存方式（儲存操作）：

a. 以整幀圖像為單位保存時，選擇「幀單位」。

b. 以掃描場為單位保存時，選擇「場單位」。

c. 選擇「場單位」後，進一步選擇「從奇數場開始」或「從偶數場開始」。

d. 設定圖像的間隔數（間隔）。

⑧ 開始保存時，執行「運行」。

⑨ 想停止正在進行的保存時，執行「停止」。

（5）清除點陣圖文件的方法

① 選擇「清除」。

② 輸入或瀏覽文件名。清除連續文件時，選擇連續文件名。

③ 運行。

18. 17. 2　多媒體文件

（1）讀入功能介紹

圖 18. 40 是多媒體文件的讀入界面，可以讀入 avi、mp4、wmv、mkv、flv、

rm、dat、mov、vob、mpg、mpeg 等多種視頻文件格式。

① 載入。選擇視頻圖像文件的讀入。

② 文件。顯示讀入的文件名稱。

③ 瀏覽。載入文件選擇視窗，選擇要讀入的多媒體文件。當選擇的圖像大小與系統設定大小不同時，會彈出填入要讀入圖像大小的系統設定視窗。執行確定後，自動關閉系統，按設定圖像大小和系統帧數重新啓動系統。執行取消時，保持原系統設定。

④ 播放。預覽要讀入的多媒體文件。

⑤ 視窗內。非選擇：讀入整帧畫面；選擇：讀入所選定的處理視窗內畫面。處理視窗的設定請查看「狀態窗」的說明。

⑥ 系統帧。開始帧：設定讀入 Image-Sys 系統的開始帧；結束帧：設定讀入 Im-ageSys 系統的結束帧。

⑦ 文件帧。間隔：設定視頻圖像文件的讀入間隔；起點 X：設定要讀入的視頻

圖 18.40　多媒體文件讀入界面

文件的圖面上起點 x 坐標；起點 Y：設定要讀入的視頻文件的圖面上起點 y 坐標；開始帧：設定要讀入的視頻圖像文件的開始帧；終止帧：自動顯示所載入視頻文件的最後一帧。

⑧ 運行。開始讀入圖像。

⑨ 停止。停止正在執行的讀入操作。

⑩ 關閉。關閉視窗。

（2）多媒體文件的讀入方法

① 選擇「載入（L）」。

② 選擇或瀏覽讀入文件。

③ 選擇文件後，想預覽文件時，可以執行「播放」。播放控制面板如圖 18.41 所示。

④ 如需讀入到指定的處理視窗內圖像時，選擇「視窗內」。

⑤ 設定讀入系統帧的開始帧和結束帧。

⑥ 設定文件的讀入方法（視頻帧），內容有：圖像「間隔」、圖面上的起點（起始 X，起始 Y）和圖像開始帧。

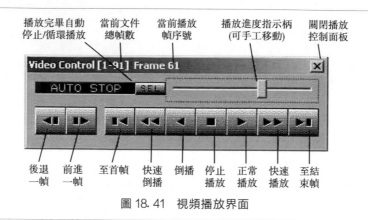

播放完畢自動 停止/循環播放　當前文件 總幀數　當前播放 幀序號　播放進度指示柄 (可手工移動)　關閉播放 控制面板

後退 一幀　前進 一幀　至首幀　快速 倒播　倒播　停止 播放　正常 播放　快速 播放　至結 束幀

圖 18.41　視頻播放界面

⑦ 運行。

⑧ 想停止正在進行的讀入時，執行「停止」。

(3) 保存功能介紹

圖 18.42 是多媒體文件的保存界面，可以保存成 avi 和 mov 視頻文件格式，可以選擇多種壓縮模式。

① 保存。選擇多媒體文件的保存。

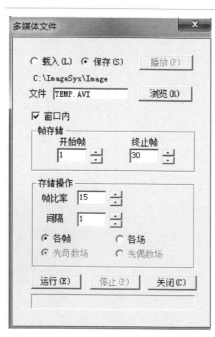

圖 18.42　多媒體文件保存界面

② 文件。可輸入或瀏覽多媒體文件名。

③ 瀏覽。選擇保存位置和設定保存文件名。

④ 視窗內。非選擇：保存整幀圖像；選擇：保存處理視窗內的圖像。處理視窗的設定請查看「狀態窗」的說明。

⑤ 幀儲存。起始幀：設定要保存的系統的起始幀；終止幀：設定要保存的系統的終止幀。

⑥ 儲存操作。幀比率：設定視頻文件的播放速度，一般播放速度為每秒 30 或 15 幀圖像；間隔：從系統的起始幀到終止幀的間隔數；各幀：以整幀圖像為單位保存；各場：以掃描場為單位保存，選擇後，可進一步選擇「先奇數場」或「先偶數場」。先奇數場：從奇數場開始保存圖像；先偶數場：從偶數場開始保存圖像。

⑦ 運行。開始保存多媒體文件。保存

彩色圖像時，會出現壓縮方式的選擇視窗，可以選擇多種壓縮格式，預設為非壓縮模式。

⑧ 停止。停止正在執行的保存操作。

⑨ 關閉，關閉視窗。

（4）多媒體文件的保存方法

① 選擇「保存」。

② 輸入或瀏覽要保存的多媒體文件名。

③ 只保存處理視窗內的圖像時，選擇「視窗內」。

④ 選擇要保存圖像的起始幀和終止幀。

⑤ 設定保存方式（儲存操作）：

a. 設定文件的播放速度（幀比率）。

b. 設定要保存圖像的間隔（間隔）。

c. 以整幀圖像為單位保存時，選擇幀單位（各幀）。

d. 以掃描場為單位保存時，選擇場單位（各場）。

e. 選擇場單位後，進一步選擇「先奇數場」或「先偶數場」。

⑥ 運行保存。出現壓縮選擇視窗時，選擇壓縮方式。

⑦ 想停止正在進行的保存時，執行「停止」。

18.17.3 多媒體文件編輯

多媒體文件編輯功能可以進行 1 個或 2 個視頻（圖像）文件的編輯，載入兩個視頻文件時可以兩個視頻文件進行穿插編輯。可以把單個圖像文件插入視頻中或者可以從視頻中截取單個圖像文件。多媒體文件編輯的優點在於記憶體的大小對其沒有限制，可以對所要獲取的視頻幀數任意設置進行編輯。能夠編輯的多媒體文件格式包括：avi、mp4、wmv、mkv、flv、rm、dat、mov、vob、mpg、mpeg 等多種。圖 18.43 是多媒體文件編輯界面。

① 操作文件數選擇。選擇對 1 個文件或 2 個文件進行編輯。

② 文件 1。選擇載入第一個多媒體文件。

③ 文件 2。選擇載入第二個多媒體文件。

④ 瀏覽。載入文件選擇視窗，選擇要讀入的多媒體文件。

圖 18.43 多媒體文件編輯界面

⑤ 文件幀數。顯示所載入的多媒體文件的幀數。

⑥ 讀取幀數。設定連續讀取幀數。

⑦ 間隔數。設定讀入間隔數。

⑧ 起始幀。設定要讀入視頻文件的起始幀。

⑨ 結束幀。設定要讀入視頻文件的結束幀。

⑩ 保存到。設置保存的文件路徑和文件名字。

⑪ 運行。開始按設置編輯圖像。

⑫ 停止。停止正在執行的編輯操作。

⑬ 關閉。關閉視窗。

18.17.4　添加水印

主要功能是對多媒體文件或者圖像文件添加水印，可以對單幀的多媒體文件或者圖像文件添加單條水印或者多條水印，也可以多幀視頻文件添加水印。其主要優點在於操作簡便，靈活自由。圖 18.44 是添加水印的界面及實例。下面説明界面功能。

圖 18.44　添加水印功能界面及實例

① 輸入文字。在輸入文字編輯框內輸入水印文字。

② 字體。設置水印文字的屬性，單擊後彈出字體設置視窗。

③ 顏色。設置水印顏色，單擊顏色後彈出顏色選擇視窗。

④ 顯示。按照「字體」以及「顏色」設置，將編輯視窗內的水印文字顯示

在屏幕上。

⑤ 確定。將顯示在處理屏幕上的水印文字保存至當前顯示幀圖像中。

⑥ 清屏。清除已顯示在屏幕上的水印文字。

⑦ 刪除。添加多條水印時，選擇「刪除」從尾到首逐條刪除已確定在屏幕上的水印文字。

⑧ 原文件。顯示讀入的文件名稱。可以通過其後的「瀏覽」選擇要讀入的多媒體文件。單擊瀏覽選擇視頻文件後，自動彈出播放器，可以通過播放器觀看選擇的視頻文件。

⑨ 保存到。輸入或者瀏覽保存的多媒體文件名。

⑩ 幀比率。設定保存視頻文件的播放速度。例如，該數為 15 時，表示播放速度為每秒 15 幀圖像。

⑪ 保存。執行添加水印操作。

⑫ 停止。停止正在執行的操作。

⑬ 關閉。關閉視窗。

18.18　系統設置

18.18.1　系統幀設置

（1）初始設置

如圖 18.45 所示，系統幀預設設置為 640×480 像素，4 個彩色幀。可以關閉圖像視窗後，點擊文件選單中「系統幀設置」，打開圖 18.45 的設置視窗，設定後確定，然後重新啓動 ImageSys，設定有效。

啓動 ImageSys 以後，可以根據需要增加或減少結束幀數，隨時設定圖像幀數，參考圖 18.2 狀態窗。通過狀態窗設置的系統幀個數在系統關閉後失效。

最大幀數的設定與電腦記憶體的大小有關，如果過多地佔用記憶體將影響電腦的運行速度。

（2）讀文件時的重啓設定

當打開圖像文件或者多媒體文件時，如果選擇的圖像文件或者多媒體文件的圖像大小與目前系統的圖像大小不同時，

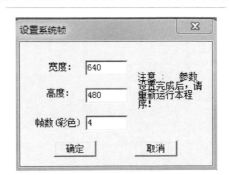

圖 18.45　系統幀設置界面

會彈出填入要讀入圖像大小的系統設定視窗，選擇「確定」後，會自動關閉系統，按設定圖像大小和系統幀數重新啓動系統，如圖 18.46 所示。

圖 18.46　打開文件時自動設置

18.18.2　系統語言設置

本系統預設是中文界面，也可以選擇英語界面。關閉圖像視窗後，點擊文件選單中「系統語言設置」，打開圖 18.47 的系統語言設置視窗，設定後確定，然後重新啓動 ImageSys，設定有效。

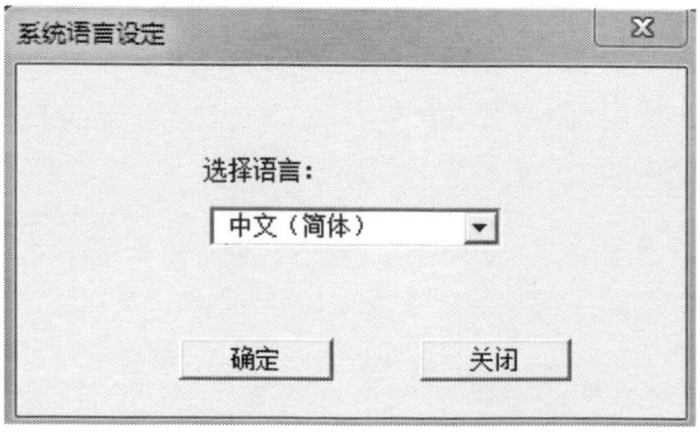

圖 18.47　系統語言設置

18.19 系統開發平臺 Sample

ImageSys 提供了一個框架源程序的開發平臺，圖像文件、多媒體文件、查看、狀態窗、系統幀設定等完全採用 ImageSys 的功能模塊，並且提供了灰階圖像處理和彩色圖像處理的例程序。在該平臺上，可以輕鬆地添加自己的選單和對話框，不需要考慮圖像的表示以及文件操作等繁雜的輔助功能，使使用者能夠專注於自己的圖像處理算法研究。

如圖 18.48 所示，ImageSys 嚮使用者提供了總計 350 多條圖像處理、圖像顯示和圖像存取的函數，把幾乎所有的功能都以函數的形式提供給了使用者，從而奠定了本系統作為圖像處理開發平臺的地位。使用者可以用 ImageSys 來尋找解決方案，用提供的函數來編寫自己的程序，可以大大提高研究和開發效率。

圖 18.48　開發平臺函數庫

參考文獻

[1]　陳兵旗. 機器視覺技術及應用實例詳解　　[M]. 北京: 化學工業出版社, 2014.

第19章

二維運動圖像測量分析系統 MIAS [1]

19.1 系統概述

二維運動圖像測量分析系統 MIAS 主要對選定目標進行運動軌跡的追蹤、測量和表示。測量項目包括：坐標位置、速度、加速度、角度、角速度、角加速度、移動距離等多組數據，並能根據需要採取自動、手動和標識追蹤的方式進行測量。追蹤軌跡可以與圖像進行同步表示，測量數據可以以圖表等易於理解直觀的方式進行表示等。

本系統可應用於以下領域：人體動作的解析；物體運動解析；動物、昆蟲、微生物等的行為解析；應力變形量的解析；浮游物體的振動、衝擊解析；下落物體的速度解析；機器人視覺反饋等。

本系統的主要功能及特徵包括：

① 多種測量及追蹤方式。通過對顏色、形狀、亮度等資訊的自動追蹤，測量運動點的移動軌跡。追蹤方式有：全自動、半自動、手動和標識點追蹤。

② 多個目標設定功能。在同一幀內，最多可以對 4096 個目標進行追蹤測量。

③ 豐富的測量和表示功能。可測量位置、距離、速度、加速度、角度、角速度、角加速度、兩點間的距離、兩線間夾角（三點間角度）、角變量、位移量、相對坐標位置等十餘個項目，並可以圖表或數據形式表示出來，也可對指定的表示畫面單幀或連續幀（動態）儲存，同時還具有強大的動態表示功能：動態表示軌跡線圖、向量圖等各種計測結果以及與數據的同期表示。

④ 便捷實用的修正功能。對指定的目標軌跡進行修改校正。可進行平滑化處理，對目標運動軌跡去掉稜角噪聲，更趨向曲線化。可以進行內插補間修正，消除圖像（軌跡）外觀的鋸齒。還可以進行數據合併，將兩個結果文件（軌跡）進行連接。亦可設置對象軌跡的基準幀，添加或刪除目標幀等。

圖 19.1 是二維運動圖像測量分析系統 MIAS 的初始界面。

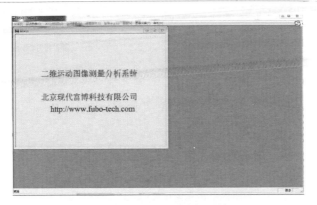

圖 19.1　二維運動測量分析系統 MIAS

19.2　文件

　　MIAS 系統可對 2D 結果文件進行多項操作，具體包括：打開以前保存的 2D 結果軌迹文件，供後續查看或處理；合併多個 2D 結果文件，有幀合併和目標合併兩種方式；保存當前「結果修正」後的軌迹文件；保存當前的圖像為 .BMP 類型文件；列印當前顯示的圖像，列印前還可設定列印機及預覽圖像效果。

　　圖 19.2 是 2D 結果文件合併界面，以下介紹其功能。

圖 19.2　2D 結果文件合併界面

① 幀合併。以幀為單位，將兩個或兩個以上的 2D 結果文件中相同幀號上的目標合併到一個序列圖像上。

② 目標合併。以目標為單位，將兩個或兩個以上的 2D 結果文件進行連接。每個 2D 文件的目標數必須相同。該合併方式主要用於同一場合下多個 2D 結果文件的合併。

③ 第一個 2D 文件。選擇一個 2D 測量文件，以該文件測量結果為基準進行合併。選擇「幀合併」時，合並後瀏覽時，播放的為該文件所對應的視頻圖像。選擇「目標合併」時，該文件的圖像和目標在合並後文件中首先出現。

④ 其他 2D 文件。打開其他 2D 測量文件。

⑤ 合併。執行合併。

⑥ 關閉視窗。

⑦ 合併結果文件。設定合併結果文件的保存路徑及文件名。

⑧ AVI 文件。選擇「目標合併」方式時有效。是指將兩個或兩個以上的 2D 結果文件進行合並後，將結果圖像保存為 AVI 格式。

19.3　運動圖像及 2D 比例標定

點擊「運動圖像」選單，可讀入連續圖像文件和視頻圖像文件。連續圖像文件是指相同名字加連續序號的圖像文件，文件類型包括：bmp、jpg、tif 等。視頻文件包括 avi、flv、mp4、wmv、mpeg、rm、mov 等。

點擊「2D 比例標定」選單，彈出圖 19.3 所示的 2D 標定界面，可對距離比例、坐標方位、拍攝幀率、圖像幀讀取間隔等參數進行計算或設定。以下介紹界面功能。

① 刻度。選擇刻度標定。刻度標定包括以下內容。

a. 距離。

• 圖像距離：圖像上比例尺的像素距離。

• 實際距離：設定比例尺的圖像距離所表示的實際距離。

• 單位：選擇實際距離的單位。包括：pm、nm、um、mm、cm、m、km。

• 計算比例：根據設定的圖像距離和實際表示的距離計算出比例尺。

b. 時間。

• 拍攝幀數/單位：設定單位時間內拍攝的幀數。

• 讀取間隔：設定圖像幀讀入的間隔數。

② 坐標變換。選擇坐標變換，具體內容如下。

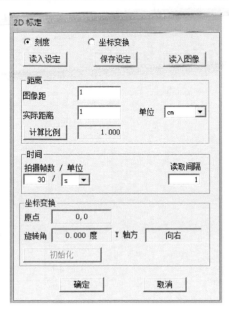

圖 19.3　2D 標定界面

a. 固定坐標設置。

• 原點：表示實際坐標原點在圖像上的位置。預設左上角為原點（0,0）。

• 旋轉角：表示坐標 X 軸逆時針旋轉角度。X 軸水平向右為 0°。

• Y 軸方向：表示坐標的 Y 軸方向。以 X 軸為基準，面向 X 軸方向時，Y 軸的方向表示為「向左」或「向右」。具體看以下說明。

初始表示為「初始化」，點擊後依次表示「原點在左上」「原點在左下」「原點在右下」「原點在右上」等，原點、旋轉角、Y 軸方向等隨着設置健表示內容的變化相應地自動改變，如圖 19.4 所示。

b. 自由設定坐標方位的方法。

• 選擇「坐標變換」。

• 設定 X 軸方向：滑鼠左擊圖像上兩點，前後兩點的連線方向即為 X 軸方向。右擊滑鼠可以取消設定。

• 設定原點：設定完 X 軸方向後，移動滑鼠到原點位置，左擊即可。右擊滑鼠可以取消設定。設定後相關參數顯示在坐標變換欄目內。

③ 讀入設定。讀入以前保存的標定設置條件。

④ 保存設定。保存當前設置的標定條件。

⑤ 讀入圖像。讀入標定用的圖像。

⑥ 確定。標定有效，關閉標定視窗。

⑦ 取消。取消標定，關閉標定視窗。

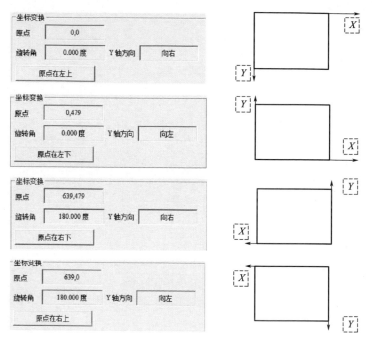

圖 19. 4　原點位置設置

19.4　運動測量

對在運動圖像上選定的目標進行軌迹追踪，MIAS 系統提供了自動測量、手動測量和標識測量三種方式。

19.4.1　自動測量

自動測量是對設定的目標自動追踪其運行軌迹並測量運動參數。一般來說，自動測量方法適用於待測運動目標有良好的「識別環境」，如目標的 RGB 值或灰階值與其周邊背景色有較好的對比度，比較容易分辨，環境噪聲值較小時。

讀入運動圖像之後，對圖像執行測量處理之前，需先設定測量目標，該系統提供了兩種目標設定方法：手工和自動。其中，手工設定目標的方法是通過拖動滑鼠選擇目標範圍，然後點擊要抽取目標的中心位置，而自動設定目標的方法是

按使用者設定的閾值提取目標，並自動測量每個目標的中心位置。同時，系統提供了兩種追蹤方式：半自動和自動，半自動方式在追蹤過程中，當不能自動追蹤時，輔以手工點擊表示幀上的目標點，而自動方式全程追蹤不需要任何手工操作。圖 19.5 是自動測量界面，以下介紹其功能。

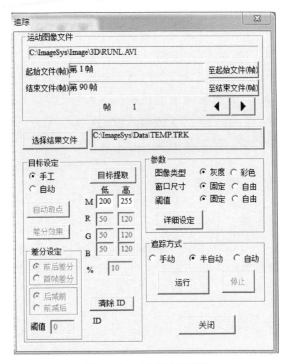

圖 19.5　自動測量界面

（1）運動圖像文件

圖 19.5 所示視窗內表示測量文件的路徑。

① 起始文件（幀）。表示被測量運動圖像的起始文件（連續文件）或者起始幀（視頻文件）。

② 結束文件（幀）。表示被測量運動圖像的結束文件（連續文件）或者結束幀（視頻文件）。

③ 至起始文件（幀）。顯示被測量運動圖像的起始文件（連續文件）或者起始幀（視頻文件）。

④ 至結束文件（幀）。顯示被測量運動圖像的結束文件（連續文件）或者結束幀（視頻文件）。

⑤ 幀。顯示當前視窗表示幀。點擊右側的翻轉鍵可以改變表示圖像。

（2）選擇結果文件

設定測量結果文件的保存路徑及文件名。

（3）目標設定

① 手工。手動設定測量目標點的中心位置。手工目標的設定方法：選擇「手工」後，按住「Shift」鍵，再按住滑鼠左鍵，拖動滑鼠選擇目標範圍，然後點擊要抽取目標的中心位置。如果有多個目標，要多次點擊，點擊的目標個數顯示在「ID」後面。如果每次點擊目標前都設定一次範圍大小，且在視窗尺寸中選擇自由格式，則可以實現不同目標不同測量範圍大小的設定。在目標設定的過程中，若目標設定錯誤，則可在圖像的任意位置點擊右鍵，取消最近一次目標範圍的設定，可多次取消。點擊的目標個數將被顯示在「ID」後面。執行「運行」時，在設定的目標範圍內，按「詳細設定」中設定的方法提取目標，並自動進行目標追蹤。

② 自動。選擇後「自動取點」鍵有效，執行「自動取點」命令，將按「詳細設定」中設定的方法提取目標，並自動測量每個目標的中心位置。

自動目標的設定方法：選擇「自動」後，按①的方法設定自動測量範圍（預設為整幅圖像），執行「自動取點」鍵，將按「詳細設定」中設定的方法提取目標，並自動測量每個目標的中心位置，並提示測量的目標個數詢問是否正確，如果正確，再按①的方法設定目標的追蹤區域大小，然後執行「運行」鍵進行追蹤測量。

③ 自動取點。當目標設定選擇「自動」後，該鍵有效，請參考②的說明。

④ 差分效果。「詳細設定」中選擇「差分」時該鍵有效。將運動圖像向後走1幀以上，執行該鍵後，顯示差分效果。

⑤ 差分設定。設定差分方法和差分後的二值化閾值。設定以後，可以執行「差分效果」，如果差分效果不好，可以改變參數設定。

⑥ 目標提取。對設定的目標進行提取，執行後，彈出與第 18 章圖 18.27 相同的圖像分割視窗。在目標提取視窗執行「確定」後，分割閾值自動表示在各個閾值視窗。圖像分割視窗內項目的具體使用方法，請參考第 18 章。

（4）參數

① 圖像類型。讀取圖像後，系統自動判斷圖像是彩色還是灰階，並自動設定。如果讀取的是彩色圖像，人為選擇了灰階圖像，系統將把彩色圖像的 R 分量作為灰階圖像進行測量。

② 視窗尺寸。選擇提取目標視窗尺寸的格式：固定或自由。固定：在追蹤執行時，目標視窗尺寸自動統一為最後一個目標所設定的尺寸大小；自由：在追蹤執行時，目標視窗尺寸仍保持為原有設定的尺寸大小。

③ 閾值。選擇目標提取時閾值的設定格式：固定或自動。一般選擇固定。

④ 詳細設定。執行後出現圖 19.6 所示的參數明細視窗，設定「2 值化方法」等參數。設定後執行「確定」，關閉視窗，設定有效。

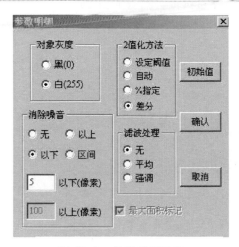

圖 19.6　參數明細視窗

19.4.2　手動測量

手動測量是對設定的目標通過手工操作追蹤其運行軌跡。手動測量一般適用於待測運動目標有較複雜的「識別環境」，不太容易與周邊背景區分，通過手工操作的方式逐幀對目標的運動軌迹進行追蹤。

追蹤時，手工點擊追蹤目標在每一幀的相應位置。若在追蹤過程中，點擊了錯誤位置，可返回到上一點的追蹤，並可多次返回，返回之後，需要重新追蹤當前點和當前點之後的所有點。圖 19.7 是手動測量的操作界面，視窗內項目及功能說明如下。

① 運動文件和選擇結果文件。請參

圖 19.7　手動測量界面

考「19.4.1 自動測量」一節。

② 設定目標個數。設定目標的數量。

③ 幀單位追蹤。以幀為單位，在執行手動測量的過程中，每一幀的每一個 ID 目標都要逐一進行追蹤，然後再進行下一幀的各個目標的相應追蹤。

④ ID 單位追蹤。以目標為單位，單個追蹤 ID 目標在所有的幀數中的整個軌跡，完成後再進行下一個目標的追蹤。

⑤ 執行。運行以上設置，執行追蹤。

⑥ 狀態條視窗。顯示當前表示的幀和 ID。

⑦ 停止。中斷執行。

⑧ 上一幀。返回至前一幀。

⑨ 下一幀。翻轉至後一幀。

⑩ 前一目標。翻轉至上一目標。

⑪ 後一目標。翻轉至下一目標。

⑫ 關閉。退出手動測量視窗。

19.4.3 標識測量

標識測量是對設定的標識進行追蹤。追蹤之前，需在測量對象上貼上彩色標識點。包括可控追蹤和快速追蹤兩種追蹤方式。圖 19.8 是標識檢測的操作界面。

圖 19.8　標識測量界面

① 運動文件和選擇結果文件。多數功能請參考「19.4.1 自動測量」一節。

a. 播放：播放對連續圖像文件或者視頻文件。

b. 停止播放：停止播放對連續圖像文件或者視頻文件。

② 追蹤方式：分為「可控追蹤」和「快速追蹤」。

a. 可控追蹤：通過播放器控制追蹤的速度，並且可通過點擊滑鼠調整各個點在追蹤過程中的位置；選擇「可控追蹤」時，「測距修正」「選定修正」和「修正目標序號」選項有效。

• 測距修正：選擇修正位置後，自動將本幀上距離點擊位置最近的目標移到點擊位置。用於分散目標的情況。

• 選定修正：在修正目標序號一欄中選擇要修正的目標，滑鼠點擊後，將選擇目標移動到點擊位置。用於集中目標的情況。

b. 快速追蹤：以最快的方式完全自動的追蹤。

③ 處理視窗大小：設定追蹤視窗的大小。

④ 顏色：分為 RGB、R、G、B 四類模式。根據標識目標顏色和背景顏色合理選擇其中之一。

圖 19.9～圖 19.11 是 3 個追蹤測量實例。

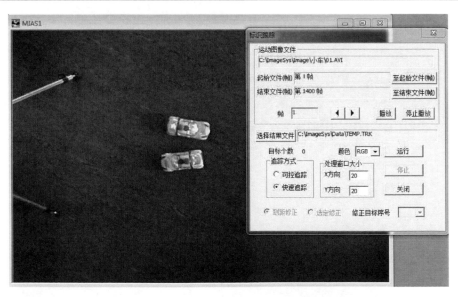

圖 19.9　小車上藍色標識的 RGB 追蹤測量

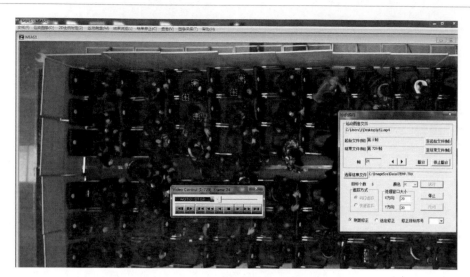

圖 19.10 人體上紅色標識點的 R 追蹤測量

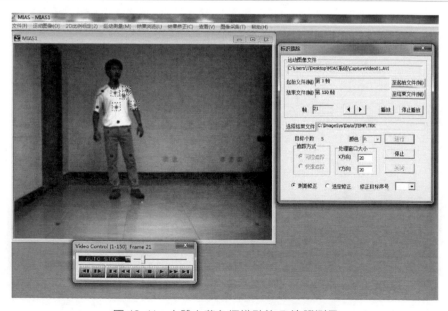

圖 19.11 人體上藍色標識點的 R 追蹤測量

19.5　結果瀏覽

對目標完成運動測量之後，可對十餘個項目的測量結果以圖表、數據等形式進行瀏覽。

19.5.1　結果視頻表示

結果視頻表示主要對測量的結果進行圖表表示、數據查看、複製、列印等，並且可以更改顯示的顏色、線型等視覺效果。圖 19.12 是結果視頻表示的界面，下面介紹其功能。

圖 19.12　結果視頻表示界面

（1）數據設定

① 設定目標。選擇「顯示軌迹」時有效，設置目標的運動軌迹顏色及線型。執行後彈出圖 19.13 所示視窗。

　　a. 視窗中左上部為目標列表顯示框。

　　b. 視窗中右上部第一個選項框表示當前的對象目標序號。

c. 視窗中右上部第二個選項框表示當前選擇的顏色。顏色選項包括：紅、綠、藍、紫、黃、青、灰。

d. 視窗中右上部第三個選項框表示當前線型。線型選項包括：實線、斷線、點線、一點斷線、兩點斷線。

e. 單色初始化：將所有對象目標軌迹的顏色及線型統一成選定目標的顏色和線型。

f. 自動初始化：自動設定每個目標軌迹的顏色。

g. 確定：執行設定的項目。

h. 取消：不執行設定的項目，退出視窗。

圖 19.13 設定目標

圖 19.14 設定連線

② 設定連線。選擇「連線顯示」時有效，設置、添加、刪除任意兩個目標間的連線。執行後彈出圖 19.14 視窗。

a. 測量。

• 連接線：目標與目標的連線，下方是目標連線列表框。

• 刪除：刪除目標連線列表框指定的目標連線。

• 全部刪除：刪除目標連線列表框全部的目標連線。

b. 連接線設定。

上方與中間的兩個選項框表示用來設定要添加的兩個對象目標。下邊選項框表示設定連線的顏色。連線顏色選項包括：紅、綠、藍、紫、黃、青、灰。

• 添加：執行以上三個選項框的設定，添加目標連線。

c. 確認：執行連接線視窗的設定。

d. 取消：退出連接線視窗。

③ 目標。顯示目標列表。圖 19.12 中方框內容為 2 個目標的顯示列表，當前操作對象是目標 1 和目標 2。

④ 起始幀。設定要表示的開始幀。圖 19.12 中表示的起始幀是第 1 幀。

⑤ 終止幀。設定要表示的結束幀。圖 19.12 中表示的終止幀是第 19 幀。

⑥ 幀間隔。設定要表示的幀與幀之間的間隔幀數。圖 19.12 中表示的幀間隔是 1。

⑦ 幀選擇。執行以上④、⑤、⑥項的幀設定。

⑧ 幀。顯示幀列表。圖 19.12 中方框內容為執行「幀選擇」後的幀列表。

⑨ 工作區域。選項：硬碟或記憶體。

⑩ 執行設定。運行「數據設定」範圍內的項目設置。

（2）顯示選項

① 幀。表示當前視窗內讀入的連續圖像畫面。點擊單選框設定是否顯示「幀」。

② 標記。表示目標的記號。點擊單選框設定是否顯示「標記」。

③ 目標序號。表示目標的順序標號。點擊單選框設定是否顯示「目標序號」。

④ 坐標軸。點擊單選框設定是否顯示「坐標軸」。

⑤ 顯示軌迹。

a. 殘像。顯示當前幀之前的運動軌迹。選項：軌迹、軌迹加向量、連續向量。

b. 全部。顯示目標所有的運動軌迹。

c. 向量。表示目標運動軌迹的方向。右邊的小方框是用來設定向量的長度倍數。圖 19.12 中所示的設定為向量顯示 1 倍長度。

⑥ 連線顯示。

a. 殘像。顯示運動過的幀上的連線。

b. 全部。顯示從指定的起始幀至終止幀上的連線。

c. 當前。顯示當前幀上的連線。

⑦ 背景顏色。當前表示視窗的背景顏色，黑或白。注：「幀」選擇為顯示的狀態下，背景顏色的選擇無效。

⑧ 速度區間高亮顯示。選擇感興趣的速度區間，目標在此區間的軌迹將以粗實線表示。選擇「速度區間高亮顯示」後，最小、最大設定有效。「最小」：設定目標的最小速度，「最大」：設定目標的最大速度。「最小」預設的低值為所有目標速度的最低值，「最大」預設的高值為所有目標速度的最高值。

⑨ 畫面保存。保存當前圖像視窗內的表示畫面（連續），可保存為連續的 bmp 類型的文件和 avi 視頻類型的文件。

保存為 bmp 圖像類型時，設定文件名執行保存，系統自動將連續的運動畫面從首幀至尾幀逐幀按序號遞增儲存。

保存為 avi 視頻類型時，設定文件名執行保存，系統提示選擇壓縮程序，可

根據實際需要選擇，如對保存的結果質量要求較高時，最好選擇「（全幀）非壓縮」的方式；反之，對圖像質量要求較低時（儲存佔用空間相對較小），可選擇其他的壓縮方式及其壓縮率。點擊「確定」後，系統將連續的運動畫面從首幀至尾幀儲存為視頻文件。

在執行儲存處理過程中，如需中斷儲存任務，可點擊處理進程界面的「停止」。保存的 bmp 或 avi 的結果文件，其具體圖像內容與當前所設定的「顯示選項」和「數據設定」表示結果一致。

圖 19.15 列出了上述顯示方法中的幾種效果。其中，圖 19.15(a) 是以連續向量顯示方式顯示全部運動軌迹；圖 19.15(b) 為顯示全部標記、目標序號、坐標軸以及全部軌迹、全部連線的結果，在該圖中，視窗背景被設置成白色；圖 19.15(c) 表示的是感興趣速度區間高亮顯示，左圖為任意選擇的感興趣速度區間，右圖粗實線部分為目標在該區間的運動軌迹。

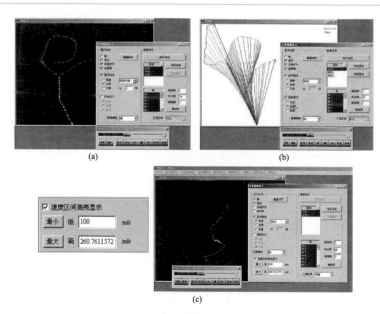

(a)　　　　(b)

(c)

圖 19.15　軌迹追踪結果的幾種顯示方法

19.5.2　位置速率

位置速率指目標軌迹在不同幀的位置和速率。在該欄目中，可查看、複製、列印各參數的圖表、數據，以及更改顯示的顏色、線型等視覺效果。顯示的參數具體為目標的坐標 X、坐標 Y、移動距離、速度和加速度 5 個結果數據，有圖表和數

據兩種查看方式。圖 19.16 是位置速度的操作界面。

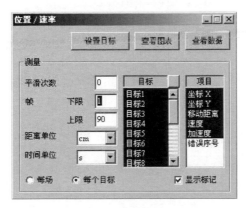

圖 19.16　位置速度界面

　　① 設置目標。設定目標標記及其運動軌迹線的顯示顏色和線型。點擊後彈出圖 19.13 的設置視窗。

　　② 查看圖表。查看測量參數設定範圍的目標和項目的圖形表示。圖 19.17 是已經打開的某個 2D 結果文件執行「查看圖表」後的結果視窗。圖中的紅、綠和藍色曲線分別表示 3 個目標的相應數值，該圖表可以保存和拷貝。

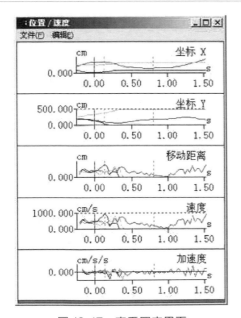

圖 19.17　查看圖表界面

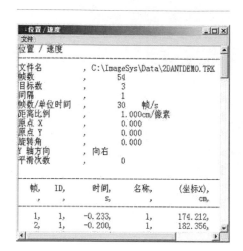

圖 19.18　查看數據界面

③ 查看數據。查看測量參數設定範圍的目標和項目的數值。圖 19.18 是執行「查看數據」的界面，數據可以保存成 txt 文件。

④ 測量。

a. 目標：表示目標列表。可點擊選擇對象目標。

b. 項目：表示項目列表。選項：坐標 X、坐標 Y、移動距離、速度、加速度。可點擊選擇對象項目。

錯誤序號：1、2、3、4。（詳見後面【結果修正】→【內插補間】界面的錯誤提示資訊介紹）。

c. 每場：以場為單位。

d. 每個目標：以目標為單位。

e. 顯示標記：顯示各個目標的記號。

f. 平滑次數：設定平滑化修正的次數。

g. 幀：表示設置或查看對象的幀數範圍。上限：表示起始幀。下限：表示結束幀。

h. 距離單位：選擇距離的單位：pm、nm、um、cm、m、km。

i. 時間單位：選擇時間的單位：ps、ns、us、ms、s、m、h。

19.5.3　偏移量

偏移量反映目標軌迹在不同幀的位置變化，在該欄目，可查看指定目標相對於設定基準的 X 方向偏移、Y 方向偏移以及絕對值偏移，有圖表和數據兩種查看方式。圖 19.19 是其操作界面，其中設置目標、查看圖表、查看數據以及測量的各項功能與圖 19.16 相同。基準位置功能説明如下。

① 平滑次數。設定執行平滑修正的次數。

圖 19.19　偏移量界面

② 基準幀。選擇以後，以設定的幀為基準，計算各個目標的偏移量。
③ 基準位置。選擇以後，以設定的位置為基準，計算各個目標的偏移量。
④ 基準目標。選擇以後，以設定的目標為基準，計算各個目標的偏移量。

19.5.4　2點間距離

2點間距離指目標與目標間的直線間隔，使用者在操作界面可添加多條目標直線，設置成不同的顏色和線型，以便區分。圖 19.20 是其操作界面，界面上各項功能與前面各操作界面基本一樣，不再詳細說明。

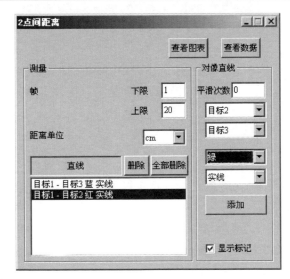

圖 19.20　2點間距離界面

19.5.5　2線間夾角

即兩個以上目標組成的連線之間的角度，包括 3 點間角度、2 線間夾角、X 軸夾角和 Y 軸夾角 4 種類型。圖 19.21 是其操作界面，界面功能大多和前面項目相同，這裡只說明與前面不相同的欄目。

① 3 點間角度。表示 3 點之間順側或逆側的角度。
② 2 線間夾角。表示 3 個或 4 個點組成的 2 條連線之間的夾角角度。
③ X 軸夾角。表示 2 點組成的連線與 X 軸的夾角角度。
④ Y 軸夾角。表示 2 點組成的連線與 Y 軸的夾角角度。
選定要查看的角度類型之後，可查看角度、角變異量、角速度及角加速度 4

個相關項目。

圖 19.21　2 線間夾角界面

19.5.6　連接線圖一覽

該欄目可添加多個目標之間的連線；設置目標連線的顏色；設定 X 方向和 Y 方向連線的分佈間隔（像素數）、放大倍數、背景顏色及幀間隔等參數。圖 19.22 是其操作界面。

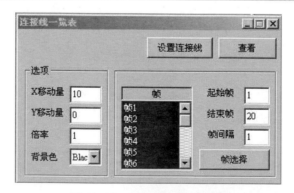

圖 19.22　連接線一覽表界面

① 設置連接線。設定目標連線。可以參考【結果瀏覽】→【結果視頻表示】的「設定連線」。

② 查看。執行設定的參數，瀏覽連接線表示圖。

③ 選項。

- ·X 移動量：設定 X 移動量。
- ·Y 移動量：設定 Y 移動量。
- ·倍率：設定放大倍數。
- ·背景色：設定背景顏色，黑或白。
④ 幀。
- ·幀：顯示幀列表。
- ·起始幀：設定開始幀。
- ·結束幀：設定終止幀。
- ·幀間隔：設定幀間隔。
- ·幀選擇：執行以上的幀設定。

19.6 結果修正

本系統提供了多種對測量結果進行修正的方式，具體包括：手動修正，對指定的目標軌迹進行修改校正；平滑化，對目標運動軌迹去掉稜角噪聲，使軌迹更趨向曲線化；內插補間，樣條曲線插值，消除圖像（軌迹）外觀的鋸齒；幀坐標變換，改變幀的基準坐標；人體重心，測量人體重心所在；設置事項，可設定基準幀、添加或删除目標幀。

19.6.1 手動修正

點擊「手動修正」選單，彈出圖 19.23 所示的手動修正界面。

① 放大倍數。選定放大倍數：2 倍、4 倍、8 倍、16 倍。

② 移動目標。將對象目標移至視頻視窗內中心位置。

③ 目標設定框。選擇對象目標。

④ 修正。執行以上設定。

⑤ 取消。取消以上設定，關閉視窗。

19.6.2 平滑化

每點擊一次「平滑化」選單，對每個目標都執行一次 3 步長的軌迹數據平滑。

圖 19.23 手動修正界面

可以根據需要，多次執行平滑處理。

19.6.3 內插補間

執行後彈出圖 19.24 所示視窗。內插補間可修正以下 4 項錯誤：
① 可能有錯誤（自動檢出視窗內出現了 2 個以上對象物）。
② 錯誤可能性很大（自動檢出視窗內的噪聲大於 60 個）。
③ 錯誤可能性很大（自動檢出視窗內沒有對象物）。
④ 錯誤（手動、半自動追蹤時沒有指定）。

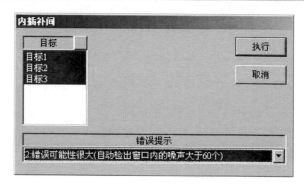

圖 19.24　內插補間界面

在執行內插補間修正時，如果當前要修正的迹線存在該 4 項錯誤中的某項錯誤，在執行修正所選定的錯誤類型時有效；反之，則原迹線及相關數據保持原狀。

19.6.4 幀坐標變換

該項目可設置標準幀（要變換坐標的幀序號）、基準位置、基準軸等參數，實現幀坐標變換。圖 19.25 是坐標變換界面。圖中項目參數設置，標準幀：5，基準位置：目標 1，基準軸：目標 2 與目標 3 的連線。

圖 19.25　坐標變換界面

19.6.5 人體重心測量

人體重心測量項目可同時測量人體多個

部位的重心，如全身、上肢、右大臂、左小腿等。圖 19.26 是人體重心測量界面。選擇部位的重心軌迹和運動軌迹一起表示出來。

19.6.6　設置事項

設置事項項目可設置基準幀、添加目標幀以及刪除目標幀。操作「Video Control」改變當前顯示幀，根據需要設定當前顯示幀為基準幀，或者添加當前顯示幀為目標幀。在此設定的基準幀，將作為整個測算的基準幀，顯示在各項數據分佈和圖表中；設定的目標幀，將在各項數據分佈的畫面上，在該目標幀前面增加標識號「＋」。

圖 19.26　人體重心測量界面

19.7　查看

包括：像素值、圖像縮放、狀態欄 3 個項目。

① 像素值。顯示以滑鼠位置為中心的 7×7 範圍內的像素值。彩色顯示模式時為 RGB 值，灰階表示模式時為亮度值。

② 圖像縮放。畫面的放大縮小表示。從 50％～500％六個比例表示倍率，即：1/2 倍、1 倍、2 倍、3 倍、4 倍、5 倍。

③ 狀態欄。控制狀態窗的開關。

19.8　實時測量

在 MIAS 系統的基礎上，開發了運動目標實時追蹤測量系統 RTTS。與 MIAS 相比，該系統主要增加了實時目標測量和實時標識測量兩項功能。

19.8.1　實時目標測量

操作界面上顯示與電腦相連接的有效攝影裝置，以供使用者選擇，並且，使用者可設置攝影裝置的功能。視頻圖像輸入之後，可在視窗上預覽動態圖像，也可停止預覽，視窗上保留最後一幀圖像，在圖像上進行追蹤設定。執行追蹤之

前，需對背景和追踪目標類型進行設定。

　　① 背景設定。當非動態顯示圖像時，通過在背景上畫一條線，獲得背景資訊。

　　② 目標類型設定。當非動態顯示圖像時，通過在目標上畫一個「＋」字，來獲取一種類型的目標資訊。

　　設定完背景資訊和目標類型資訊後，開始執行目標追踪，可同時選中多個目標進行無標識追踪。

19.8.2　實時標識測量

　　與實時目標測量不同之處在於，實時標識測量在測量之前，需在追蹤的目標上貼上彩色標識點，然後對標識點進行追蹤。而其他功能及追蹤過程與實時目標測量相似，在此不再贅述。另外，對於實時標識測量，使用者可設定是否顯示目標序號。若想增減追蹤目標的數量，可設定目標，利用左右鍵添加或刪除目標；若暫時不再增減目標個數，可鎖定目標，即滑鼠在視圖視窗中的任何操作將不影響目標的數量。圖 19.27 是對小車上的顏色標識點進行實時追蹤測量的結果。

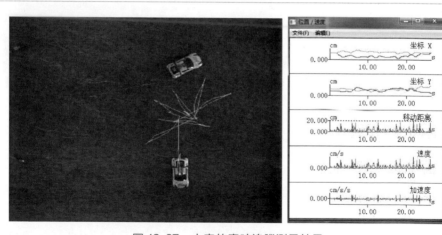

圖 19.27　小車的實時追蹤測量結果

19.9　開發平臺 MSSample

　　MIAS 系統提供了一個框架源程序的開發平臺 MSSample。該框架平臺具有保存當前圖像等各種文件操作功能，並提供了一個 avi 視頻文件的差分處理演

示，以供使用者更直觀地瞭解此開發平臺。使用者在該平臺上可任意添加自己的圖像處理界面以及處理函數，以實現更多的功能。另外，MSSample 與系統配備的大型圖像處理函數庫建立了預設連接，使用者開發時可直接調用庫裡的函數。此平臺提供的函數庫與第 18 章通用系統開發平臺 Sample 提供的函數庫一樣，庫裡封裝了 350 多條實用的圖像處理、圖像顯示及圖像存取的函數，為使用者開發提供了許多選擇。

本系統的初始設置、系統語言設置、圖像採集功能與通用圖像處理系統 ImageSys 基本一樣，這裡不再重述。

參考文獻

[1]　陳兵旗 . 機器視覺技術及應用實例詳解　　[M] . 北京: 化學工業出版社, 2014.

第20章

三維運動測量分析系統 MIAS 3D[1]

20.1 MIAS 3D 系統簡介

MIAS 3D 系統是一套集多通道同步圖像採集、二維運動圖像測量、三維數據重建、數據管理、三維軌迹聯動表示等多種功能於一體的軟體系統。

主要應用領域：人體動作解析、人體重心測量、動物昆蟲行為解析、剛體姿態解析、浮游物體的振動衝擊解析、機器人視覺的反饋、科研教學等。

主要功能特點：簡體中文及英語界面，操作使用簡單；多通道同步圖像採集、單通道切換圖像採集功能；全套的二維運動圖像測量功能；三維的比例設定功能；二維測量數據的三維合成功能；多視覺動態表示三維運動軌迹及軌迹與圖像聯動表示功能；基於 OpenGL 的 3D 運動軌迹自由表示功能；強調表示指定速度區間軌迹功能；各種計測結果的圖表和文檔表示功能；人體各部位重心軌迹的三維、二維測量表示功能；多個三維測量結果數據的合併、連接功能。測量的二維、三維參數包括：位置、距離、速度、加速度、角度、角速度、角加速度、角變位、位移量、相對坐標位置等。

MIAS 3D 系統的圖面視窗的初期預設設置為 640×480 像素，可以通過系統的初始設置來改變圖面視窗的大小。當打開 3D 結果文件或者 2D 追蹤文件時，如果要讀入的圖像文件或者多媒體文件的圖像大小與目前系統的圖像大小不同時，會彈出填入要讀入圖像大小的系統設定視窗，選擇確定後，會自動關閉系統，按設定圖像大小和系統幀數重新啓動系統。系統的初始界面如圖 20.1 所示。

本系統包含了二維運動測了分析系統 MIAS（參考第 19 章）和一套獨立的多通道同步圖像採集，在此只介紹 MIAS 3D 的界面功能。

圖 20.1 MIAS 3D 系統初始界面

20.2 文件

MIAS 3D 系統具有豐富的文件處理功能，可以對保存的結果文件及追蹤文件進行進一步處理，具體功能有：讀入以前保存的 3D 測量結果文件；改變指定相機的追蹤文件，改變 3D 測量數據與追蹤文件的連接路徑；合併多個 3D 測量文件；導出 3DS 運動數據，使保存後的文件可以用 3DMax、AutoCAD 等軟體讀取；以點陣圖文件格式保存當前顯示的圖像；列印前預覽圖像的效果，設置列印機及列印當前顯示的圖像；顯示最近的歷史工作文件等。

20.3 2D 結果導入、3D 標定及測量

MIAS 3D 系統由 2 個以上 2D 同步圖像的測量結果（追蹤）文件和一個 3D 標定文件合成 3D 測量結果。在 3D 測量前，需要讀入 2 個以上的 2D 測量結果文件，進行 3D 標定或者讀入保存的 3D 標定文件。具體操作如下。

（1）打開 2D 追蹤文件

為了進行 3D 數據合成，需要讀入兩個以上的 2D 同步測量結果文件。

（2）3D 標定

在進行 3D 數據合成時，需要導入 3D 標定文件，3D 標定功能可以生成 3D

標定文件。讀入各個相機標定圖像的起始文件和結束文件，設定標定結果文件的儲存路徑及文件名，選定刻度單位，便可以以半自動或者手動的方式進行 3D 標定。標定完成後，系統會提示標定誤差，對於標定誤差大的點，可以重新進行標定。

圖 20.2 是 3D 標定界面，以下説明其功能。

① 標定圖像。選擇首尾標定圖像文件。

② 結果選項。設定標定結果文件的路徑及文件名，文件類型 .CLB。

圖 20.2　3D 標定界面

③ 單位。選定刻度單位：pm、nm、um、cm、m、km。

④ 手動。手工方式確定標定點的圖像坐標並輸入各點的空間坐標。

⑤ 半自動。在執行過程中輔以手工操作，利用圖像分割的方法來確定標定點位置。

⑥ 關閉。退出 3D 標定視窗。

（3）3D 棋盤標定

棋盤標定一般用於標定小視場，例如室內的桌面等。操作方便，標定精度高。

對於棋盤的拍攝，需要注意以下事項。

① 兩攝影頭應保持平行；

② 棋盤在標定空間中的擺放位置應平均分佈；

③ 棋盤平面與照相機鏡頭平面之間的角度應保持在 45°以內，角度太大會影響精度；

④ 如果採用列印的紙質棋盤，應黏貼在堅硬的物體上，保證棋盤的平整度。

圖 20.3 是 3D 棋盤標定界面，下面介紹其功能。

① 標定圖像。選擇首尾標定圖像文件。

② 結果選項。設定標定結果文件的路徑及文件名，文件類型 .CLB。

③ 棋盤參數設置。執行後，彈出圖 20.4 所示的參數設置界面。

a. 棋盤行、列角點數：棋盤角點是指由四個方格（兩個黑格兩個白格）組成的角點。

圖 20.3　3D 棋盤標定界面

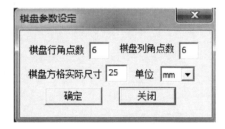

圖 20.4　棋盤參數設定界面

b. 棋盤方格實際尺寸：每個棋盤方格的尺寸。

c. 棋盤方格尺寸的刻度單位：可選擇的刻度包括 pm、nm、um、mm、cm、m。

④ 開始標定。系統開始進行照相機標定。

⑤ 顯示參數。在標定結束後，點擊「顯示參數」，可以查看照相機內外參數。

⑥ 關閉。結束標定，關閉對話框。

執行「運動測量」，將讀入的 2D 軌跡文件和 3D 標定文件進行 3D 數據合成，生成 3D 軌跡結果文件。

20.4　顯示結果

通過運動測量後，MIAS 3D 系統的測量結果可以通過多種方式進行表示。如視頻、點位速率、偏移量、點間距離、線間夾角、連接線圖一覽表示等。顯示結果的各項操作界面與第 19 章的二維運動圖像測量分析系統 MIAS 大致相同，

只是由 2D 數據變成了 3D 數據，因此，下面將只介紹各種表示方法，不再對操作界面進行説明。

20.4.1　視頻表示

（1）多方位 3D 表示

多方位 3D 表示可以對讀入的 3D 結果文件進行上面、正面、旋轉、側面及任意角度的圖表表示、數據查看、複製、列印等，可以更改顯示的顏色、線型等視覺效果。其中，軌迹及目標點的連線可以以殘像、向量等方式進行顯示。對於軌迹，可以選擇感興趣的速度區間，選擇後，目標在此區間的軌迹將以粗實線表示。此外，在表示過程中可以通過控制播放操作面板實現結果的快進、快退、單幀等回放操作。

多方位 3D 表示結果示例如圖 20.5 所示。圖中測量的目標點共有 20 個，依次分佈在人體各個關節處。測量結果分別以上面、正面、旋轉、側面圖方式顯示。通過控制播放操作面板可以觀察人體各關節在各個時刻的運動情況。

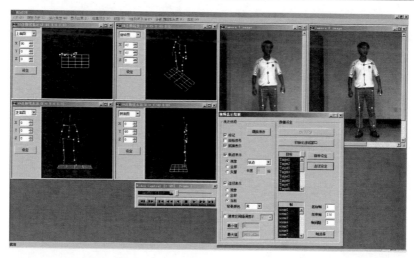

圖 20.5　多方位 3D 表示結果示例

（2）OpenGL 3D 表示

OpenGL 3D 表示可以對讀入的 3D 結果文件進行 OpenGL 打開，可以導出 3DS 文件，導出後可以用 3DMax、AutoCAD、ProE 等軟體讀取。使用時，可以設定顯示的顏色、線型、目標點球形大小等視覺效果。對於軌迹，可以選擇感興趣的速度區間，選擇後目標在此區間的軌迹將以粗實線表示。此外，在表示過程

中可以通過控制播放操作面板實現結果的快進、快退、單幀等回放操作。

OpenGL 3D 表示結果示例如圖 20.6 所示，其中目標點球形大小為 3，背景為黑色。對於 OpenGL 視窗內顯示的目標及軌迹，可以利用滑鼠進行放大、縮小、任意旋轉等多種靈活操作，從而實現對目標點及其運動軌迹的全方位觀測。

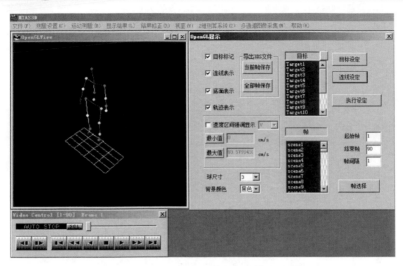

圖 20.6　OpenGL 3D 表示結果示例

20.4.2　點位速率

點位速率功能可以獲得目標在任意時刻的位置坐標、移動距離、速度、加速度等參數，結果數據不僅可以以文本的方式顯示、保存及列印，還可以以分佈曲線的形式進行直觀的圖形顯示、複製及列印等。

點位速率測量結果示例如圖 20.7 所示，圖中表示了右腿 4 個目標點（右腳拇指、右腳、右膝、右胯關節）的移動距離、速度、加速度 3 個參數，測量結果數據分別以文本及分佈曲線的形式進行顯示。

20.4.3　位移量

位移量功能可以獲得目標點在任意時刻相對於基準幀、基準點或基準目標的位移。測量結果數據可以以文本或者分佈曲線的方式顯示、保存、複製及列印等。

位移量測量結果示例如圖 20.8 所示。圖中分別測量右腿 4 個目標點（右腳拇指、右腳、右膝、右胯關節）相對於基準幀第一幀的 X、Y、Z 及絕對值的位

移量，測量結果數據分別以文本及分佈曲線的形式進行顯示。

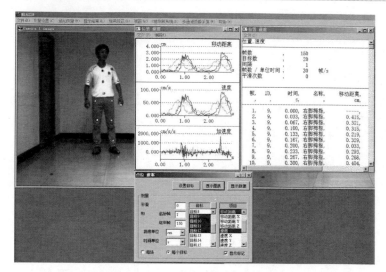

圖 20.7　點位速率測量結果示例

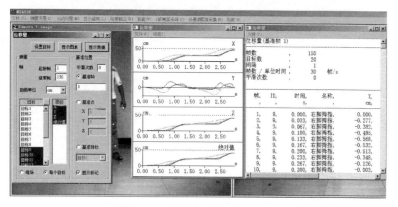

圖 20.8　位移量測量結果示例

20.4.4　2 點間距離

　　2 點間距離功能可以獲得指定的目標與目標間的距離，測量結果數據可以以文本或者分佈曲線的方式顯示、保存、複製及列印等。

　　2 點間距離測量結果示例如圖 20.9 所示，圖中測量目標為左、右腳拇指間的距離，測量結果數據分別以文本及分佈曲線的形式進行顯示。

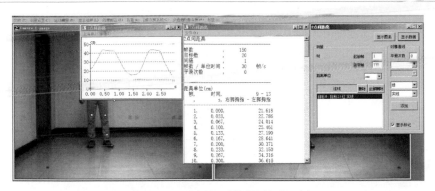

圖 20.9　2點間距離測量結果示例

20.4.5　2線間夾角

2 線間夾角功能可以獲得目標與目標間的夾角，其中可測量的夾角類型有 3 點間夾角、2 線間夾角、X 軸夾角、Y 軸夾角、Z 軸夾角等。此外，測量夾角時，可以選擇不同的角度計算基準，如實際空間角度、XY 平面投影角度、ZY 平面投影角度和 XZ 平面投影角度等。

2 線間夾角測量結果示例如圖 20.10 所示，圖中測量目標為右腿上右腳拇指、右腳連線與右腳、右膝連線的夾角。其中，角度的計算基準為實際空間角度，測量的參數有角度、角變異量、角速度及角加速度。

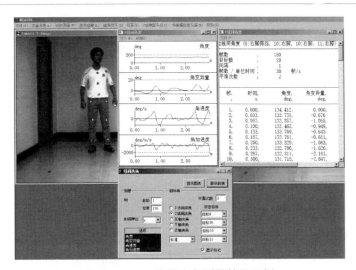

圖 20.10　2線間夾角測量結果示例

20.4.6 連接線一覽圖

連接線一覽圖功能可以一覽表示目標間的連接線。表示時，可以設置不同的幀間隔，選擇不同的投影面，如上面圖、旋轉圖、正面圖、側面圖等。

連接線一覽圖結果示例如圖 20.11 所示，其中參數設置為正面圖，黑色背景，幀間隔為 2。

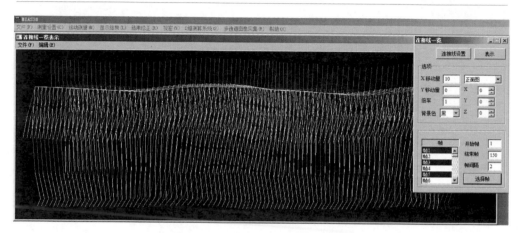

圖 20.11　連接線一覽圖結果示例

20.5 結果修正

MIAS 3D 系統的結果修正功能包括事項設定和人體重心測量等，下面分別說明其功能。

（1）事項設定

事項設定功能可以設定基準幀、添加事項幀、刪除事項幀。所謂事項幀是指使用者特別關注的幀。

（2）人體重心

人體重心功能的測量點位與 MIAS 相同，只是由 MIAS 的 2D 數據變成了 3D 數據。圖 20.12 表示了一個測量事例，圖中 1、2 點即為所測得的重心點。通過結果回放可以獲得重心點 1、2 的運動軌迹、點位速率、位移、距離等參數。

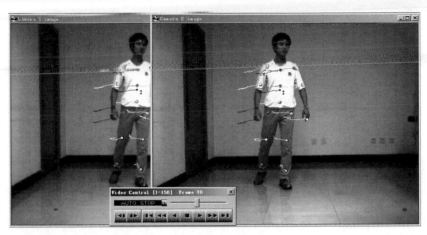

圖 20.12　人體重心測量示例結果圖

20.6　其他功能

（1）視窗

MIAS 3D 系統的視窗選單可以新建立一個 3D 連線的顯示視窗。如果同時想觀察 4 個以上立體側面時，可以執行該命令。此外，它可以設定 3D 連線表示視窗的大小，可以設置顯示比例，如 1/4 倍、1/2 倍、1 倍、2 倍、8 倍、16 倍等。

（2）2 維測算系統

MIAS 3D 系統的 2 維測算系統選單可以打開 2 維運動圖像測算系統 MIAS。

（3）多通道圖像採集

MIAS 3D 系統的多通道圖像採集選單可以打開多通道圖像採集系統。

參考文獻

[1]　陳兵旗．機器視覺技術及應用實例詳解　　　[M]．北京：化學工業出版社，2014.

第21章

車輛視覺導航系統

21.1 車輛無人駕駛的發展歷程及趨勢

1925 年 8 月，人類歷史上第一輛有證可查的無人駕駛汽車正式亮相。美國陸軍的電子工程師 Francis P. Houdina 坐在一輛汽車上，通過發射無線電波來控制前車的方向盤、離合器、制動器等組件。

1956 年，美國通用汽車公司正式對外展出了 Firebird II 概念車，這是世界上第一輛配備了汽車安全及自動導航系統的概念車。它使用了鈦金屬技術、電源盤式制動器、磁點火鑰匙、獨立控制的燃氣渦輪動力等新概念，看上去像是一輛「火箭車」。1958 年，第三代 Firebird 問世，並且 BBC 現場直播了通用在高速公路上對無人駕駛概念車的測試。通用使用了預埋式的線纜向安裝了接收器的汽車發送電子脈衝信號。

1966 年，美國斯坦福大學研究所的 SRI 人工智慧研究中心開始研發一款名叫 Shakey，擁有車輪結構的多功能機器，可以執行開關燈這樣簡單的動作。Shakey 是在室內執行任務，其內置的傳感器和軟體系統開創了自主導航功能的先河。

1971 年，英國道路研究實驗室（RRL）測試了一輛與通用想法類似的自動駕駛汽車，並且公佈了一段視頻。車子的駕駛位置沒有坐人，方向盤一直在自動「抖動」來調整方向。在車子的前保險桿位置，有一個特製的接收單元，電腦控制的電子脈衝信號通過這個單元傳遞給車子，以此達到控制轉向的目的。

1977 年，日本築波工程研究實驗室開發出了第一個基於攝影頭來檢測前方標記或者導航資訊的自動駕駛汽車，而放棄了之前一直使用的脈衝信號控制方式。這輛車內配備了兩個攝影頭，並用模擬電腦技術進行信號處理。時速能達到 30 公里，但需要高架軌道的輔助。

1983 年，美國國防部高級計劃研究局（DARPA）開啓了名為陸地自動巡航（ALV）的新計劃，這個計劃的研究目的就是讓汽車擁有充分的自主權，通過攝影頭來檢測地形，通過電腦系統計算出導航和行駛路線等解決方案。

20 世紀七八十年代，德國慕尼黑聯邦國防軍大學的航空航天教授 Ernst

Dickmanns 的團隊開創了一系列「動態視覺計算」的研究項目，成功開發出了多輛自動駕駛汽車原型。1993 年和 1994 年，該團隊改裝了一輛奔馳 S500 轎車，配備了攝影頭和其他多種傳感器，用來實時監測道路周圍的環境和反應。當時，這輛奔馳 S500 在普通交通環境下成功地自動駕駛了超過 1000 公里的距離。

1986 年，美國卡內基·梅隆大學開始進行無人駕駛的探索，項目名稱叫 NavLab。起初該團隊改裝了一輛雪佛蘭車型，車身上加入了五輛便携計算設備，行駛速度僅為 20km/h。1995 年，該團隊對一輛 1990 年款的 Pontiac Trans Sport 機型進行改裝，通過在車輛上附加包括便携式電腦、擋風玻璃攝影頭、GPS 接收器以及其他一些輔助設備來控制方向盤和安全性能，並且成功地完成了從匹兹堡到洛杉磯的「不手動」駕駛之旅，整個過程大約有 98.2％的里程是百分之百無人駕駛，只是在避障的時候人為進行了一點點幫助。卡內基·梅隆大學的研究成果對於現在的無人駕駛技術提供了非常高的借鑒意義。

1998 年，意大利帕爾馬大學視覺實驗室 VisLab 在 EUREKA 資助下完成了 ARGO 項目。該項目通過立體視覺攝影頭來檢測周圍環境，通過電腦制定導航路線，進行了 2000 公里的長距離實驗，其中 94％路程使用自主駕駛，平均時速為 90 公里，最高時速 123 公里。該系統的成功，證明瞭利用低成本的硬體和成像系統可以實現無人駕駛。

2004 年，DARPA 率先對無人駕駛汽車進行了有史以來最重要的挑戰。當年，該團隊成功地讓無人駕駛汽車穿越了 Mojave 沙漠。3 年後，DARPA 將實驗場地從沙漠換成了城市，並且在斯坦福拉力賽中取得了第二名、Tartan Racing 中獲得了第一名的好成績。隨後，通過 NavLab 項目在該領域聲名鵲起的卡內基·梅隆大學也取得了不錯的成績，並且獲得了通用、Continental 和卡特彼勒等公司的支持。

2005 年，斯坦福大學一輛改裝的大眾途銳更完美地進行了挑戰 DARPA 穿越 Mojave 沙漠的試驗。這輛車不僅携帶了攝影頭，同時還配備了激光測距儀、雷達遠程視距、GPS 傳感器以及英特爾奔騰 M 處理器。

從那時開始，無人駕駛汽車的功能就開始變得越來越複雜，需要處理其他車輛、信號、障礙以及學會如何與人類駕駛員和睦相處。

2009 年，谷歌在 DARPA 的支持下，開始了無人駕駛汽車項目研發。當年，谷歌通過一輛改裝的豐田普銳斯在太平洋沿岸行駛了 1.4 萬英里，歷時一年多。許多從 2005～2007 年期間在 DARPA 研究的工程師都加入到了谷歌的團隊，並且使用了視頻系統、雷達和激光自動導航技術。谷歌的大計劃就此開始。

2010 年，VisLab 團隊，就是當初實驗 ARGO 項目的團隊，開啓了自動駕

駛汽車的洲際行駛。四輛自動駕駛汽車從意大利帕爾瑪出發，穿越 9 個國家，最後成功到達了中國上海。整個期間，VisLab 團隊面對了超過 1.3 萬公里的日常駕駛環境挑戰。值得一提的是，所有車載導航系統都是通過太陽能提供電量，是當時第一個將可持續能源融入到無人駕駛汽車的項目。

2013 年，百度無人駕駛車項目開始起步，由百度研究院主導研發，其技術核心是「百度汽車大腦」，包括高精度地圖、定位、感知、智慧決策與控制四大模塊。其中，百度自主採集和製作的高精度地圖記錄完整的三維道路資訊，能在厘米級精度實現車輛定位。同時，百度無人駕駛車依託國際領先的交通場景物體識別技術和環境感知技術，實現高精度車輛探測識別、追蹤、距離和速度估計、路面分割、車道線檢測，為自動駕駛的智慧決策提供依據。

2014 年，谷歌對外發佈了自己完全自主設計的無人駕駛汽車。2015 年，第一輛原型汽車正式亮相，並且已經可以正式上路測試。在該車中，谷歌完全放棄了方向盤的設計，乘客只要坐在車中就可以享受到無人駕駛的方便和樂趣。

2016 年下半年，騰訊自動駕駛實驗室成立。同年 12 月 15 日，騰訊公司宣佈與上海國際汽車城簽署戰略合作框架協議，雙方將在自動駕駛、高清地圖和汽車智慧網聯標準等領域進行深層次合作。目前，騰訊自動駕駛實驗室聚焦於自主駕駛車輛和地面自主機器人的核心技術研發。

視覺是人類觀察、認識世界的重要功能手段，人類從外界獲得的資訊約 75％來自視覺系統，特別是駕駛員駕駛需要的資訊 90％來自視覺。在目前汽車輔助駕駛所採用的環境感知手段中，視覺傳感器比超聲、激光雷達等可獲得更高、更精確、更豐富的道路結構環境資訊。從 20 世紀 70 年代開始，日本等發達國家開始了視覺導航的研究，特別是在農田作業車輛導航領域，視覺導航受到了科研人員的特別關注。與公路導航相比，農田導航目標的識別更複雜，要求精度更高，但是不需要特別關注周圍環境。隨着機器視覺技術的不斷發展，視覺導航的軟體處理能力越來越強，而硬體成本越來越低，無論是公路導航還是農田導航，視覺導航都將會成為車輛無人駕駛的主流技術。

21.2　視覺導航系統的硬體

本視覺導航系統的硬體包括車載工控機、觸摸屏、角度傳感器、信號擷取卡、攝影頭、電機驅動器、電機和方向盤旋轉機構。圖 21.1 是本視覺導航系統硬體構成示意圖。圖 21.2 是方向盤旋轉機構 3D 圖和安裝在拖拉機上的實物圖。

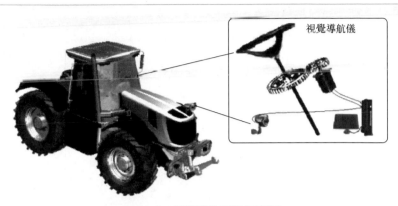

圖 21.1　視覺導航系統示意圖

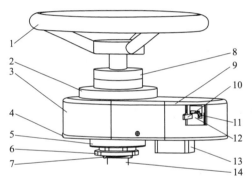

圖 21.2　方向盤旋轉機構 3D 圖及實物圖

1—方向盤；2—下法蘭；3—上殼體；4—下殼體；5—開口套筒；6—心軸鎖緊螺母；

7—開口螺紋套筒；8—上法蘭；9—殼體；10—撥杆；11—螺紋杆；

12—小龍門；13—步進電機；14—方向盤轉向柱管

21.3　視覺導航系統的軟體

本系統軟體包括圖像信號採集與處理軟體和方向盤旋轉控制軟體。

圖像採集與處理主要以農田作業導航目標線的檢測為對象。農田作業包括耕作、播種、插秧、施肥、收割、田間管理等。其中，耕作包括深耕、耙地、整地等；播種包括小麥播種、玉米播種、水田插秧、棉花播種、大荳播種等；收穫包括小麥收穫、玉米收穫、大荳收穫、棉花機採等；田間管理包括中耕除草、施

肥、噴藥等，每一種導航目標線的特性都不一樣，因此，農田作業視覺導航目標線的圖像檢測比公路車道線圖像檢測複雜得多。上述農田作業的共同特點是作業車輛沿着已作業地與未作業地的分界線直線行走。圖 21.3 是導航目標線圖像採集示意圖，照相機處於導航目標的正上方或者車輛中間位置。

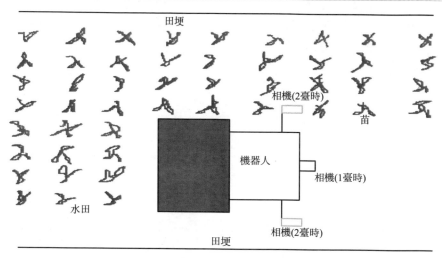

圖 21.3　導航目標線圖像採集示意圖

本系統利用第 7 章介紹過的已知點哈夫變換進行導航目標線的圖像檢測，使得全局性直線檢測轉化成了目標直線候補點的檢測和已知點的確定，實現了直線的快速檢測。各個導航目標直線的具體檢測方法可以參考本書作者的另一本書《機器視覺技術及應用實例詳解》（化學工業出版社 2014 出版）。圖 21.4～圖 21.8 展示了不同農田作業導航目標直線的檢測實例，導航目標線的圖像檢測結果用細直線表示。

(a) 苗列綫　　　　　　　(b) 土田埂綫　　　　　　　(c) 水泥田埂綫

圖 21.4　插秧機視覺導航目標直線檢測實例

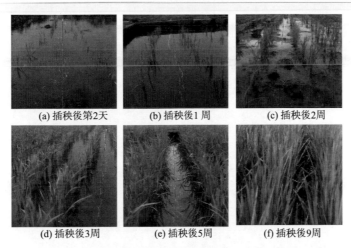

(a) 插秧後第2天　　　(b) 插秧後1周　　　(c) 插秧後2周

(d) 插秧後3周　　　(e) 插秧後5周　　　(f) 插秧後9周

圖 21.5　不同生長期水田管理機視覺導航目標直線檢測實例

(a) 耕地　　　　　　　　(b) 玉米播種

(c) 小麥播種　　　　　　(d) 棉花播種

圖 21.6　耕地播種環境的視覺導航目標直線檢測實例

(a) 玉米小苗　　　　　　(b) 玉米大苗

圖 21.7

(c) 棉花小苗   (d) 麥田中苗

圖 21.7 各種管理環境導航線檢測實例

(a) 小麥收穫   (b) 棉花收穫

圖 21.8 收穫環境導航目標線檢測實例

　　除了導航目標線檢測之外，本系統還通過角度傳感器採集導向輪的旋轉角度，通過組合導航目標直線的方向角、中心偏移量和前輪旋轉角度，決策出控制電機轉動方向和旋轉量，然後通過電機控制方向盤的轉向和轉角大小。

21.4 導航試驗及性能測試比較

　　圖 21.9 是不同環境的導航試驗圖，其硬體設備完全相同，只是不同的導航環境選用了不同的導航線檢測軟體。導航試驗視頻可以查看網站 www.fubo-tech.com。

　　2015 年 7 月本視覺導航設備在新疆石河子市做棉花地噴藥導航試驗，經新疆建設兵團農業機械檢測測試中心檢測，車速 4.7km/h，路徑追蹤誤差 20mm。圖 21.10 是性能檢測報告。

(a) 公路車道實綫 (b) 公路車道虛綫

(c) 公路車道彎綫 (d) 公路車道偏置綫

(e) 耕地 (f) 小麥播種

(g) 棉花播種 (h) 棉田噴藥

(i) 收割機地縫導航 (j) 激光導航

圖 21.9 不同環境的視覺導航試驗

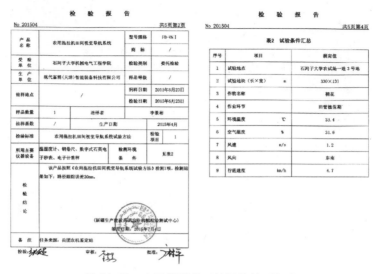

圖 21.10　本視覺導航系統性能檢測報告

表 21.1 是本視覺導航與目前使用的精密 GPS 農田導航裝置的性能比較。

表 21.1　本視覺導航與精密 GPS 導航比較

性能對比	本視覺導航	精密 GPS
導航特點	仿生駕駛員，可以走彎道，可以用於室內	室外按規劃路徑直線行走
適應範圍	所有農田作業及公路	不適應苗田管理和公路
導航誤差	2cm(實測精度)	5cm(GPS 定位精度)
輔助設施	沒有	需要建基站
天氣影響	無	有時信號不好
地理資訊	不需要	需要獲取和導入